编委会

主 编
俞汉青

编 委
（以姓氏拼音排序）

陈洁洁	刘 畅	刘武军
刘贤伟	卢 姝	吕振婷
裴丹妮	盛国平	孙 敏
汪雯岚	王楚亚	王龙飞
王维康	王允坤	徐 娟
俞汉青	虞盛松	院士杰
翟林峰	张爱勇	张 锋

"十四五"国家重点出版物出版规划重大工程

环境中的天然大分子与污染物相互作用

Interactions Between Natural Macromolecules and Pollutants in the Environment

徐 娟 著
王龙飞

中国科学技术大学出版社

内 容 简 介

污染物在环境中的迁移转化行为是近年来环境研究领域的一个重要的科学问题,被认为是解决环境污染问题的有效手段之一,为人类处理污染物提供了重要的启示。本书从宏观和微观尺度、动力学和热力学角度深入探讨了天然大分子和典型污染物之间的相互作用原理、机制以及污染物在环境中的迁移转化规律,介绍了相关研究进展及前沿分析方法体系。本书可供环境相关专业研究人员、研究生、大学生、工程技术人员参阅。

图书在版编目(CIP)数据

环境中的天然大分子与污染物相互作用/徐娟,王龙飞著. —合肥:中国科学技术大学出版社,2022.3
(污染控制理论与应用前沿丛书/俞汉青主编)
国家出版基金项目
"十四五"国家重点出版物出版规划重大工程
ISBN 978-7-312-05393-1

Ⅰ.环… Ⅱ.①徐… ②王… Ⅲ.环境污染—相互作用(物理)—生物大分子—研究 Ⅳ.①X5 ②Q71

中国版本图书馆 CIP 数据核字(2022)第 031182 号

环境中的天然大分子与污染物相互作用
HUANJING ZHONG DE TIANRAN DA FENZI YU WURANWU XIANGHU ZUOYONG

出版	中国科学技术大学出版社 安徽省合肥市金寨路96号,230026 http://www.press.ustc.edu.cn https://zgkxjsdxcbs.tmall.com
印刷	安徽联众印刷有限公司
发行	中国科学技术大学出版社
开本	787 mm×1092 mm 1/16
印张	17
字数	324 千
版次	2022 年 3 月第 1 版
印次	2022 年 3 月第 1 次印刷
定价	105.00 元

总　序

建设生态文明是关系人民福祉、关乎民族未来的长远大计,在党的十八大以来被提升到突出的战略地位。2017 年 10 月,党的十九大报告明确提出"污染防治"是生态文明建设的重要战略部署,是我国决胜全面建成小康社会的三大攻坚战之一。2018 年,国务院政府工作报告进一步强调要打好"污染防治攻坚战",确保生态环境质量总体改善。这都显示出党和国家推动我国生态环境保护水平同全面建成小康社会目标相适应的决心。

当前,我国环境污染状况有所缓解,但总体形势仍然严峻,已严重制约了我国经济社会的持续健康发展。发展以资源回收利用为导向的污染控制新理论与新技术,是进一步推动污染物高效、低成本、稳定去除的发展方向,已成为国家重大战略需求和国际重要学术前沿。

为了配合国家对生态文明建设、"污染防治攻坚战"的一系列重大布局,抢占污染控制领域国际学术前沿制高点,加快传播与普及生态环境污染控制的前沿科学研究成果,促进相关领域人才培养,推动科技进步及成果转化,我们组织一批来自多个"双一流"大学、活跃在我国环境科学与工程前沿领域、有影响力的科学家共同撰写"污染控制理论与应用前沿丛书"。

本丛书是作者团队承担的国家重大重点科研项目(国家重大科技专项、国家 863 计划、国家自然科学基金)和获得的重大科技成果奖励(2014 年国家自然科学奖二等奖、2020 年国家科学技术进步奖二等奖)的系统总结,是作者团队攻读博士学位期间取得的重要的前沿学术成果(全国百篇优秀博士论文、中科院优秀博士论文等)的系统凝练,是一套系统反映污染控制基础科学理论与前沿高新技术研究成果的系列图书。本丛书围绕我国环境领域的污染物生化控制、转化机理、无害化处置、资源回收利用等亟须解决的一些重大科学问题与技术问题,将物理学、化学、生物学、材料学等学科的最新理论成果以及前沿高新技术应用到污染控制过程中，总结了我国目前在污染控制领域(特别是废水和固废领域)的重要研究进展，探索、建立并发展了常温空气阴极燃料电池、纳米材料、新兴生物电化学系统、新型膜生物反应器、水体污染物的化学及生物转化，以及固体废弃物污染控制与清洁转化等方面的前沿理论与技术，形成了具有广阔应用前景的新理论和新方法，为污染控制与治理提供了理论基础和科学依据。

"污染控制理论与应用前沿丛书"是服务国家重大战略需求、推动生态文明建设、打赢"污染防治攻坚战"的一套丛书。其出版将有利于促进最前沿的科研成果得到及时的传播和应用，有利于促进污染治理人才和高水平创新团队的培养，有利于推动我国环境污染控制和治理相关领域的发展和国际竞争力的提升；同时为环境污染控制与治理实践提供新思路、新技术、新材料，也可以为政府环境决策、强化环境管理、履行国际环境公约等提供科学依据和技术支撑，在保障生态环境安全、实施生态文明建设、打赢"污染防治攻坚战"中起到不可替代的作用。

编委会

2021 年 10 月

前　言

污染物在环境中的迁移转化行为是环境研究领域的一个重要的科学问题。微生物胞外聚合物（Extracellular Polymeric Substances,EPS）和天然有机质（Natural Organic Matter, NOM）是广泛存在于环境中的天然大分子物质，具有丰富的活性官能团和疏水区域，对污染物有很强的吸附能力和络合能力，可通过结合作用调控污染物的形态、溶解性和迁移性，显著影响污染物的毒性和最终归趋。

本书基于前沿的分析技术，建立了表征天然大分子物质与污染物之间相互作用的分析方法体系，分别从宏观和微观尺度、动力学和热力学角度深入探讨了天然大分子和典型污染物之间的相互作用机制，明晰了天然大分子对污染物迁移和转化过程所起的作用，有助于研究人员更深入地理解污染物在环境中的迁移转化规律。

本书总结了我们对天然大分子和典型污染物之间相互作用研究的最新成果，主要内容涉及 EPS 对金属离子的结合、NOM 对金属离子和纳米颗粒的结合、EPS 对典型有机污染物的结合、NOM 对典型有机污染物的结合以及 EPS 对污染物去除的影响等。全书共包含 5 章内容：第 1 章介绍了天然大分子对有机和无机污染物的结合作用；第 2 章介绍了研究天然大分子对污染物结合作用的分析方法；第 3 章介绍了天然大分子对典型无机污染物的结合作用实例，如 EPS 对金属离子的结合、NOM 对金属离子和纳米颗粒的结合；第 4 章介绍了天然大分子对典型有机污染物的结合作用实例，如 EPS 对典型有机污染物的结合、NOM 对典型有机污染物的结合；第 5 章介绍了天然大分子与污染物互作对反应器性能的影响，如 EPS 对污染物去除的影响、NOM 对膜污染的影响。

本书由徐娟、王龙飞编写，具体分工如下：华东师范大学徐娟负责编写第 1 章、第 2 章、第 4 章，河海大学王龙飞负责编写第 3 章、第 5 章。

本书的编写和出版得到了国家出版基金和国家自然科学基金的大力支持，在此致以衷心的感谢！

由于编者水平有限，书中难免有疏漏和不妥之处，敬请读者批评指正。

作　者

2021 年 10 月

目 录

总序 —— i

前言 —— iii

第1章
绪论 —— 001

1.1 EPS 概述 —— 003

1.2 EPS 对污染物的结合作用 —— 004

1.3 NOM 概述 —— 007

1.4 NOM 对污染物的结合作用 —— 013

第2章
天然大分子对污染物结合作用分析方法 —— 029

2.1 结合强度 —— 031

2.2 结合构型 —— 034

2.3 结合热力学 —— 038

2.4 结合动力学 —— 041

第3章
天然大分子对典型无机污染物的结合作用 —— 051

3.1 EPS 对金属离子的结合 —— 053

3.2 NOM 对金属离子和纳米颗粒的结合 —— 072

第4章
天然大分子对典型有机污染物的结合作用 —— 111

4.1 EPS 对典型有机污染物的结合 —— 113

4.2 NOM 对典型有机污染物的结合 —— 164

第 5 章
天然大分子与污染物互作对反应器性能的影响 —— 207

5.1　EPS 对污染物去除的影响 —— 209

5.2　NOM 对超滤膜污染的影响 —— 224

第 1 章

绪 论

▷ 绪 论

1.1
EPS 概述

微生物胞外聚合物(Extracellular Polymeric Substances,EPS)是微生物聚集体的一个重要组成部分,是微生物在生长与代谢过程中产生的一类高分子物质[1]。EPS 在细胞外有多种存在方式。它们或者附着于细胞壁上,与细胞壁紧密结合(结合型 EPS),或者以胶体和溶解状态存在于液相主体中(溶解型 EPS)。结合型 EPS 在细胞外的分布呈现为具有流变性的双层结构。其内层具有一定外形,与细胞表面结合较紧密,相对稳定地附着于细胞壁外,被称为紧密结合 EPS(Tightly Bound EPS,TB-EPS);其外层比内层疏松,可向周围环境扩散,无明显边缘的黏液层,被称为松散结合 EPS(Loosely Bound EPS,LB-EPS)[2]。在活性污泥系统中,EPS 覆盖在微生物细胞表面,以及填充在污泥絮体内部空隙中,维持着污泥的结构和功能的完整性,决定着污泥的疏水性、吸附性、絮凝性和脱水性等[2]。不同种类的污泥,其 EPS 含量不同。一般认为,絮状污泥(~10%)相较颗粒污泥(~20%)而言产生的 EPS 含量少,而生物膜 EPS 含量处于最低水平。污泥 EPS 主要由大分子有机物质组成,如腐殖质类、多聚糖类、蛋白类和核酸等,组成成分复杂。EPS 表面具有大量的活性官能团和疏水区域,因此其具有很强的吸附能力和络合能力[3]。重金属和抗生素类污染物进入污水处理厂后,首先和微生物 EPS 发生相互作用,形成复合体,进而影响这些物质在活性污泥系统中的迁移和去除行为[4-6]。然而,目前人们对 EPS 的研究多集中在不同工艺下的 EPS 产生、组成和对污泥表面特性的影响等[7-9],而对微生物 EPS 在痕量有毒污染物去除中的内在作用关注不够。其主要原因有:① 这类污染物在废水中含量较低,导致人们对其在活性污泥系统中的行为关注不足;② EPS 溶于水中,常规的离心过滤分离法不能将其和污染物分开,而目前常用的超滤或透析分离方法复杂且费时,难以快速准确地得到 EPS 和污染物相互作用的有效信息[10-11]。因此,人们亟须发展新的、快速的、灵敏的分析方法,用于研究 EPS 与痕量有毒污染物之间的相互作用。

随着分析技术的发展,出现了更多可用于 EPS 与痕量有毒污染物相互作用的分析表征及机理研究的新技术。例如,色质联用技术,可用于分析 EPS 的具体化学成分,解析其组成[12];多种光谱分析技术,如三维荧光光谱等,可用于原位分析 EPS 与污染物之间的相互作用[13];等温滴定微量热技术,可获得分子间相互作用的完整热力学参数[14];表面等离子共振技术,可用于分子间相互作用的微观动力学分析[15];核磁共振技术,能在不破坏复合物结构的前提下用于分子间相互作用的研究[16]。

本书基于先进的分析技术,建立了全面、灵敏的表征微生物 EPS 与痕量有毒污染物之间相互作用的分析方法,深入探讨了 EPS 和污染物的相互作用机制,明晰了 EPS 在痕量有毒污染物迁移和去除过程中的作用机制,对于完善废水生物处理过程中痕量有毒污染物的归趋理论、强化污染物的去除作用机制具有重要的意义。

1.2 EPS 对污染物的结合作用

活性污泥 EPS 对重金属和有机污染物有丰富的活性吸附位点,例如芳香族部分、蛋白质中的脂肪族、多糖中的疏水区域[17-18]。这也暗示了 EPS 对重金属和有机物在生物处理系统中的迁移转化行为具有潜在的影响[4-6]。解析 EPS 对废水中痕量污染物去除的作用机制,不仅有助于深入理解废水生物处理过程,还可以优化相关过程工艺参数。

1.2.1 EPS 对无机污染物的结合

研究表明,微生物及其 EPS 都具有较强的吸附重金属性能,而 EPS 比细菌本身有更强的吸附能力。Lin 等[3]研究了微生物菌体和 EPS 对于重金属 Cu 在细菌生物膜中结合的协同机理,研究结果表明 EPS 对于 Cu 的吸附比率为 60%～67%,细胞壁和细胞膜对 Cu 的吸附比率为 15.5%～20.1%,细胞内的吸附比率为 17.2%～21.2%。EPS 是生物膜对 Cu 产生结合的主要区域,Cu 主要与其中的酸性多糖络合,EPS 对 Cu 的吸附量大于菌体本身。Yin 等[19]研究发现，EPS可以吸附多种重金属，生物膜EPS产量的增加有助于提高生物膜对重金属的抵抗力，从而降低重金属对微生物细胞的毒性。Tsezos[20]用灭活的微生物和EPS作为吸附剂分离镭226。Nelson等[21]研究了在贫营养的淡水环境中铅与微生物EPS之间的相互作用机制，研究结果表明EPS占据了生物膜总有机质的80%，且其对铅的特殊结合能力高于细菌细胞的3倍，对铅的吸附容量远大于细菌细胞。一些关于细菌EPS对重金属结合作用的研究如表1.1所示。

表1.1 细菌EPS对重金属的结合作用

细菌	金属	研究结论
Bacillus vallis-mortis sp.	Cu(Ⅱ)	吸附表面受pH、温度和共存离子的影响；EPS对Cu的吸附能力与巯基蛋白的含量有关[22]
Marinobacter	Pb(Ⅱ) Cu(Ⅱ)	比起酸性环境，EPS在中性环境下能吸附更多的Pb和Cu；氯化钠的存在降低了EPS对金属的结合能力[23]
Desulfovibrio desulfuricans	Cu(Ⅱ) Zn(Ⅱ)	EPS吸附Zn的能力比Cu的强；Zn能与EPS中的多糖和蛋白质结合，Cu只能与蛋白质结合[24]
Pseudomonas aeruginosa	Cu(Ⅱ)	Cu抗性菌株的EPS比Cu敏感性菌株的EPS有更强的结合金属的能力[25]
Rhizobium etli	Mn(Ⅱ)	pH为5.2～5.8时，3 h可达到吸附平衡；吸附强度与阴离子相关，吸附强度由大到小为：硫酸根＞硝酸根＞氯离子[26]
Enterobacter cloaceae AK-I-MB-71a	Cr(Ⅵ)	Cr(Ⅵ)的浓度为100 mg/L时为最佳EPS产生量和金属结合量；X射线荧光光谱进一步证明了金属吸附机制[27]
Chryseomonas luteola TEM05	Cd(Ⅱ) Co(Ⅱ)	EPS固定在海藻酸钙床上进行吸附；符合Langmuir吸附模型[28]
Paenibacillus polymyxa	Cu(Ⅱ)	EPS的产生与渗透压力相关；吸附遵循Langmuir模型；优化的吸附条件为：pH为6，温度为25 ℃[29]
Paenibacillus jamilae CECT 5266	Pb(Ⅱ) Cd(Ⅱ) Cu(Ⅱ)	在多金属体系中存在优先结合[30]

EPS中存在很多可以络合重金属的官能团，例如羧基、磷酸基、巯基、酚类和

羟基基团[31-33]，具有很强的结合重金属的能力[5,34-35]。EPS 中的蛋白质、多糖和核酸对重金属均有络合能力[24,36-38]。EPS 对重金属具有较高的结合强度和较大的结合容量，遵循 Langmuir 和 Freundlich 方程[38-39]。Liu 等[10]发现从活性污泥中提取出的 EPS 对 Zn^{2+}、Cu^{2+} 和 Cd^{2+} 均有很强的吸附能力。根据模型计算，活性污泥的 EPS 对金属的亲和程度由高到低依次为：$Zn>Cu>Cr>Cd>Co>Ni>CrO_4$。Guibaud 等从同一活性污泥样品中分离出不同纯种细菌并提取其 EPS。通过研究其对金属 Cd、Pb 和 Ni 的络合特性[40]，发现这些细菌的 EPS 对金属的生物吸附性能由高到低依次为 $Pb>Ni>Cd$，而且发现直接从混菌污泥中提取的 EPS 对金属的络合性能要强于纯菌的 EPS 对金属的络合性能。此外，活性污泥中溶解态的 EPS 较之结合态的 EPS 有更强的重金属吸附能力[41]。这一差异主要是由它们对金属结合的位点不同造成的。EPS 与二价阳离子（例如 Ca^{2+}、Mg^{2+}）的相互作用是维持微生物聚集体结构的主要的分子内相互作用[42-44]。重金属在活性污泥上被吸附的同时，Ca^{2+}、Mg^{2+} 被释放进入溶液当中，存在明显的离子交换机制[45]。

1.2.2

EPS 对有机污染物的结合

EPS 表面有很多荷电官能团（例如羧基、磷酸基、巯基、酚羟基和羟基基团）和非极性官能团（例如芳烃、蛋白质中的脂肪族化合物及多糖中的疏水区域）[19,46]。EPS 分子中同时存在亲水性区域和疏水性区域，它们的比例取决于 EPS 的组成。Zhu 等[44]比较了好氧和厌氧颗粒污泥 EPS 中蛋白质和多糖的含量，好氧的松散型 EPS、好氧的紧密型 EPS、厌氧的松散型 EPS 和厌氧的紧密型 EPS 中蛋白质的含量分别为 (33.6±9.7) mg/g VSS、(96.8±11.9) mg/g VSS、(27.1±2.8) mg/g VSS、(61.6±4.2) mg/g VSS，两类污泥的亲水性多糖的含量都约为 30 mg/g VSS。Jorand 等[47]用 XAD 树脂分离 EPS 中的亲疏水部分，发现大约 7% 为疏水性组分，主要由蛋白质构成，而亲水组分主要由多糖构成。将 EPS 水解后，对其中的单糖和氨基酸成分进行分析，结果表明大约 25% 的氨基酸是带负电荷的，24% 的氨基酸是疏水性的[48]。EPS 的亲疏水性影响其对有机物的吸附性能[49-50]。一般认为，疏水区域的存在有利于有机物的吸附[51]。

EPS 可以吸附多种有机污染物，例如菲[52-53]、二氯苯氧氯酚[54]、腐殖酸[55]和染料[56]。EPS 中存在的疏水区域可能是 EPS 吸附有机物的主要原因[54,57]。

Pan 等[58]报道,菲能与 EPS 中的类蛋白质类物质结合,两者之间的结合是一个自发放热的过程,疏水作用占主导。Spath 等[59]报道,60%以上的苯、甲苯和间二甲苯均被 EPS 吸附,只有一小部分污染物被细菌细胞吸附。EPS 通常带负电荷,也可以通过静电相互作用结合带正电荷的有机污染物[55]。此外,蛋白质组分比腐殖酸组分有更高的结合强度和更大的结合容量。溶解态的 EPS 中的蛋白质组分较之结合态的 EPS 更多,也使得它比结合态的 EPS 具有更强的结合有机物的能力[60]。

1.3
NOM 概述

天然有机质(Natural Organic Matter,NOM)是动植物的有机残体和有机废弃物在微生物腐解作用下形成的一类结构复杂的、性质较为稳定的有机化合物产物[61-62]。NOM 分子通常被认为是由具有不同溶解性和反应活性的有机碎片通过氢键、疏水相互作用等构成的超分子结构[61,63]。NOM 广泛存在于大气、土壤、地壳、底质和江、河、湖、海等多种地表环境介质,是水生和陆生生态环境的关键组成部分。NOM 是地表有机物质的主体,占总量的 90%以上,在自然环境中十分活跃,在许多生物化学循环过程中发挥着重要作用。

天然水体中 NOM 的浓度范围变化很大,在淡水水体中的浓度可达到 mg/L 级别,在海洋中的浓度为 $0.5 \sim 1.2$ mg C/L[64],在湿地和沼泽等水体中的浓度可达到 50 mg C/L[65]。除了有机碳,有机氮也是 NOM 的重要组成成分,水体中溶解性有机氮的浓度可达到 100 μmol/L,氨基酸和尿素的比例分别约占 25%和 10%[66]。天然水体中的 NOM 来源主要分为内源和外源[67]。内源主要与水体生物代谢活动有关,浮游生物利用太阳能进行呼吸作用并将其余能量以生物化学方式结合提供给异养型消费者和分解者。这些水生动植物、微生物或藻类死亡后,其分泌物和分解物是内源 NOM 的主要来源。而外源 NOM 主要来自江、河、湖、海岸边土壤、草地等中的风化分解后的动植物有机残体。一般来说,陆地水环境中的 NOM 来源以外源为主,而海洋环境中的 NOM 主要来自内源[68]。随着人类活动的加剧,工业废水、生活污水、农业面源污染等外源输入成为水体环境 NOM 的重要来源之一[69]。

　　研究人员常根据溶解度对 NOM 进行划分，其中，将能够通过 0.45 μm 滤膜的组分称作溶解态有机物（Dissolved Organic Matter，DOM）；而将被膜截留的称作胶体性或颗粒性有机物（Particulate Organic Matter，POM）[61]。根据亲疏水性，NOM 可以被划分为亲水性组分和疏水性组分。其中，亲水性组分包含脂肪碳和含氮化合物，例如碳水化合物、蛋白质、氨基酸和糖类等；疏水性组分的芳香碳含量较高，并且有酚基结构和共轭双键。根据化学性质，NOM 可划分为腐殖质类物质和非腐殖质类物质。非腐殖质类物质占总 NOM 量的 20%～40%，主要包括糖类、有机酸、醛、醇、酮、纤维素、半纤维素、木质素、脂质（脂肪、蜡脂、单宁、树脂）、蛋白质、氨基酸、尿素、胺类、碳水化合物、酯类（包括固醇、烯烃和脂肪酸）、叶绿素、维生素、外激素、有机配体、核酸等组分。

　　1804 年，Sausare 首次从土壤中提取出暗色有机物质，并将其命名为"腐殖质"，其含义相当于拉丁语中的"土壤"。1914 年，Oden 将腐殖质划分为腐殖酸、胡敏酸、吉马多美郎酸和富里酸[70]。它是一类性质复杂且具有大型或超大型分子结构的生物高分子物质，没有特定的分子结构。图 1.1 显示的是代表性腐殖酸和富里酸的分子结构，可以看出腐殖质的主要功能基团是带有酚羟基和羧基的苯环，附属结构有吡啶、吡咯和呋喃残基。

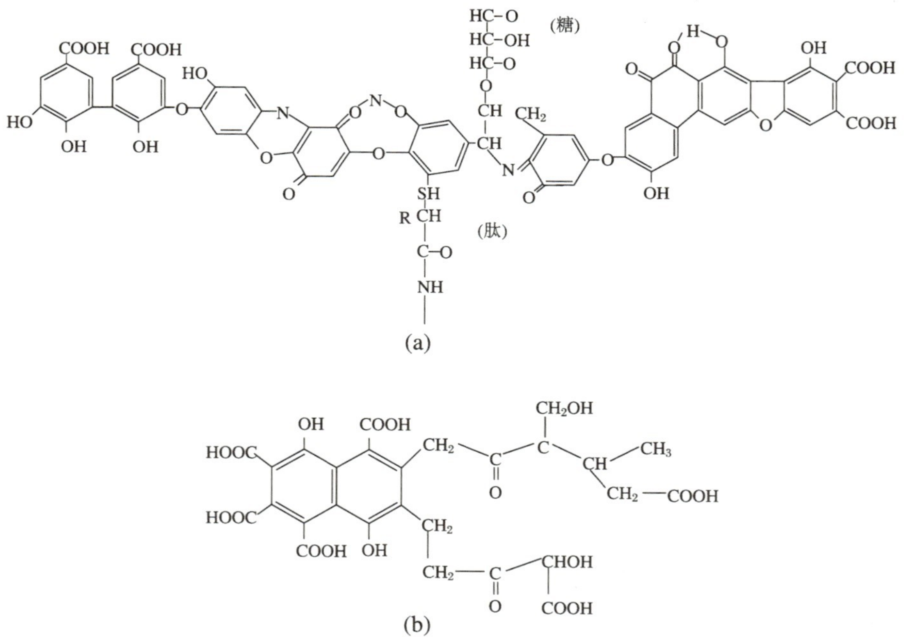

图 1.1　腐殖酸（HA）和富里酸（FA）的典型分子结构模型：(a) Stevenson HA 模型；(b) Schnitzer 和 Khan FA 模型；(c) HA 简化结构示意图

　　浅蓝色、白色、红色、深蓝色圆球分别代表碳原子、氢原子、氧原子和氮原子[71]

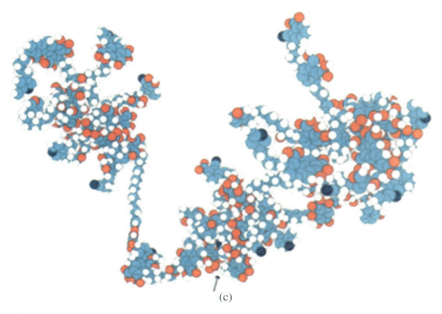

续图 1.1 腐殖酸(HA)和富里酸(FA)的典型分子结构模型：(a) Stevenson HA 模型；(b) Schnitzer 和 Khan FA 模型；(c) HA 简化结构示意图
浅蓝色、白色、红色、深蓝色圆球分别代表碳原子、氢原子、氧原子和氮原子[71]

腐殖质通常呈黄色或棕褐色，性质差异明显，其中各组分的命名主要依据其溶解度特征。依据腐殖质在不同 pH 溶液中溶解性的不同，可将其分为腐殖酸(Humic Acids,HA)、富里酸(或黄腐酸，Fulvic Acids,FA)和胡敏素(或腐殖素，Humins)。其中，腐殖酸是在 pH 小于 2 的酸性溶液中不溶解但在 pH 大于 2 的溶液中溶解的腐殖质组分。腐殖酸的分子量通常较大，在水体中的分子量为 1500~5000 Da，在土壤中的腐殖酸分子量为 $50×10^3$~$500×10^3$ Da[65]。富里酸是酸化去除胡敏素酸后存留在溶液中的带色物质部分，它能溶解于所有 pH 条件下的溶液。其分子量适中，在水体中为 600~1000 Da，在土壤中为 1000~5000 Da。胡敏素是不溶解于任何 pH 溶液的一类腐殖质。这三部分在结构上可认为是相似的，它们的主要区别在于分子量和官能团含量的不同。富里酸较之腐殖酸和胡敏素有较低的分子量，却含有更高的亲水性官能基团[70]。腐殖质含量占地球总有机碳的 25% 左右[71]。

腐殖酸在水溶液中呈可随意卷曲的大分子混合物结构，也可被视为由许多小基团通过微弱作用力结合到一起的具有超分子结构的混合物。不同来源的腐殖酸在分子量、元素组成、官能团种类和数量上不尽相同。这些特征也是影响腐殖酸的环境行为的重要因素。土壤源腐殖酸的腐殖化程度通常要高于水体腐殖酸的，其芳香族的含量也更高。来源于水和沉降物的腐殖质则含有更高的脂肪族碳。脂肪族碳相比于芳香族碳更容易被微生物利用。与腐殖酸相比，富里酸分子量相对较小，能够在水或者稀酸中溶解，芳香环的聚合度较低，甲氧基和酚羟基等亲水性官能团的比例较高。

腐殖质的形成机制一般有如图 1.2 所示的几种机理学说。途径 1 为糖-胺缩合学说，主要认为代谢所生成的还原糖和氨基酸通过非酶聚合作用生成棕色含氮聚合物。途径 2 和途径 3 主要为多酚学说。植物残体经微生物降解为较小分子量的酚类和氨基酸，经长时间的化学反应聚合形成腐殖质。其中分子量较低的富里酸是腐殖化的第一阶段，腐殖酸和胡敏素经过进一步缩合反应生成。途径 4 是 Waksman 等提出的经典木质素学说，植物的木质化组织经腐殖化作用首先生成大分子量的腐殖酸和胡敏素，在微生物作用下分裂成富里酸，最后矿化生成 CO_2 和 H_2O[74]。途径 5 被称作细胞自溶学说，认为腐殖质是由动植物细胞死亡后的自溶产物经游离基随机缩合而成的。途径 6 是微生物合成学说，认为腐殖物在微生物细胞中合成，随着微生物死亡、分解而释放到土壤中，较大分子量的腐殖酸在其他微生物的作用下进一步降解为富里酸，直至矿化。总体而言，形成腐殖质的前驱物分子成分复杂，数量众多。它们之间的反应和结合方式多样，几类形成途径可能共同存在，经过协同作用，最终导致腐殖质分子结构兼具多样性和非均质性[72-73]。

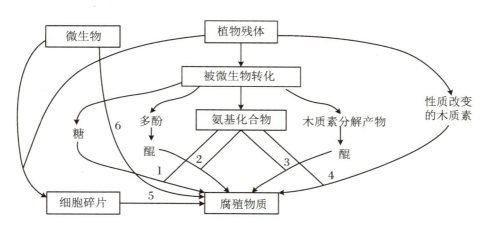

图 1.2　腐殖质的几类形成机制

途径 1：糖-胺缩合学说；途径 2 和途径 3：多酚学说；途径 4：Waksman 木质素学说；途径 5：细胞自溶学说；途径 6：微生物合成学说。

腐殖质类物质处在生物降解和氧化过程的最末端，一般不能发生进一步分解和氧化，这决定了腐殖质类物质具有一些独特的理化性质。首先，腐殖质物理性质比较独特，其主体具有强大的吸水能力，最大吸水量可以超过自身质量的 5 倍。土壤腐殖酸的相对密度为 1.4～1.6，腐殖质和矿物颗粒构成的复合体相对密度大于 2.0。腐殖质的分子大小和形状受 pH、离子强度、金属配合物、浓度和介电常数等多种因素的影响,在不同溶液条件下以小球状、球聚集体、低收缩球状结构、海绵结构、薄片结构等多种形式存在[72]。在化学性质方面,腐殖质类物质常较难降解,分子量分布广,官能团多,结构复杂,呈现出胶体性质,具有电化学和离子交换特性,极易影响不同土壤颗粒、胶体、污染物等物质的络合、絮凝、沉淀等。下面简要列举腐殖质的部分化学性质:

(1) 腐殖质中的丰富功能基团使其表现出强离子交换性、配合性和氧化还原活性。腐殖质等 NOM 的重要功能基团如表 1.2 所示[68]。这些丰富的离子化位点说明腐殖质是一类重要的生物性聚电解质,使腐殖质极易与金属和有机物进行配位和络合,并且起到缓冲作用。官能团的分布是影响腐殖质溶解性和聚集行为的重要因素。在这些官能团中,腐殖质的总酸度主要是由羧基和酚羟基共同引起的。羧基和酚羟基解离产生的负电荷占土壤腐殖质总电荷量的 90%～95%。羧基的 pK_a 为 3～5,酚羟基的 pK_a 为 9～12[64,74-76]。这些丰富的基团使腐殖质在很宽的 pK_a 范围内具有缓冲性(见表 1.3),可以抵御水体环境 pH 的剧烈变化,为水生动植物创造较为温和、稳定的生长环境。

表 1.2 NOM 的部分重要功能基团[68]

	功能基团	结构	归属
酸性基团	羧基	(Ar—)R—CO$_2$H	90%以上 NOM 均含羧基
	酚羟基	Ar—OH	水体腐殖质、酚类
	烯醇	(Ar—)R—CH=CH—OH	水体腐殖质
	醌	Ar=O	水体腐殖质、醌类
碱性基团	胺	(Ar—)R—CH$_2$—NH$_2$	氨基酸
	氨基化合物	(Ar—)R—C=O(—NH—R)	多肽
	亚胺	CH$_2$=NH	不稳定的腐殖质类物质
中性基团	醇羟基	(Ar—)R—CH$_2$—OH	腐殖质、糖类
	醚	(Ar—)R—CH$_2$—O—CH$_2$—R	腐殖质
	酮	(Ar—)R—C=O(—R)	腐殖质、挥发性物质、酮酸
	醛	(Ar—)R—C=O(—H)	糖类
	酯、内酯	(Ar—)R—C=O(—OR)	腐殖质、羟基酸、单宁
	环状亚胺	(R—)O=C—NH—C=O(—R)	腐殖质

注:R 是脂肪族长链骨架,Ar 是芳香环。

表 1.3 一些 NOM 官能团的 pK_a 值[64,74-76]

官能团	化学式	pK_a 范围
羧酸根	RCOOH	1~5
饱和醇	R—OH	>14
酚羟基	AR—OH	1~11
醇羟基	—OH	9.4~10.2
饱和硫醇	R—SH	8.5~12.5
芳香族硫醇	AR—SH	3~8
亚磺酸/磺酸	R—SO$_3$H/R—S(=O)—OH	6~7
饱和胺	R—NH$_3^+$	8.5~12.5
磷酸二酯	(RO)$_2$P(=O)—OH	3.4~4.0
磷酰基 pK_1	RP(=O)(OH)(O$^-$)	4.6~5.4
磷酰基 pK_2	RP(=O)(O$^-$)$_2$	5.6~8.0
苯胺	C$_6$HCNH$_3^+$	4.6
吡啶	C$_5$HCNH	5.1

(2) 结构性质。腐殖质是众多具有不同性质的有机小分子通过氢键和疏水相互作用形成团簇,进而形成的超分子结合体[63,77-78]。较常见的腐殖质模型为 Stevenson(1982)提出的腐殖酸模型与 Schnitzer 和 Khan(1972)提出的富里酸模型[70]。Stevenson 认为腐殖酸含有大量自由和结合的酚羟基和醌基结构,N 和 O 是桥接单元,羧基大量连接在芳香环上。Schnitzer 和 Khan 认为富里酸的结构单元由氢键联结,链间可以弯曲,联结结构可聚集或分散,易于捕获和固定低分子量的有机或无机化合物。Piccolo 等用核磁共振方法验证了氢键在腐殖质结构中的重要作用,认为腐殖酸是由长脂肪族碳链和芳香环构成的超分子结构[77]。

(3) 胶体性质。由于腐殖质是一类具有长链分子结构、构型为二维或者三维的交联状的高分子,在溶液中呈舒展的线团状态[81]。胶团的构型受溶液 pH、中性盐类和浓度的影响[79]。在中性或偏碱性溶液中,腐殖质中的官能团均呈去质子化状态（如 COO^-），较强的静电排斥作用使分子呈舒展状态；而在较低的 pH 或较高浓度的盐溶液中，分子间静电排斥力不断降低，链间开始收缩，分子变成球状结构；而在更低的 pH 和更高的盐浓度下，分子发生聚集。这些腐殖质胶体易在 Ca^{2+}、Mg^{2+} 和 Fe^{3+} 等多价金属离子作用下发生凝聚。研究发现，在河口地区通常能获得更高的 NOM 去除效率，其原因是海水中大量存在的阳离子，使得 NOM 易结合在水合氧化铁等胶体上，从而达到较高去除效果[64]。

（4）电化学和离子交换特性。腐殖质是一类重要的聚生物电解质，主要带负电，在电场中会朝正电极方向移动。由于醌类和氢醌的存在，腐殖质类具有很强的氧化还原潜力。这意味着腐殖质不仅可以作为氧化还原缓冲物质，在介导生物地球氧化还原反应、诱导微生物与矿物间电子传递过程方面也起到重要作用[80]。腐殖质具有很强的阳离子交换能力，阳离子交换容量（CEC）可以达到 200~500 cmol/kg，高于普通的无机胶体。

1.4 NOM 对污染物的结合作用

随着工业化进程和人类活动的加剧，各种重金属及有机污染物被大量排入自然环境中。NOM 是许多金属的强螯合剂，可以与纳米颗粒、痕量有机污染物等污染物发生络合、配位、吸附等作用，从而影响它们在环境中的反应活性和迁移传输过程[81]，同时也对污染物的毒性和生物有效性产生重要影响[82-83]。对 NOM 与金属离子及痕量污染物间的相互作用进行深入研究，不仅有助于加深我们对水体自净机制的理解，还可以为开发具有针对性的新兴污染物环境修复工程提供理论指导。

1.4.1
NOM 对无机污染物的结合

1. NOM 与金属离子相互作用

腐殖质等 NOM 能起到天然多配体金属络合剂的作用。能键合金属离子的官能团包括羧基、酚基、醇基、烯醇型羟基等含氧基团。如图 1.3 所示,在较低环境浓度下,NOM 与金属离子的结合主要受功能基团化学和结构性质的影响。芳香性、元素组分和主要官能团含量(如羧基和羟基)等都会影响 NOM 与金属离子的结合[84-85]。目前研究 NOM-金属相互作用的技术包括光谱技术、透析平衡、超滤、电化学、离子交换平衡、热力学分析等。研究者通过应用一系列模型从理论上来描述并预测 NOM-金属相互作用的过程,相关模型包括离散位点模型、电中和模型、连续分布模型、NICA-Donnan 模型和 Model Ⅵ 模型等[86]。作为胶体物质,NOM 在金属离子浓度较高时会发生凝聚,凝聚后的 NOM 可以网捕更多污染物组分并影响其降解过程,进而改变其与污染物在水体等介质中的作用过程。研究 NOM 在金属离子诱导下聚集的方法包括荧光光谱、原子力显微镜、荧光相干光谱、核磁共振、表面张力分析和动态光散射等,大多数研究 NOM 聚集/凝聚的工作主要在平衡条件和近似平衡条件下进行。在这些技术

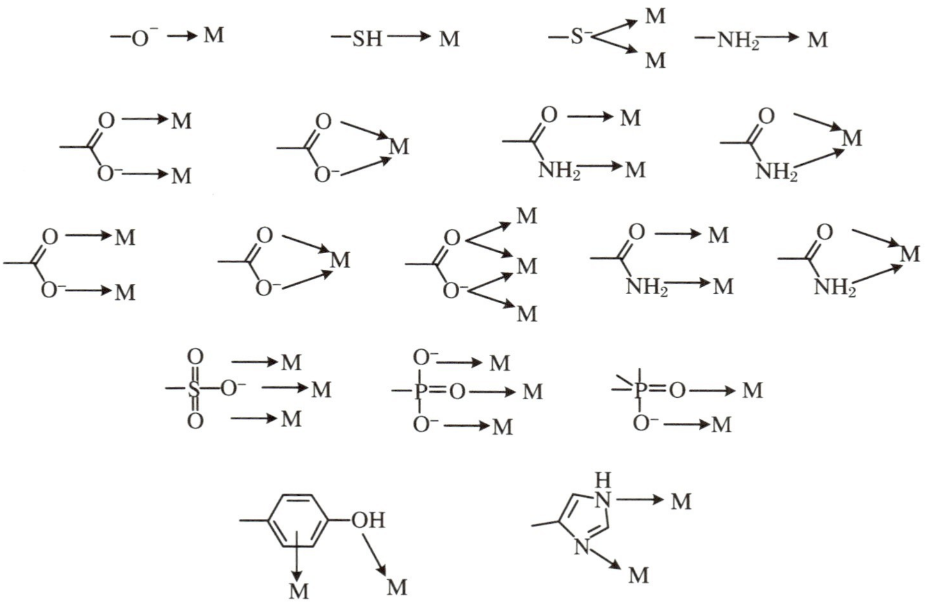

图 1.3 NOM 主要功能基团与金属离子结合的主要模式[104]

手段中,动态光散射可用于测定溶液中纳米颗粒和聚合物的尺寸分布,也可用于探究 NOM 的粒径、分形特征和凝聚动力学。研究 NOM 凝聚动力学对于促进理解 NOM 胶体稳定性和其在地球化学过程的作用具有重要意义[87]。

2. NOM 与纳米颗粒的作用研究

纳米颗粒是近几十年来广泛使用的新兴功能材料。被大量释放到环境中的纳米颗粒不可避免地将与 NOM 发生相互作用。NOM 的吸附不仅直接影响纳米颗粒的悬浮/沉降行为,还会影响纳米颗粒对其他化合物的吸附,最终改变其稳定性和最终归宿[88-90]。NOM 在纳米颗粒表面吸附过程受 NOM 和纳米颗粒特性的影响[87,91]。影响纳米颗粒性质的因素主要有反应活性面积、表面电荷、晶型等。影响 NOM 性质的因素有分子结构、电荷、亲疏水性、分子量和构型。配体交换、库仑力、范德瓦耳斯力、疏水作用力(溶剂排阻)、氢键、阳离子架桥和表面离子螯合是最主要的几种结合模式(见图 1.4)。NOM 在纳米颗粒表面的

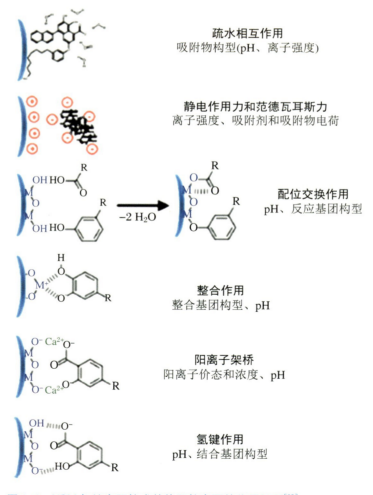

图 1.4　NOM 与纳米颗粒或其他颗粒表面的作用机制[93]

吸附具有显著的不均匀性和滞后性的特点，一般符合 Langmuir 和 Freundlich 等非线性吸附等温线模型[92]。通常需要综合考虑纳米颗粒和 NOM 的物理化学性质以及环境条件的差异，并结合几种相互作用模式来描述 NOM 在纳米颗粒表面的吸附机制[93]。

吸附后的 NOM 会对颗粒表面产生修饰作用，改变范德瓦耳斯力和库仑力的平衡，进而产生新的相互作用过程。一方面，NOM 通过增加颗粒的静电稳定性使胶体颗粒进一步稳固化；另一方面，桥架絮凝作用会加速土壤和水体纳米颗粒的聚集。通常认为，腐殖质分子在颗粒表面吸附，会通过静电作用使颗粒稳定；而较长的多糖和多肽会引起絮凝。颗粒-颗粒以及颗粒-表面之间的相互作用可以用经典 DLVO(Derjaguin-Landau-Verwey-Overbeek) 或扩展 DLVO 理论描述，不同条件下 NOM 对胶体稳定性的影响如表 1.4 所示[94,88]。

表 1.4 NOM 对纳米颗粒胶体稳定性的影响及适用条件[88]

作用类型	颗粒	NOM	介质	适用模型
静电去稳定化作用	带正电的颗粒，如铁氧化物、Al_2O_3、TiO_2 等	较低的 NOM/胶体比例，吸附分子较小或呈平展状态	pH 小于等电点	经典 DLVO
静电稳定化作用	吸附 NOM 的任何颗粒	足够高的 NOM/胶体比例，吸附分子较小或呈平展状态	适中的离子强度	经典 DLVO
静电位阻作用	吸附 NOM 的任何颗粒	较高分子量，舒展的空间构型，完整的表面覆盖性	适中的离子强度	引入空间位阻力的扩展 DLVO 理论
阳离子架桥	吸附 NOM 的任何颗粒	具有桥架位点的较长舒展性分子	存在多价阳离子	—
刚性聚合物架桥	吸附 NOM 的任何颗粒	较长分子	—	—
解聚集	不能附着的颗粒	舒展分子	剪切力条件下的缓慢过程	无

NOM 的疏水性和氧化状态会影响纳米颗粒的溶解和老化行为。已有研究表明，NOM 会改变 Ag^0、铁氧化物、ZnO、Cu^0 等纳米颗粒的热力学性质，影响金属离子的释放过程。一方面，附着的 NOM 是离子从表面扩散的动力学壁垒，会抑制溶剂的扩散；另一方面，NOM 和颗粒间可能会发生其他副反应，从而导致

离子的释放和消耗。不同的 NOM 对纳米颗粒的溶解过程会产生不同的影响，腐殖酸、富里酸和海藻酸会降低包覆有柠檬酸和油酸的纳米 Ag 颗粒的溶解。ZnO 在碱性且有腐殖酸存在的条件下会溶解得更快，但在酸性条件下溶解速率未发生显著变化[95]。羧酸的螯合作用会促进 Cu/CuO 纳米颗粒的溶解过程[96]。从毒理学角度考虑，纳米颗粒发生溶解后，其生物可利用性显著增强[97]。

1.4.2
NOM 对有机污染物的结合

农药（如百草枯、阿特拉津、有机磷农药）、药物及个人护理品（如抗生素、降压药、杀菌剂）、有毒有机污染物（如多氯乙烯、多环芳烃、多氯联苯）、石油制品等有机污染物随着工农业生产会排放到自然环境中，NOM 对于有机污染物具有较强的吸附配位能力，能与水体中多种有机污染物发生结合作用并影响其迁移、转化和分配等环境过程及生物有效性[98]。NOM 对有机污染物具有明显的增溶作用，可以改变污染物在土壤-沉积物-水环境中的分配、滞留和挥发，增强有毒化合物在环境中的迁移性。同时，NOM 结构中存在大量孔隙，可以吸附和卷带多种有机物[99-100]，对痕量污染物起到浓缩、富集的作用。

有机污染物与 NOM 相互作用中具有多种结合机制，包括范德瓦耳斯力、阳离子架桥、静电吸引、疏水性作用、π-π 共轭效应等[101]。它们在水环境中的相互作用与水环境的物理化学参数以及它们本身的理化性质有关。DOM 与有机污染物的结合受 DOM 分子量和芳香度的影响。如果分子量增加，那么富里酸分子的疏水性就会增强，从而使富里酸和有机物的结合能力增强。腐殖酸分子若被分成不同的小分子量组分，则会因失去弹性和空间结构而影响它们的疏水域，从而导致有机物与它的结合能力变弱。pH、离子强度和温度参数能够影响 NOM 和有机物的构型和极性，从而使它们表现出不同的结合能力和方式。NOM 的异质性使得污染物在其表面上的吸附过程呈非线性状态。例如 Huang 等将土壤/沉积物中可吸附有机污染物的部分分成了无机矿物表面、无定型土壤有机质（软碳）和凝聚态土壤有机质（硬碳）。研究发现，前两者对污染物的吸附速度较快；而后者对污染物的吸附呈非线性，速度较慢[102]。有机污染物在 NOM 表面的吸着、滞留、吸附、分配和表面络合都会影响污染物的迁移和降解行为，最终影响其对动植物及人类的毒性。

参考文献

[1] XU J, SHENG G P. Microbial extracellular polymeric substances (EPS) acted as a potential reservoir in responding to high concentrations of sulfonamides shocks during biological wastewater treatment[J]. Bioresour. Technol., 2020, 313:123654.

[2] LI X Y, YANG S F. Influence of loosely bound extracellular polymeric substances (EPS) on the flocculation, sedimentation and dewaterability of activated sludge[J]. Water Res., 2007, 41:1022-1030.

[3] LIN H, WANG C, ZHAO H, et al. A subcellular level study of copper speciation reveals the synergistic mechanism of microbial cells and EPS involved in copper binding in bacterial biofilms[J]. Environ. Pollut., 2020, 263:114485.

[4] TONER B, MANCEAU A, MARCUS M A, et al. Zinc sorption by a bacterial biofilm[J]. Environ. Sci. Technol., 2005, 39:8288-8294.

[5] GUINE V, SPADINI L, SARRET G, et al. Zinc sorption to three gram-negative bacteria: combined titration, modeling, and EXAFS study[J]. Environ. Sci. Technol., 2006, 40:1806-1813.

[6] HU Z Q, JIN J, ABRUNA H D, et al. Spatial distributions of copper in microbial biofilms by scanning electrochemical microscopy[J]. Environ. Sci. Technol., 2007, 41:936-941.

[7] SESAY M L, OZCENGIZ G, SANIN F D. Enzymatic extraction of activated sludge extracellular polymers and implications on bioflocculation[J]. Water Res., 2006, 40:1359-1366.

[8] HENRIQUES I D S, LOVE N G. The role of extracellular polymeric substances in the toxicity response of activated sludge bacteria to chemical toxins[J]. Water Res., 2007, 41:4177-4185.

[9] WILEN B M, LUMLEY D, MATTSSON A, et al. Relationship between floc composition and flocculation and settling properties studied at a full scale activated sludge plant[J]. Water Res., 2008, 42:4404-4418.

[10] LIU Y, LAM M C, FANG H H P. Adsorption of heavy metals by EPS of activated sludge[J]. Water Sci. Technol., 2001, 43:59-66.

[11] LEI Z, YU T, AI-ZHONG D, et al. Adsorption of Cd(II), Zn(II) by

extracellular polymeric substances extracted from waste activated sludge[J]. Water Sci. Technol., 2008, 58:195-200.

[12] AL-HALBOUNI D, DOTT W, HOLLENDER J. Occurrence and composition of extracellular lipids and polysaccharides in a full-scale membrane bioreactor[J]. Water Res., 2009, 43:97-106.

[13] SHENG G P, YU H Q. Characterization of extracellular polymeric substances of aerobic and anaerobic sludge using three-dimensional excitation and emission matrix fluorescence spectroscopy[J]. Water Res., 2006, 40: 1233-1239.

[14] DIMOVA R, LIPOWSKY R, MASTAI Y, et al. Binding of polymers to calcite crystals in water: characterization by isothermal titration calorimetry [J]. Langmuir, 2003, 19:6097-6103.

[15] MCDONNELL J M. Surface plasmon resonance: towards an understanding of the mechanisms of biological molecular recognition[J]. Curr. Opin. Chem. Biol., 2001, 5:572-577.

[16] SMEJKALOVA D, PICCOLO A. Host-Guest interactions between 2, 4-dichlorophenol and humic substances as evaluated by H-1 NMR relaxation and diffusion ordered spectroscopy[J]. Environ. Sci. Technol., 2008, 42: 8440-8445.

[17] TENG J, WU M, CHEN J, et al. Different fouling propensities of loosely and tightly bound extracellular polymeric substances (EPS) and the related fouling mechanisms in a membrane bioreactor[J]. Chemosphere, 2020, 255:126953.

[18] XU Q, HAN B, WANG H, et al. Effect of extracellular polymer substances on the tetracycline removal during coagulation process[J]. Bioresour. Technol., 2020, 309:123316.

[19] YIN K, WANG Q, LV M, et al. Microorganism remediation strategies towards heavy metals[J]. Chem. Eng. J., 2019, 360:1553-1563.

[20] TSEZOS M. The selective extraction of metals from solution by microorganisms: a brief overview[J]. Can. Metall. Quart., 1985, 24:141-144.

[21] NELSON Y M, LION L W, GHIORSE W C. Modeling oligotrophic biofilm formation and lead adsorption to biofilm components[J]. Environ. Sci. Technol., 1996, 30:2027-2035.

[22] LI Q, SONG W, SUN M, et al. Response of *Bacillus vallismortis* sp. EPS to

exogenous sulfur stress/induction and its adsorption performance on Cu(Ⅱ) [J]. Chemosphere, 2020, 251:126343.

[23] BHASKAR P V, BHOSLE N B. Bacterial extracellular polymeric substance (EPS): a carrier of heavy metals in the marine food-chain[J]. Environ. Int., 2006, 32:191-198.

[24] WANG J, LI Q, LI M-M, et al. Competitive adsorption of heavy metal by extracellular polymeric substances (EPS) extracted from sulfate reducing bacteria[J]. Bioresour. Technol., 2014, 163:374-376.

[25] KAZY S K, SAR P, SINGH S P, et al. Extracellular polysaccharides of a copper-sensitive and a copper-resistant *Pseudomonas aeruginosa* strain: synthesis, chemical nature and copper binding[J]. World J. Microb. Biot., 2002, 18:583-588.

[26] PULSAWAT W, LEKSAWASDI N, ROGERS P L, et al. Anions effects on biosorption of Mn(Ⅱ) by extracellular polymeric substance (EPS) from *Rhizobium etli*[J]. Biotechnol. Lett., 2003, 25:1267-1270.

[27] IYER A, MODY K, JHA B. Accumulation of hexavalent chromium by an exopolysaccharide producing marine *Enterobacter cloaceae*[J]. Mar. Pollut. Bull., 2004, 49:974-977.

[28] OZDEMIR G, CEYHAN N, MANAV E. Utilization of an exopolysaccharide produced by *Chryseomonas luteola* TEM05 in alginate beads for adsorption of cadmium and cobalt ions[J]. Bioresour. Technol., 2005, 96:1677-1682.

[29] ACOSTA M P, VALDMAN E, LEITE S G F, et al. Biosorption of copper by *Paenibacillus polymyxa* cells and their exopolysaccharide[J]. World J. Microb. Biot., 2005, 21:1157-1163.

[30] MORILLO J A, AGUILERA M, RAMOS-CORMENZANA A, et al. Production of a metal-binding exopolysaccharide by *Paenibacillus jamilae* using two-phase olive-mill waste as fermentation substrate[J]. Curr. Microbiol., 2006, 53:189-193.

[31] LIU H, FANG H H P. Characterization of electrostatic binding sites of extracellular polymers by linear programming analysis of titration data[J]. Biotechnol. Bioeng., 2002, 80:806-811.

[32] JOSHI P M, JUWARKAR A A. In vivo studies to elucidate the role of extracellular polymeric substances from azotobacter in immobilization of heavy metals[J]. Environ. Sci. Technol., 2009, 43:5884-5889.

[33] HA J, GELABERT A, SPORMANN A M, et al. Role of extracellular polymeric substances in metal ion complexation on *Shewanella oneidensis*: batch uptake, thermodynamic modeling, ATR-FTIR, and EXAFS study[J]. Geochim. Cosmochim. Ac., 2010, 74:1-15.

[34] GUIBAUD G, TIXIER N, BOUJU A, et al. Relation between extracellular polymers' composition and its ability to complex Cd, Cu and Pb[J]. Chemosphere, 2003, 52:1701-1710.

[35] WEI L, LI Y, NOGUERA D R, et al. Adsorption of Cu^{2+} and Zn^{2+} by extracellular polymeric substances (EPS) in different sludges: effect of EPS fractional polarity on binding mechanism[J]. J. Hazard. Mater., 2017, 321:473-483.

[36] LI J, JIANG Z, CHEN S, et al. Biochemical changes of polysaccharides and proteins within EPS under Pb(II) stress in *Rhodotorula mucilaginosa*[J]. Ecotox. Environ. Safe., 2019, 174:484-490.

[37] PRIESTER J H, OLSON S G, WEBB S M, et al. Enhanced exopolymer production and chromium stabilization in *Pseudomonas putida* unsaturated biofilms[J]. Appl. Environ. Microb., 2006, 72:1988-1996.

[38] ZHANG D Y, WANG J L, PAN X L. Cadmium sorption by EPS produced by anaerobic sludge under sulfate-reducing conditions[J]. J. Hazard. Mater., 2006, 138:589-593.

[39] MOON S H, PARK C S, KIM Y J, et al. Biosorption isotherms of Pb(II) and Zn(II) on Pestan, an extracellular polysaccharide, of *Pestalotiopsis* sp. KCTC 8637P[J]. Process Biochem., 2006, 41:312-316.

[40] GUIBAUD G, COMTE S, BORDAS F, et al. Comparison of the complexation potential of extracellular polymeric substances (EPS), extracted from activated sludges and produced by pure bacteria strains, for cadmium, lead and nickel[J]. Chemosphere, 2005, 59:629-638.

[41] COMTE S, GULBAUD G, BAUDU M. Biosorption properties of extracellular polymeric substances (EPS) resulting from activated sludge according to their type: soluble or bound[J]. Process Biochem., 2006, 41:815-823.

[42] FERRANDO D, TOUBIANA D, KANDIYOTE N S, et al. Ambivalent role of calcium in the viscoelastic properties of extracellular polymeric substances and the consequent fouling of reverse osmosis membranes[J]. Desalination, 2018, 429:12-19.

[43] ZHANG Y, HU X, JIANG M, et al. Effect of Ca^{2+} on morphological structure and component of biofilm[J]. Chinese J. Environ. Eng., 2015, 9: 1547-1552.

[44] ZHU L, ZHOU J, LV M, et al. Specific component comparison of extracellular polymeric substances (EPS) in flocs and granular sludge using EEM and SDS-PAGE[J]. Chemosphere, 2015, 121:26-32.

[45] YUNCU B, SANIN F D, YETIS U. An investigation of heavy metal biosorption in relation to C/N ratio of activated sludge[J]. J. Hazard. Mater, 2006, 137:990-997.

[46] YUE Z-B, LI Q, LI C-C, et al. Component analysis and heavy metal adsorption ability of extracellular polymeric substances (EPS) from sulfate reducing bacteria[J]. Bioresour. Technol., 2015, 194:399-402.

[47] JORAND F, BOUE-BIGNE F, BLOCK J C, et al. Hydrophobic/hydrophilic properties of activated sludge exopolymeric substances[J]. Water Sci. Technol., 1998, 37:307-315.

[48] DIGNAC M F, URBAIN V, RYBACKI D, et al. Chemical description of extracellular polymers: implication on activated sludge floc structure[J]. Water Sci. Technol., 1998, 38:45-53.

[49] CAO F, BOURVEN I, VAN HULLEBUSCH E D, et al. Hydrophobic molecular features of EPS extracted from anaerobic granular sludge treating wastewater from a paper recycling plant[J]. Process Biochem., 2017, 58: 266-275.

[50] WEI L, XIA X, ZHU F, et al. Dewatering efficiency of sewage sludge during Fe^{2+}-activated persulfate oxidation: effect of hydrophobic/hydrophilic properties of sludge EPS[J]. Water Res., 2020, 181:115903.

[51] OBUEKWE C O, AL-JADI Z K, AL-SALEH E S. Hydrocarbon degradation in relation to cell-surface hydrophobicity among bacterial hydrocarbon degraders from petroleum-contaminated Kuwait desert environment[J]. Int. Biodeter. Biodegr., 2009, 63:273-279.

[52] YANG L H, JIAO R X, MOYES C, et al. The discovery of MK-0812, a potent and selective CCR2 antagonist[J]. ACS Med. Chem. Lett. 2018, 9: 679-684.

[53] LIU A, AHN I S, MANSFIELD C, et al. Phenanthrene desorption from soil in the presence of bacterial extracellular polymer: observations and

model predictions of dynamic behavior[J]. Water Res., 2001, 35:835-843.

[54] YAN Z R, MENG H S, YANG X Y, et al. Insights into the interactions between triclosan (TCS) and extracellular polymeric substances (EPS) of activated sludge[J]. J. Environ. Manage., 2019, 232:219-225.

[55] ESPARZA-SOTO M, WESTERHOFF P K. Fluorescence spectroscopy and molecular weight distribution of extracellular polymers from full-scale activated sludge biomass[J]. Water Sci. Technol., 2001, 43:87-95.

[56] SHENG G P, ZHANG M L, YU H Q. Characterization of adsorption properties of extracellular polymeric substances (EPS) extracted from sludge [J]. Colloid. Surfaces B., 2008, 62:83-90.

[57] YAN Z R, ZHU Y Y, MENG H S, et al. Insights into thermodynamic mechanisms driving bisphenol A (BPA) binding to extracellular polymeric substances (EPS) of activated sludge[J]. Sci. Total Environ., 2019, 677: 502-510.

[58] PAN X, LIU J, ZHANG D. Binding of phenanthrene to extracellular polymeric substances (EPS) from aerobic activated sludge: a fluorescence study[J]. Colloid. Surfaces B., 2010, 80:103-106.

[59] SPATH R, FLEMMING H C, WUERTZ S. Sorption properties of biofilms [J]. Water Sci. Technol., 1998, 37:207-210.

[60] PAN X L, LIU J, ZHANG D Y, et al. Binding of dicamba to soluble and bound extracellular polymeric substances (EPS) from aerobic activated sludge: a fluorescence quenching study[J]. J Colloid Interface Sci., 2010, 345: 442-447.

[61] AIKEN G R, HSU-KIM H, RYAN J N. Influence of dissolved organic matter on the environmental fate of metals, nanoparticles, and colloids[J]. Environ. Sci. Technol., 2011, 45:3196-3201.

[62] MOPPER K, STUBBINS A, RITCHIE J D, et al. Advanced instrumental approaches for characterization of marine dissolved organic matter: extraction techniques, mass spectrometry, and nuclear magnetic resonance spectroscopy [J]. Chem. Rev., 2007, 107:419-442.

[63] SUTTON R, SPOSITO G. Molecular structure in soil humic substances: the new view[J]. Environ. Sci. Technol., 2005, 39:9009-9015.

[64] STUMM W, MORGAN J J. Aquatic chemistry: chemical equilibria and rates in natural waters[M]. New York: John Wiley & Sons, 1996.

[65] THURMAN E M. Organic geochemistry of natural waters[M]. Berlin, Heidelberg: Springer Science & Business Media, 1985.

[66] BADR E S A, ACHTERBERG E P, TAPPIN A D, et al. Determination of dissolved organic nitrogen in natural waters using high-temperature catalytic oxidation[J]. Trac-Trend. Anal. Chem., 2003, 22:819-827.

[67] ZHANG X, HAN J, ZHANG X, et al. Application of Fourier transform ion cyclotron resonance mass spectrometry to characterize natural organic matter[J]. Chemosphere, 2020:127458.

[68] MCDONALD S, BISHOP A G, PRENZLER P D, et al. Analytical chemistry of fresh water humic substances[J]. Anal. Chim. Acta, 2004, 527: 105-124.

[69] WU F C, TANOUE E, LIU C Q. Fluorescence and amino acid characteristics of molecular size fractions of DOM in the waters of Lake Biwa[J]. Biogeochemistry, 2003, 65:245-257.

[70] STEVENSON F J. Humus chemistry: genesis, composition, reactions[M]. 2nd ed. New York: John Wiley & Sons, 1994.

[71] MALCOLM R L. The uniqueness of humic substances in each of soil, stream and marine environments[J]. Anal. Chim. Acta, 1990, 232:19-30.

[72] LINKEVICH E V, YUDINA N V, SAVEL'EVA A V. Formation of humic colloids in aqueous solutions at different pH values[J]. Russ. J. Phys. Chem. A+, 2020, 94:742-747.

[73] ISLAM M A, MORTON D W, JOHNSON B B, et al. Adsorption of humic and fulvic acids onto a range of adsorbents in aqueous systems, and their effect on the adsorption of other species: a review[J]. Sep. Purif. Technol., 2020, 247.

[74] BRAISSANT O, DECHO A W, DUPRAZ C, et al. Exopolymeric substances of sulfate-reducing bacteria: interactions with calcium at alkaline pH and implication for formation of carbonate minerals[J]. Geobiology, 2007, 5:401-411.

[75] OMOIKE A, CHOROVER J. Spectroscopic study of extracellular polymeric substances from *Bacillus subtilis*: aqueous chemistry and adsorption effects [J]. Biomacromolecules, 2004, 5:1219-1230.

[76] SOKOLOV I, SMITH D S, HENDERSON G S, et al. Cell surface electrochemical heterogeneity of the Fe(Ⅲ)-reducing bacteria *Shewanella putrefa-*

ciens[J]. Environ. Sci. Technol., 2001, 35:341-347.

[77] PICCOLO A. The supramolecular structure of humic substances[J]. Soil Sci., 2001, 166:810-832.

[78] NEBBIOSO A, PICCOLO A. Molecular characterization of dissolved organic matter (DOM): a critical review[J]. Anal. Bioanal. Chem., 2013, 405: 109-124.

[79] WANG L L, WANG L F, REN X M, et al. pH dependence of structure and surface properties of microbial EPS[J]. Environ. Sci. Technol., 2012, 46: 737-744.

[80] AESCHBACHER M, SANDER M, SCHWARZENBACH R P. Novel electrochemical approach to assess the redox properties of humic substances[J]. Environ. Sci. Technol., 2010, 44:87-93.

[81] YU S J, LIU J F, YIN Y G, et al. Interactions between engineered nanoparticles and dissolved organic matter: a review on mechanisms and environmental effects[J]. J. Environ. Sci., 2018, 63:198-217.

[82] LY Q V, MAQBOOL T, ZHANG Z, et al. Characterization of dissolved organic matter for understanding the adsorption on nanomaterials in aquatic environment: a review[J]. Chemosphere, 2021, 269:128690.

[83] ZHANG M, TAO S, WANG X L. Interactions between organic pollutants and carbon nanomaterials and the associated impact on microbial availability and degradation in soil: a review [J]. Environ. Sci-Nano, 2020, 7: 2486-2508.

[84] NIYOGI S, WOOD C M. Biotic ligand model, a flexible tool for developing site-specific water quality guidelines for metals[J]. Environ. Sci. Technol., 2004, 38:6177-6192.

[85] 李璐, 王震宇, 林道辉, 等. 天然有机质与重金属相互作用的分析方法进展[J]. 环境科学研究, 2015, 28:182-189.

[86] TIPPING E. Cation binding by humic substances[M]. Cambridge: Cambridge University Press, 2002.

[87] BRIGANTE M, ZANINI G, AVENA M. On the dissolution kinetics of humic acid particles: effects of pH, temperature and Ca^{2+} concentration[J]. Colloids and Surfaces A, 2007, 294:64-70.

[88] PHILIPPE A, SCHAUMANN G E. Interactions of dissolved organic matter with natural and engineered inorganic colloids: a review[J]. Environ. Sci.

Technol., 2014, 48:8946-8962.

[89] 侯磊. 典型胶体碳纳米材料对有机污染物环境行为的影响:天然有机质的作用[D]. 天津:南开大学, 2014.

[90] 胡俊栋, 刘崴, 沈亚婷, 等. 天然有机质存在条件下的纳米颗粒与重金属协同行为研究[J]. 岩矿测试, 2013, 32:669-680.

[91] WENG L P, TEMMINGHOFF E J M, LOFTS S, et al. Complexation with dissolved organic matter and solubility control of heavy metals in a sandy soil [J]. Environ. Sci. Technol., 2002, 36:4804-4810.

[92] ENGEL M, CHEFETZ B. The missing link between carbon nanotubes, dissolved organic matter and organic pollutants[J]. Adv. Colloid Interfac., 2019, 271: 101993.

[93] HUNTER R J. Foundations of colloid science[M]. 2nd ed. Oxford: Oxford University Press, 2001.

[94] FERRETTI R, STOLL S, ZHANG J W, et al. Flocculation of hematite particles by a comparatively large rigid polysaccharide: schizophyllan[J]. J. Colloid Interf. Sci., 2003, 266:328-338.

[95] BIAN S W, MUDUNKOTUWA I A, RUPASINGHE T, et al. Aggregation and dissolution of 4 nm ZnO nanoparticles in aqueous environments: influence of pH, ionic strength, size, and adsorption of humic acid[J]. Langmuir, 2011, 27:6059-6068.

[96] MUDUNKOTUWA I A, PETTIBONE J M, GRASSIAN V H. Environmental implications of nanoparticle aging in the processing and fate of copper based nanomaterials[J]. Environ. Sci. Technol., 2012, 46(13): 7001-7010.

[97] HSU-KIM H, KUCHARZYK K H, ZHANG T, et al. Mechanisms regulating mercury bioavailability for methylating microorganisms in the aquatic environment: a critical review[J]. Environ. Sci. Technol., 2013, 47:2441-2456.

[98] TOLLS J. Sorption of veterinary pharmaceuticals in soils: a review[J]. Environ. Sci. Technol., 2001, 35:3397-3406.

[99] FRIES E, CROUZET C, MICHEL C, et al. Interactions of ciprofloxacin (CIP), titanium dioxide (TiO_2) nanoparticles and natural organic matter (NOM) in aqueous suspensions[J]. Sci. Total Environ., 2016, 563: 971-976.

[100] SURETTE M C, NASON J A. Effects of surface coating character and interactions with natural organic matter on the colloidal stability of gold nanoparticles[J]. Environ. Sci.-Nano, 2016, 3:1144-1152.

[101] WANG L, LI H, YANG Y, et al. Identifying structural characteristics of humic acid to static and dynamic fluorescence quenching of phenanthrene, 9-phenanthrol, and naphthalene[J]. Water Res., 2017, 122:337-344.

[102] HUANG W L, YOUNG T M, SCHLAUTMAN M A, et al. A distributed reactivity model for sorption by soils and sediments. 9. General isotherm nonlinearity and applicability of the dual reactive domain model[J]. Environ. Sci. Technol., 1997, 31:1703-1710.

第 2 章

天然大分子对
污染物结合作用分析方法

2.1
结合强度

2.1.1
三维荧光光谱

三维激发发射矩阵(Three-dimensional Excitation-emission Matrix,3D-EEM)荧光光谱是近几十年来发展起来的一种新的荧光分析技术。这种技术区别于普通的荧光分析,其主要特点在于它能获得激发波长与发射波长同时变化时的荧光强度信息。三维荧光光谱以其丰富的信息含量突出了荧光分析法选择性好、灵敏度高的优点。三维荧光光谱的三个维度通常指荧光强度、激发波长和发射波长。这种反映荧光强度随激发波长和发射波长变化的立体图谱,能够表征物质更完整的荧光信息。它通过在不同的激发波长下扫描发射荧光谱,获得激发-发射矩阵,然后基于矩阵数据以三维立体图或等高线的形式被形象地描绘出来。

三维荧光光谱作为一种灵敏且无破坏性的方法,根据不同的激发发射波长下的荧光强度响应,能够完整地给出 EPS 的荧光特性[1]。当其与重金属或者抗生素类污染物发生相互作用后,通常会导致相应的荧光峰强度或位置发生改变。通过测定金属-EPS 或者抗生素-EPS 配合物产生的荧光猝灭信号[2-4],可以得到 EPS 与污染物相互作用的强度和作用位点等信息。EEM 图谱上的不同区域被重金属或者抗生素不同程度地猝灭或者增强,清楚地反映了各种荧光官能团与污染物间不同程度的相互作用[5],可用于原位研究 EPS 的络合与吸附性能。

然而,络合物溶液的 EEM 荧光图谱通常非常复杂,由很多互相重叠的荧光信号组成,需要结合化学计量学方法从复杂的 EEM 图谱信息中获得准确的荧光特性,从而解析出络合特性。平行因子分析(Parallel Factor Analysis,PARAFAC)是采用数据平铺的方法,将三维的数据重新组织成二维的数据,来解决三线性的数据问题。EEM 结合 PARAFAC 的分析方法,以统计方法将 EEM 图谱分解成不同的相互独立的荧光组分(见图 2.1)。该方法已经被成功用于评价溶解性有机质与金属离子间的相互作用[2,6-7],也可以被用于有荧光猝灭现象发生的其他分子间相互作用的研究。

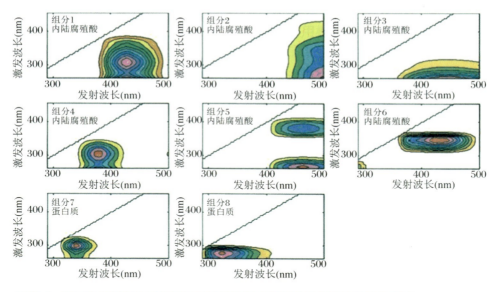

图2.1 用PARAFAC从天然有机质EEM图中分解出8种组分的荧光光谱[8]

2.1.2
核磁共振波谱

由于原子的核磁共振(Nuclear Magnetic Resonance，NMR)频率受所处的化学环境影响，核磁共振信号可以在原子水平上探测分子间的相互作用，如静电相互作用、疏水包裹、氢键等。与其他研究方法相比，它具有如下独特的优势：① 核磁共振波谱能研究在溶液中或固态条件下分子间的相互作用及组装现象，而不会破坏组装体或复合物的结构；② 核磁共振波谱可以研究分子内或分子间化学交换的动力学过程；③ 核磁共振波谱可以提供复合物的复杂结构的微观信息以及几何和空间排布的微小变化；④ 核磁共振波谱可以不受杂质的干扰，从而避免得到错误的信息[9]。

在所有的核磁共振波谱中，最简单且最经典的是一维核磁共振谱。在所有的具有磁矩的原子核中，氢原子具有最高的自然丰度和最大的磁旋比。因此，一维核磁共振氢谱(^{1}H-NMR)的灵敏度最高，是最常用的一维谱。对于分子中具有磁矩的同种原子核，其所处的化学环境不同，共振频率不同，它们的谱线在谱图中的位置就不同，这一现象被称为化学位移。化学位移对电荷环境十分敏感，当分子之间通过相互作用发生结合时,结合位点周围的化学环境发生变化,结合位点上或邻近的核的化学位移发生改变。因此,通过观测原子核化学位移的变化可以判断相互作用的发生[10]。为了得到结合常数,通常采用 NMR 化学位移滴定的方法,即测定化学位移随反应分子浓度的变化。以化学位移对反应分子浓度作图,通过数值拟合的方法可以得到相应的结合常数[11-12]。

2.1.3
其他分析方法

超滤、高效亲和色谱法、毛细管电泳法、红外光谱法、凝胶电泳法、动力透析法、生物色谱法、拉曼光谱、质谱法、原子力显微镜等方法也可用于环境样品的分子间相互作用的研究。其他一些主要分析方法的优缺点如表 2.1 所示。

表 2.1 复杂环境样品间相互作用的主要分析方法的优缺点

分析方法	优点	缺点
紫外可见光谱[13]	成本低、快速、灵活、简便,样品制备方便	光谱干扰因素多
荧光光谱[14]	灵敏	不太稳定
红外光谱[15]	适用于官能团的检测,对蛋白质构型变化敏感	不适用于复杂基质的样品分析
拉曼光谱[16]	固态、液态均可,样品制备方便,光谱获得迅速	信号较弱,需要对测试条件优化,具有荧光的样品会产生干扰
质谱[17]	分辨率高	昂贵,对仪器要求较高
核磁共振[18]	定性、定量均可,固态、液态均可,检测组分精细结构变化	昂贵,耗时,数据分析复杂
动态光散射[19]	快速、精确,提供水力学半径信息	受水合壳层及粒子形状影响较大
圆二色光谱[13]	检测构型变化	整体结构信息,适用于圆二色性质的分子研究
等温滴定微量热[20]	直接测定热力学参数,无需分子标记,样品制备简便	样品浓度要求较高

续表

分析方法	优点	缺点	参考文献
Zeta 电位仪[21]	直接测定表面电荷，适合静电相互作用的研究	对溶液离子要求严格	
色谱[22]	灵敏，可以分离复杂基质，且分离时间比其他方法短	易于被污染，样品预处理复杂，需要重新浓缩	
电泳[23]	适用于一些复杂基质的分离	毛细管内表面容易吸附分析物，灵敏度有限	
表面等离子共振[24]	传感器表面介质的折射率变化敏感，可用于研究分子构型的变化	不太适合一些弱相互作用的检测	
石英晶体微天平[25]	质量敏感，分辨高，可以测量单分子层甚至单原子层的质量变化，无需分子标记	表面参数不稳定，例如表面电荷、表面粗糙度、黏度等都会影响测量结果	

2.2 结合构型

2.2.1 动态/静态光散射

激光光散射技术是基于胶体对光的散射作用，以获得胶体物质结构、分子量和动力学参数的研究方法，主要包括静态光散射（Static Light Scattering，SLS）和动态光散射（Dynamic Light Scattering，DLS）技术。光散射可以研究纳米到几个微米的天然有机质的结构信息，是一项原位观测胶体物质在水溶液中几何构型的技术手段。SLS 分析的发展是基于 1948 年 Zimm 提出的著名的 Zimm 图[26]。其原理主要是基于平均散射强度对角度和浓度的依赖性，静态光散射技术的重要公式如下：

$$\frac{KC}{R_w(\theta)} = \frac{1}{M_w}\left(1 - \frac{1}{3}\right)(\langle R_g^2 \rangle_z q^2) + 2A_2 C \tag{2.1}$$

其中，$K = 4\pi^2 n^2 (dn/dC)^2/(N_A \lambda_0^4)$，$n$ 为介质折射率，C 是高分子溶液的浓度（g/mL），N_A 是 Avogadro 常数，dn/dC 是微分折光指数，λ_0 为入射光波长。通过计算，可以得到重均分子量（M_w），散射粒子的 z-均方旋转半径（$\langle R_g^2 \rangle_z^{1/2}$）等信息。$A_2$ 为散射粒子的第二维里系数，它是各散射体之间相互作用的一种重要量度。当 $A_2 < 0$ 时，各散射单元的作用力是相互吸引的，表明粒子有相互聚集的趋势，胶体处在不稳定的状态；而当 $A_2 > 0$ 时，粒子具有相互排斥的趋势，胶体处在稳定的状态。

根据 M_w 和 R_g 值可以计算胶体内部密度 C^*，如公式（2.2）所示。较高的 C^* 表示聚合物胶体具有更紧实的内部结构。

$$C^* = \frac{3M_w}{4\pi N_A \langle R_g \rangle^3} \tag{2.2}$$

动态光散射（DLS）也称光子相关光谱（PCS）或准弹性光散射（QELS），主要通过测量散射光强随时间的长短而得到胶体水动力学信息。在动态光散射中，可以精确测量光强-光强时间相关函数 $G^{(2)}(q, \tau)$，在自脉冲模式中可以得到归一化的一阶电场-电场时间相关函数 $g^{(1)}(q, \tau)$，即 Siegert 方程[27]：

$$G^{(2)}(q, \tau) = \langle I(q,0) I(q,\tau) \rangle = A[1 + \beta |g^{(1)}(q, \tau)|^2] \tag{2.3}$$

其中，$I(q,0)$ 和 $I(q,\tau)$ 分别是时间为 0 和一个短时间 τ 时的散射光强度。尖括号的含义是经过大量重复的平均值（$n > 10^5$）。A 表示测量基线，β 是一个与检测器有关的常数。对于含有高分子的多分散性系统，$g^{(1)}(q, \tau)$ 与特征线宽分布 $G(\Gamma)$ 有关：

$$|g^{(1)}(q, \tau)| = \int_0^\infty G(\Gamma) e^{-\Gamma \tau} d\Gamma \tag{2.4}$$

将方程用累积量级数展开：

$$\ln |g^{(1)}(\tau)| = \overline{\Gamma}\tau + \frac{1}{2!} u_2 \tau^2 + \frac{1}{3!} u_3 \tau^3 + \cdots \tag{2.5}$$

根据 Stokes-Einstein 公式，可以计算得到平均水动力学半径 $\langle R_h \rangle$ 和多分散性指数：

$$\langle R_h \rangle = \frac{k_B T}{6\pi \eta \overline{\Gamma}} q^2 \tag{2.6}$$

$$RDI = \frac{u_2}{\overline{\Gamma}^2} \tag{2.7}$$

其中，k_B 是波尔兹曼常数，T 是绝对温度，η 是溶剂黏度。在累积量方法中，一

般认为在变量 $PDI \leqslant 0.3$ 时所得到的数据是相当可信的[27]。可以根据 Stokes-Einstein 公式，通过 CONTIN 算法获得流体力学半径分布 $f(R_h)$。DLS 技术可以确定纳米颗粒的尺寸分布，广泛用于研究胶体物质的粒径、分形维数以及凝聚动力学。

光散射技术常用于研究与入射波长范围具有可比性数量级的微观结构。结合 SLS 和 DLS 可以提供更多高分子溶液、聚集体和胶体颗粒的结构信息，包括聚集体的分形结构、蛋白质的水合作用以及聚合物构型转变等。在天然有机质研究方面，光散射技术可以测定腐殖酸、富里酸等的分子量和粒径[28-29]。例如，Reid 等发现泥土腐殖酸（HA）和地表水腐殖酸（HA）的粒径分别约为 448 nm 和 81 nm。另外，光散射技术还可以与 SEC 联用。采用 MALLS 检测器可以大大提高检测灵敏度，提供更多 NOM 的分子量及构型信息。可根据 $\log R$ 和 $\log M$ 的关系推测胶体空间构型，如球状、无规则线团状、棒状等[30-31]。微生物胞外聚合物（EPS）、溶解性微生物产物（SMP）等 NOM 在不同 pH、离子强度等状态下也显示出不同形貌和胶体行为，其已成为胶体化学领域新的研究方向[32]。

光散射技术具有其他胶体研究技术不具备的优势。首先，可以避免有机溶剂的干扰，而传统的 NMR 技术等需要氯仿等溶剂；此外，可以原位测定溶液中 NOM 的结构和构型变化，并能够原位观测 pH、温度、离子和其他物质对结构性质的影响[32]。但是 LLS 技术还是有一些缺点的，NOM 中很多组分尤其是腐殖质类会强烈吸收紫外光，在可见光区域发射荧光。这会显著影响散射光强（$\sim 1/\lambda^4$），需要使用具有更高波长的激光发射器才能解决这一问题。

2.2.2

二维相关光谱

二维相关光谱（Two-dimensional Correlation Spectroscopy，2D-COS）源于核磁共振（NMR）领域[33]。二维核磁是使用多脉冲技术激发原子核自旋，并采集时域上核自旋弛豫过程的衰减信号，经 Fourier 变换而得到的。由于其他普通分子光谱的时间标尺远小于 NMR，普通仪器难以检测到弛豫过程的衰减信号，因此限制了 2D-COS 在其他光谱领域的应用。

1986 年，Noda 创造性地将 NMR 中的多重射频励磁看作一种对体系的外部扰动，以全新的视角简化认识二维核磁技术。于是，他在 1989 年提出了新的设想，即将低频扰动作用于体系，通过测定振动弛豫较慢但与分子尺寸运动密切相关的不同弛豫过程的红外振动光谱,得到了二维红外相关光谱[34]。1993年,Noda再次对已有理论进行修正,使用Hilbert变换替代了原来的Fourier变换,缩短了二维分析处理的时间,并突破了原来只能使用弦波形扰动的局限。他将新的理论正式命名为"广义二维相关光谱技术(Generalized two-dimensional correlation spectroscopy)"[35]。其基本原理是:当将任意外部扰动 t_k(时间、温度、浓度、电位等,$k = 1,2,\cdots,m$)施加于系统时,会诱发系统内局部分子环境产生变化,导致光谱强度、位置以及顶峰形状发生改变,进而产生一系列光谱信号 $A(\nu_j, t_k)$。ν_j 可以是波数、波长、频率或者散射角度。当外扰变量 t 在 t_1 和 t_m 间变化时,动态光谱信号 $\widetilde{A}(\nu_j, t_k)$ 为

$$\widetilde{A}(\nu_j, t_k) = \begin{cases} A(\nu_j, t_k) - \overline{A}(\nu_j) & (1 \leqslant k \leqslant m) \\ 0 & (\text{其他}) \end{cases} \tag{2.8}$$

其中,$\overline{A}(\nu_j)$ 是体系的参比光谱,一般为平均值,定义为

$$\overline{A}(\nu_j) = \frac{1}{m} \sum_{k=1}^{m} A(\nu_j, t_k) \tag{2.9}$$

同步谱 $\Phi(\nu_1, \nu_2)$ 和异步谱 $\Psi(\nu_1, \nu_2)$ 被分别定义为

$$\Phi(\nu_1, \nu_2) = \frac{1}{m-1} \sum_{j=1}^{m} \widetilde{A}(\nu_1, t_j) \cdot \widetilde{A}(\nu_2, t_j) \tag{2.10}$$

$$\Psi(\nu_1, \nu_2) = \frac{1}{m-1} \sum_{j=1}^{m} \widetilde{A}(\nu_1, t_j) \cdot \sum_{i=1}^{m} N_{ij} \widetilde{A}(\nu_2, t_i) \tag{2.11}$$

其中,N_{ij} 是Hilbert-Noda变换矩阵的元素:

$$N_{ij} = \begin{cases} 0 & (i = j) \\ \dfrac{1}{\pi(j-i)} & (i \neq j) \end{cases} \tag{2.12}$$

2D-COS中,同步谱代表两个不同波数 ν_1、ν_2 光谱强度的相似性变化,表明基团间有很强的协同作用或存在强烈的相互作用。同步谱中,光谱峰分为自相关峰与交叉相关峰两类。自相关峰位于对角线上,一般是正值,表示在扰动期间该谱峰强度变化的程度。自相关峰越强,表示该谱峰对扰动的响应越敏感。两个不同波数相交处出现的峰被称为交叉相关峰,其值有正也有负,表示的是这两个频率之间的光谱强度变化的相似性。$\Phi(\nu_1, \nu_2) > 0$,表明 ν_1、ν_2 信号强度变化方向一致,即同增或同减;$\Phi(\nu_1, \nu_2) < 0$,则表明强度变化方向相反。异步谱代表了 ν_1、ν_2 处光谱强度的相异性变化,用以区分谱峰来源或不同组分形成的重叠峰。另外,异步谱还可以反映 ν_1、ν_2 处强度变化的快慢程度,判断强度变化的先后顺序。根据Noda定则,当 $\Phi(\nu_1, \nu_2)$ 和 $\Psi(\nu_1, \nu_2)$ 的符号一致时,ν_1 的

强度变化先于 ν_2；否则，优先顺序相反[36]。

由于 2D-COS 可以反映外部扰动刺激下分子结构和物质组成的动态变化，使得它逐渐在环境领域得到更多关注和应用，常用于表征 DOM 的一些分子特性。Li 等利用 FTIR-2D-COS 研究了沿 Superior 湖沉积物界面的有机质的转变。同步谱表明碳水化合物和芳香酯类随沉积物深度的增加发生了明显的降解；异步谱表明芳香酯类中羰基和蛋白质中氨基的降解速率快于碳水化合物和芳香基团[37]。FA 和 HA 常常由于微生物活动、阳光辐射以及和金属结合参与到氧化降解过程中。Hur 等人使用 2D-COS 分析了 FA 和 HA 在 UV 照射下发生化学转化时 UV-vis 和同步荧光光谱随时间的变化情况[38]。Nakashima 等人利用荧光光谱 2D-COS 研究了 HA 与 Ca^{2+} 和 Pb^{2+} 的结合能力，结果表明 HA 中有两种不同的结合组分，并揭示了两种金属干扰下 HA 的结构转变次序[39]。FTIR-2D-COS 分析的结果表明极性物质恩诺沙星在土壤中黏土矿物上的吸附过程中，DOM 和恩诺沙星间的静电吸引占主导作用，H-donor-acceptor 和 π-π 相互作用也对该过程产生很大的影响[40]。通过 2D-COS 对海洋沉积物中不同分子量的 FA 和 HA 的漫反射红外光谱分析，揭示了在聚集过程中脂类物质、碳水化合物和蛋白质所起的作用不同[41]。另外，FTIR-2D-COS 和 FTIR/UV-vis 异谱2D-COS还被用于研究海洋生物分泌的黏液聚集过程，揭示了碳水化合物、蛋白质、脂质和金属在有机物聚集过程中的独特作用[42]。

2.3 结合热力学

等温滴定量热法（Isothermal Titration Calorimetry，ITC）是近年来发展起来的一种研究生物分子间作用的重要方法。它通过高灵敏度、高自动化的痕量量热仪连续、准确地监测和记录一个变化过程的量热曲线，同时原位、在线和无损伤地提供热力学和动力学信息，可获得生物分子相互作用的完整热力学参数，包括结合常数、摩尔结合焓、摩尔结合熵。由于 ITC 需标记，只测量分子反应过程中的热量变化，它非常适用于研究复杂体系的能量变化。例如，大分子复合物的形成，药物和目标分子间的相互作用，纳米技术应用中聚合物间的相互作用，由表面活性剂形成的微胶束、酶活的激发和抑制等[43-44]。

ITC已经成功应用于多种理论和实践研究中[45-46]。当进行分子结合的测定时,配体被滴加进入样品溶液,测定释放(放热反应)或者吸收(吸热反应)的热量,该热量表现为工作池与参比池维持相同温度所反馈的热功率。随着滴定过程的进行,结合位点逐渐饱和,反应热趋向于零。根据得到的结合等温线,可以计算结合焓变 ΔH、结合平衡亲和常数 $K_a(1/K_d)$、结合位点数及化学计量学比值 N。根据式(2.13)和式(2.14),可以得到结合作用的吉布斯自由能变 ΔG 和结合的熵变贡献($T\Delta S$)。

$$\Delta G = RT \ln K_d \tag{2.13}$$

$$\Delta G = \Delta H - T\Delta S \tag{2.14}$$

其中,R 为气体常数(8.314 kJ/mol),T 为温度(K)。结合焓变 ΔH 与温度相关,根据式(2.15),通过测定不同温度下的相互作用,能够计算得到结合热容 ΔC_p。

$$\Delta C_p = \delta \Delta H / \delta T \tag{2.15}$$

ΔC_p 这个参数正逐渐应用到结构热力学相关性研究中,用于探测结合界面的本质和程度。ITC也可以被用于测定发生在分子亲和过程中的质子化问题,通过设计滴定具有不同离子化焓的缓冲盐实验实现。大量的研究表明,ITC方法可以在一些研究中获得更好的数据信息,例如酶反应[47-48]。这些信息不仅有热力学信息,还有结合速率常数信息,包括亲和与解离常数[49]。

ITC的实验原理为:样品池和参比池的外在条件相同,当反应发生时,样品池较参比池的温度会产生变化,这些细微的温度差异会被ITC检测到。放热反应激发负反馈,而吸热反应激发正反馈,以保证样品池温度的恒定。滴定模块每滴加一滴溶液,样品池的温度就会有所变化。ITC记录并根据温度的变化可以绘制出如图2.2(a)所示的曲线,横坐标为时间,纵坐标为热功率,峰底与峰尖之间的峰面积为每次滴定时释放或吸收的总热量。图2.2(b)的横坐标为滴定物与样品溶液的物质的量之比,纵坐标为滴定产生的总热量。从图2.2中可以看出,每次滴定都引起了热功率的变化,且滴定过程中会出现突跃。在突跃点,热功率变化最大;在突跃点之前或之后,热量的变化速率都不大。

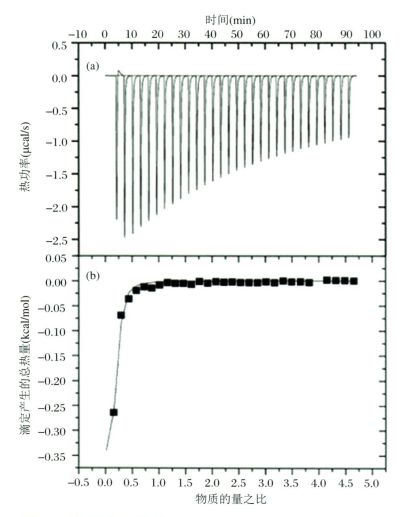

图 2.2 典型结合作用的等温滴定微量热曲线:(a)原始曲线;(b)使用单点结合模型拟合曲线[50]

2.4 结合动力学

2.4.1 表面等离子共振

表面等离子共振(Surface Plasmon Resonance,SPR)是利用物理光学现象发展的生物传感技术。SPR传感芯片表面镀有一层金属薄膜,由于入射光可以引起金属中自由电子的共振,从而导致反射光在一定的角度内大大减弱。其中,使反射光完全消失的角度被称为共振角[51]。共振角会随金属薄膜表面通过的液相的折射率的变化而变化。折射率的变化又和结合在金属表面的大分子质量成正比。因此,SPR技术可以通过反应全过程中各种分子反射光的吸收获得传感图。

图2.3为SPR传感器响应周期中发生的生物分子结合与解离过程。在传感芯片上固定有受体分子。当 $t=0\,\text{s}$ 时,载流缓冲液通过微流通道到达流通池

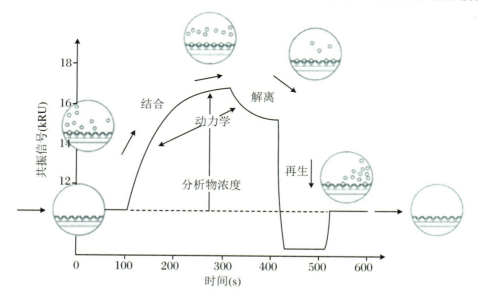

图2.3 典型SPR传感器的响应过程[52]

与受体分子接触。当 $t=100\,s$ 时,配体分子随载流缓冲液抵达受体区域。当配体与受体结合时,芯片表面基质的折射率增加,导致共振信号上升,RU 值增加。对这部分结合曲线进行分析,并给出表观结合速率。如果已知分析物浓度,就能够得出结合速率常数 K_a。在系统达到平衡时,配体与受体的结合与解离速度相等,此时的共振信号水平与样品中分析物浓度相关。在 $t=320\,s$ 时,分析物溶液被载流缓冲液取代,配体-受体复合物发生解离。对这些数据进行分析能得到解离速率常数 K_d。最后,在 $t=420\,s$ 时通入再生溶液(高盐、酸性或碱性溶液等),以破坏配体-受体结合,使剩余的配体被完全洗脱下来,从而使芯片再生。整个结合周期重复数次,每次反应中的分析物浓度不一样,以满足运算的需要。配体与受体相互作用的亲和力用平衡常数 K_D 表示,可以通过公式($K_D=K_d/K_a$)计算得出。

SPR 技术通过实时监测结合在芯片表面分子质量的变化,可以得到两个分子之间的结合与解离速率常数。由于检测的是芯片表面质量的变化,所以大分子的分析物相对较容易得到较强的信号。但是对于小分子的分析物,可以通过优化实验设计进行检测。

2.4.2
生物膜干涉技术

生物膜干涉技术(Bio-Layer Interferometry,BLI)是一种实时、快速、无标记的光学传感技术,近年来被用于研究分子间的相互作用(见图 2.4)。该技术主要通过光纤生物传感器来实时测定分子间的相互作用。被固定在传感器表面的被称为配体(ligand),而在溶液中与配体结合的分子被称为分析物(analyte)[53-54]。首先,通过化学方法或特异性结合方法将配体分子偶联固定在光纤生物传感器的光学层上。当分析物与配体相互作用形成一个完整的分子层时,在光学层和内部参考层之间反射光束的干涉光谱中会发生波长的相位偏移,通过实时监测相位偏移反映结合的过程,获得相互作用的动力学信息,包括结合速率常数 K_a、解离速率常数 K_d 和亲和常数 K_D 等[55-56]。目前,BLI 已应用于抗原抗体结合、药物设计、蛋白质亲和力筛选等生物领域[57-59]。同时,BLI 可同时进行多通道操作,因此能够大大缩短实验时间,提高测试效率。该方法解决了复杂环境样品之间相互作用缺乏动力学研究方法的问题。

BLI 生物传感器由光纤制成,光纤底端涂有特殊的生物相容性基质,基质富

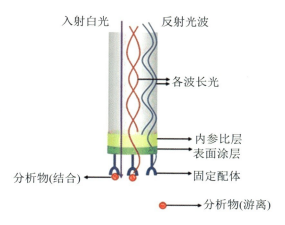

图 2.4 BLI 示意图

含用于偶联配体的化学组分,如链霉亲和素(streptavidin)、羧基基团等。BLI 测试时采用浸入-读取模式(dip-and-read format),即移动生物传感器浸入多孔板载有不同溶液的孔中来完成整个测试过程。只有与生物传感器表面发生结合或离解,光谱干涉位移才会发生改变并产生响应,而周围溶液中的未结合分子不会影响干扰干涉图谱。溶液折射率的变化对 BLI 信号的影响非常小,因而能够在含有高折射率组分(如甘油或 DMSO)的溶液中进行分析[53]。BLI 生物传感器具有较高的成本效益,可以在使用后进行处理,例如使用适宜的方法对其进行再生和再利用。同时,在 BLI 分析过程中,分析物不会被破坏,因此可以在测定完成时回收样品。这对于样品量较少的研究而言十分合适。

参考文献

[1] LI D,WANG Q,GAO J,et al. Three-dimensional excitation emission matrix fluorescence spectroscopic characterization of extracellular polymeric substances of mature aerobic granular sludge with different particle sizes[J]. China Water & Wastewater,2018,34:26-31.

[2] WU J,ZHANG H,HE P J,et al. Insight into the heavy metal binding potential of dissolved organic matter in MSW leachate using EEM quenching combined with PARAFAC analysis[J]. Water Res.,2011,45:1711-1719.

[3] SHENG G P,YU H Q. Characterization of extracellular polymeric substances of aerobic and anaerobic sludge using three-dimensional excitation and emission matrix fluorescence spectroscopy[J]. Water Res.,2006,40:1233-1239.

[4] PAN X, LIU J, ZHANG D. Binding of phenanthrene to extracellular polymeric substances (EPS) from aerobic activated sludge: a fluorescence study[J]. Colloid. Surf. B., 2010, 80:103-106.

[5] OHNO T, AMIRBAHMAN A, BRO R. Parallel factor analysis of excitation-emission matrix fluorescence spectra of water soluble soil organic matter as basis for the determination of conditional metal binding parameters[J]. Environ. Sci. Technol., 2008, 42:186-192.

[6] YAN Z R, MENG H S, YANG X Y, et al. Insights into the interactions between triclosan (TCS) and extracellular polymeric substances (EPS) of activated sludge[J]. J. Environ. Manage., 2019, 232:219-225.

[7] ZHANG J, SONG F H, LI T T, et al. Simulated photo-degradation of dissolved organic matter in lakes revealed by three-dimensional excitation-emission matrix with regional integration and parallel factor analysis[J]. J. Environ. Manage., 2020, 90:310-320.

[8] YAMASHITA Y, JAFFE R. Characterizing the interactions between trace metals and dissolved organic matter using excitation-emission matrix and parallel factor analysis[J]. Environ. Sci. Technol., 2008, 42:7374-7379.

[9] HUANG X, LI T T, GAO H, et al. Comparison of SO_2 with CO_2 for recovering shale resources using low-field nuclear magnetic resonance[J]. Fuel, 2019, 245:563-569.

[10] DYKES G M, SMITH D K, CARAGHEORGHEOPOL A. NMR and ESR investigations of the interaction between a carboxylic acid and an amine at the focal point of L-lysine based dendritic branches[J]. Org. Biomol. Chem., 2004, 2:922-926.

[11] ERMAKOVA E A, DANILOVA A G, KHAIRUTDINOV B I. Interaction of ceftriaxone and rutin with human serum albumin. Water LOGSY-NMR and molecular docking study[J]. J. Mol. Struct., 2020, 1203: 127444.

[12] FIELDING L. NMR methods for the determination of protein-ligand dissociation constants[J]. Prog. Nucl. Magn. Reson. Spectrosc., 2007, 51: 219-242.

[13] LUNDQVIST M, SETHSON I, JONSSON B H. Protein adsorption onto silica nanoparticles: conformational changes depend on the particles' curvature and the protein stability[J]. Langmuir, 2004, 20:10639-10647.

[14] SHANG L, WANG Y L, HUANG L J, et al. Preparation of DNA-Silver

nanohybrids in multilayer nanoreactors by in situ electrochemical reduction, characterization, and application[J]. Langmuir, 2007, 23:7738-7744.

[15] ROACH P, FARRAR D, PERRY C C. Interpretation of protein adsorption: surface-induced conformational changes[J]. J. Am. Chem. Soc., 2005, 127:8168-8173.

[16] TALIK P, MOSKAL P, PRONIEWICZ L M, et al. The Raman spectroscopy approach to the study of water-polymer interactions in hydrated hydroxypropyl cellulose (HPC)[J]. J. Mol. Struct., 2020, 1210:128062.

[17] CHANG S Y, ZHENG N Y, CHEN C S, et al. Analysis of peptides and proteins affinity-bound to iron oxide nanoparticles by MALDI MS[J]. J. Amer. Chem. Soc., 2007, 18:910-918.

[18] ROZENBERG M, LANSKY S, SHOHAM Y, et al. Spectroscopic FTIR and NMR study of the interactions of sugars with proteins[J]. Spectrochim. Acta A., 2019, 222:116861.

[19] WANG L L, WANG L F, YE X D, et al. Spatial configuration of extracellular polymeric substances of Bacillus megaterium TF10 in aqueous solution[J]. Water Res., 2012, 46:3490-3496.

[20] PERRY T D, KLEPAC-CERAJ V, ZHANG X V, et al. Binding of harvested bacterial exopolymers to the surface of calcite[J]. Environ. Sci. Technol., 2005, 39:8770-8775.

[21] LONG G Y, ZHU P T, SHEN Y, et al. Influence of extracellular polymeric substances (EPS) on deposition kinetics of bacteria[J]. Environ. Sci. Technol., 2009, 43:2308-2314.

[22] JAWORSKA M M, ANTOS D, G RAK A. Review on the application of chitin and chitosan in chromatography[J]. React. Funct. Polym., 2020, 152:104606.

[23] KIM H R, ANDRIEUX K, DELOMENIE C, et al. Analysis of plasma protein adsorption onto PEGylated nanoparticles by complementary methods: 2-DE, CE and protein Lab-on-chip® system[J]. Electrophoresis, 2007, 28:2252-2261.

[24] SAFINA G. Application of surface plasmon resonance for the detection of carbohydrates, glycoconjugates, and measurement of the carbohydrate-specific interactions: a comparison with conventional analytical techniques. A critical review[J]. Anal. Chim. Acta., 2012, 712:9-29.

[25] CHENG G, LIU Z L, MURTON J K, et al. Neutron reflectometry and QCM-D study of the interaction of cellulases with films of amorphous cellulose[J]. Biomacromolecules, 2011, 12:2216-2224.

[26] ZIMM B H. The scattering of light and the radial distribution function of high polymer solutions[J]. J. Chem. Phys., 1948, 16:1093-1099.

[27] CHU B. Laser light scattering [M]. 2nd ed. New York: Academic Press, 1991.

[28] ANGELICO R, CEGLIE A, HE J-Z, et al. Particle size, charge and colloidal stability of humic acids coprecipitated with Ferrihydrite[J]. Chemosphere, 2014, 99:239-247.

[29] XU R. Light scattering: a review of particle characterization applications [J]. Particuology, 2015, 18:11-21.

[30] CLARK M M, AHN W-Y, LI X, et al. Formation of polysulfone colloids for adsorption of natural organic foulants [J]. Langmuir, 2005, 21: 7207-7213.

[31] ATEIA M, APUL O G, SHIMIZU Y, et al. Elucidating adsorptive fractions of natural organic matter on carbon nanotubes[J]. Environ. Sci. Technol., 2017, 51:7101-7110.

[32] WANG L, CHENG H. Principles and application of laser light scattering (LLS) in characterization of the spatial configuration of microbial products in aqueous solution[J]. Trends Environ. Anal. Chem., 2015, 8:12-19.

[33] ABDULLA H A N, MINOR E C, HATCHER P G. Using two-dimensional correlations of C-13 NMR and FTIR to investigate changes in the chemical composition of dissolved organic matter along an estuarine transect[J]. Environ. Sci. Technol., 2010, 44:8044-8049.

[34] NODA I. Two-dimensional infrared (2D IR) spectroscopy: theory and applications[J]. Appl Spectrosc., 1990, 44:550-561.

[35] NODA I, OZAKI Y. In vibrational and optical two-dimensional correlation spectroscopy: applications in vibrational and optical spectroscopy[J]. 2004.

[36] NODA I. Techniques useful in two-dimensional correlation and codistribution spectroscopy (2D-COS and 2D-CDS) analyses[J]. J. Mol. Struct., 2016, 1124:29-41.

[37] LI H Y, MINOR E C, ZIGAH P K. Diagenetic changes in Lake Superior

sediments as seen from FTIR and 2D correlation spectroscopy[J]. Org. Geochem., 2013, 58:125-136.

[38] HUR J, JUNG K Y, JUNG Y M. Characterization of spectral responses of humic substances upon UV irradiation using two-dimensional correlation spectroscopy[J]. Water Res., 2011, 45:2965-2974.

[39] NAKASHIMA K, XING S Y, GONG Y K, et al. Characterization of humic acids by two-dimensional correlation fluorescence spectroscopy[J]. J. Mol. Struct., 2008, 883:155-159.

[40] YAN W, ZHANG J F, JING C Y. Adsorption of Enrofloxacin on montmorillonite: two-dimensional correlation ATR/FTIR spectroscopy study[J]. J. Colloid Interface Sci., 2013, 390:196-203.

[41] MECOZZI M, PIETRANTONIO E, PIETROLETTI M. The roles of carbohydrates, proteins and lipids in the process of aggregation of natural marine organic matter investigated by means of 2D correlation spectroscopy applied to infrared spectra[J]. Spectrochim. Acta A., 2009, 71:1877-1884.

[42] MECOZZI M, PIETROLETTI M, GALLO V, et al. Formation of incubated marine mucilages investigated by FTIR and UV-VIS spectroscopy and supported by two-dimensional correlation analysis[J]. Mar Chem., 2009, 116:18-35.

[43] LI X X, BAI Y X, JI H Y, et al. The binding mechanism between cyclodextrins and pullulanase: a molecular docking, isothermal titration calorimetry, circular dichroism and fluorescence study[J]. Food Chem., 2020, 321:7.

[44] PROZELLER D, MORSBACH S, LANDFESTER K. Isothermal titration calorimetry as a complementary method for investigating nanoparticle-protein interactions[J]. Nanoscale, 2019, 11:19265-19273.

[45] LADBURY J E. Application of isothermal titration calorirnetry in the biological sciences: things are heating up! [J]. Biotechniques, 2004, 37:885-887.

[46] PEROZZO R, FOLKERS G, SCAPOZZA L. Thermodynamics of protein-ligand interactions: history, presence, and future aspects[J]. J. Recept. Sig. Transd., 2004, 24:1-52.

[47] TODD M J, GOMEZ J. Enzyme kinetics determined using calorimetry: a

general assay for enzyme activity?[J]. Anal. Biochem., 2001, 296: 179-187.

[48] BIANCONI M L. Calorimetry of enzyme-catalyzed reactions[J]. Biophys. Chem., 2007, 126:59-64.

[49] EGAWA T, TSUNESHIGE A, SUEMATSU M, et al. Method for determination of association and dissociation rate constants of reversible bimolecular reactions by isothermal titration calorimeters[J]. Anal. Chem., 2007, 79: 2972-2978.

[50] CAMCI-UNAL G, POHL N L B. Thermodynamics of binding interactions between divalent copper and chitin fragments by isothermal titration calorimetry (ITC)[J]. Carbohydr. Polym., 2010, 81:8-13.

[51] AGRAWAL A, CHO S H, ZANDI O, et al. Localized surface plasmon resonance in semiconductor nanocrystals[J]. Chem. Rev., 2018, 118:3121-3207.

[52] COOPER M A. Optical biosensors in drug discovery[J]. Nat. Rev. Drug Discov., 2002, 1:515-528.

[53] KUMARASWAMY S, TOBIAS R. Label-free kinetic analysis of an antibody-antigen interaction using biolayer interferometry[C]//Meyerkord C L, Fu H. Protein-protein interactions: methods and applications. New York: Springer, 2015: 165-182.

[54] GAO S X, ZHENG X H, WU J H. A biolayer interferometry-based enzyme-linked aptamer sorbent assay for real-time and highly sensitive detection of PDGF-BB[J]. Biosens. Bioelectron., 2018, 102:57-62.

[55] GAO S, ZHENG X, WU J. A biolayer interferometry-based competitive biosensor for rapid and sensitive detection of saxitoxin[J]. Sens. Actuators B. Chem., 2017, 246:169-174.

[56] GAO S, ZHENG X, HU B, et al. Enzyme-linked, aptamer-based, competitive biolayer interferometry biosensor for palytoxin[J]. Biosens. Bioelectron., 2017, 89:952-958.

[57] JALILI R, HORECKA J, SWARTZ J R, et al. Streamlined circular proximity ligation assay provides high stringency and compatibility with low-affinity antibodies[J]. Proc. Natl. Acad. Sci., 2018, 115:E925-E933.

[58] VAZQUEZ-LOMBARDI R, NEVOLTRIS D, LUTHRA A, et al. Transient

expression of human antibodies in mammalian cells[J]. Nat. Protoc., 2018, 13:99-117.

[59] SOMOVILLA V J, BERMEJO I A, ALBUQUERQUE I S, et al. The use of fluoroproline in MUC1 antigen enables efficient detection of antibodies in patients with prostate cancer[J]. J. Am. Chem. Soc., 2017, 139:18255-18261.

第 3 章

天然大分子对典型无机污染物的结合作用

3.1
EPS 对金属离子的结合

EPS 是活性污泥絮体的主要组成部分,其主要成分为蛋白质、多糖和腐殖质等[1-2]。EPS 对重金属的络合性能会影响其在微生物聚集体中的分布状况[3],降低重金属对微生物细胞的毒性[4]。多项研究表明,EPS 对金属有很强的结合能力[5-8]。但由于 EPS 成分复杂,直接获得它们与重金属结合的特征信息非常困难,亟须发展一些新型灵敏的分析方法。

EPS 含有大量具有荧光性质的芳香结构及不饱和脂肪酸链等荧光发色团,非常适合用三维荧光激发发射光谱进行表征[9-10]。EPS 的天然荧光特性能够反映其结构、官能团、构型信息。EPS 结合重金属后会发生结构和构型的改变,相应的荧光光谱也会随之发生变化,因此其结合的过程可以被实时表征出来。这项技术已经成功应用于研究天然有机质与重金属间的相互作用[11-13]。

根据荧光光谱,我们能够得到计量学及结合强度的信息,但是我们无法得知相关热力学信息,如结合焓变等,也无法从机理上解析 EPS 络合重金属的行为。微量热滴定则为我们解决这一问题提供了方法。量热法作为获得热力学信息的重要方法,具备热力学分析的普适性,可以用于研究所有伴随热量变化的物理、化学和生物过程。其中,等温滴定微量热方法作为一种主要的量热法被广泛应用于恒定温度下生物化学结合过程的热力学研究[14-15]。通过监测每次滴定吸收或者放出的热量,使用模型拟合获得结合平衡常数、摩尔结合焓变等相关热力学参数。

3.1.1
活性污泥 EPS 结合金属离子

本章结合 ITC 和 EEM 方法,以金属铜离子为研究对象[16-17],从热力学角度对其与 EPS 的相互作用进行解析。为进一步揭示相互作用的机制,我们使用 X 射线吸收精细结构光谱(X-ray Absorption Fin Structure Spectroscopy, XAFS)和傅里叶变换红外光谱(Fourier Transform Infrared Spectroscopy,

FTIR)来研究 EPS-Cu 复合物的结构,包括键长、配位数及铜原子周围的配位环境。这将有助于深入理解 EPS 在重金属废水生物处理过程中所起的重要作用。

活性污泥取自合肥某污水处理厂的曝气池。活性污泥 EPS 采用阳离子交换树脂法提取。该方法提取效率较高、细胞溶胞较少[18-19],且树脂易于分离,有利于后续的分析。阳离子树脂能够去除 EPS 中的绝大部分多价阳离子,便于 EPS 与铜离子相互作用的表征。EPS 的具体提取方法见参考文献[20]。EPS 在使用前用 0.45 μm 的醋酸纤维膜过滤,冷冻干燥后待用。

首先,配置 15.7 mg/L 的 EPS 储备液。然后,将 0.1 mL 的双蒸水或者不同浓度的铜离子溶液加入 EPS 溶液中并立即混匀。用 0.2 mol/L 的盐酸或者氢氧化钠将 pH 调至 6.0,防止铜离子沉淀。接着,将溶液在室温下放置 2 h,使反应平衡直至 EEM 光谱分析。同时设置铜离子与牛血清蛋白(50 mg/L,pH 为 6.0)结合实验,用于参照比较。

在荧光分光光度计(LS-55,Perkin-Elmer Co.,美国)上进行 EEM 光谱扫描。将波长扫描范围设置为:激发波长为 250~400 nm,发射波长为 300~550 nm。由于 EPS 组分复杂,荧光光谱重叠现象严重。为了解决这一问题,采用平行因子分析(PARAFAC)分解 EEM 光谱获得有效的光谱信息[21]。在分析之前,双蒸水的光谱作为空白背景,从各个样品光谱中扣除。将瑞利散射附近的 EEM 数据设置为 0,以去除干扰[22]。EEM 数据使用 MATLAB 7.0(Math Work Inc.,美国)软件进行处理。

为了对 EPS 络合铜离子的过程进行定量,我们使用非线性 Ryan-Weber 方程(3.1)来分析经平行因子解析的各荧光组分的淬灭情况。该方程被广泛用于表征金属和天然有机质之间的相互作用[23-24]。

$$\frac{I}{I_0} = 1 + \left(\frac{I_{ML}/I_0 - 1}{2K[L]}\right)\{(K[L] + K[M] + 1) \\ - [(K[L] + K[M] + 1)^2 - 4K^2[L][M]]^{1/2}\} \quad (3.1)$$

其中,I_0 和 I 为 EPS 在加入金属前后的荧光强度(I/I_0 可以通过 PARAFAC 分析获得);K 为条件稳定常数;I_{ML} 表示残余的 EPS 荧光;[L]表示总的配体浓度;[M]表示金属离子浓度。

我们使用 VP-ITC(MicroCal Inc.,美国)测定 EPS 与金属铜离子间的结合作用。铜离子溶液(1 mmol/L)和 EPS 溶液(250 mg/L)都用 Tris-HCl 缓冲液(50 mmol/L,pH 为 6.0)配置。滴定前,所有溶液真空脱气 15 min。实验在 25 ℃下进行,搅拌速度为 300 r/min。滴定池的工作体积为 1430 μL。每次滴定 9 μL 铜离子溶液到 EPS 溶液中,滴定 18 s,每两滴间隔 120 s,使反应达到平衡信号,回到基线。铜离子分别滴定 EPS 和缓冲液溶液。数据用 Origin 7.0 进行拟合分析。

ITC 数据处理采用一种结合位点的 Langmuir 模型(每次滴加配体体积相同)进行拟合。K 为结合常数(L/mmol);N 为结合容量(mmol/mg);X_t 和 $[X]$ 为滴定池中配体的浓度和自由配体的浓度(mmol/L);M_t 和 $[M]$ 为滴定池中大分子的浓度和自由大分子的浓度(mg/L);θ 为覆盖率。

$$K = \frac{\theta}{(1-\theta)[X]} \tag{3.2}$$

$$X_t = [X] + M_t \theta N \tag{3.3}$$

联立式(3.2)和式(3.3),得到

$$\theta = \frac{1}{2}\left[1 + \frac{X_t}{M_t N} + \frac{1}{M_t NK} - \sqrt{\left(1 + \frac{X_t}{M_t N} + \frac{1}{M_t NK}\right)^2 - \frac{4X_t}{M_t N}}\right] \tag{3.4}$$

滴定池中的溶液总热量为(相对于没有发生结合的溶液)

$$Q = M_t N \theta \Delta H V_0 \tag{3.5}$$

其中,Q 为滴定池中总热量(μcal);ΔH 为摩尔结合焓(cal/mmol);V_0 为滴定池工作体积(μL)。

将式(3.4)代入式(3.5),得到

$$Q = \frac{\Delta H V_0}{2}\left[NM_t + X_t + \frac{1}{K} - \sqrt{\left(NM_t + X_t + \frac{1}{K}\right)^2 - 4NX_t M_t}\right] \tag{3.6}$$

其中,

$$M_t = M_t^0 \left(\frac{1 - \frac{vi}{2V_0}}{1 + \frac{vi}{2V_0}}\right) \tag{3.7}$$

$$X_t = X_t^0 \left(1 - \frac{vi}{2V_0}\right)\frac{vi}{V_0} \tag{3.8}$$

式中,M_t^0 为滴定池中大分子初始浓度(mg/L);X_t^0 为滴定针中配体初始浓度(mmol/L);v 为每次滴加体积(μL);i 为滴加次数。

热量值 Q 在每次滴加配体结束后都能够通过计算获得。实验当中测得的是从第 $i-1$ 次滴加完成到第 i 次滴加完成的热量变化。在每次滴加结束后,需要有一个由体积变化引起的热量校正。这是因为在第 $i-1$ 次滴加完成后在工作池中的液体在第 i 次滴加完成时有部分已经溢出,而它在溢出前对热量变化是有贡献的(假定反应和混合速率非常快)。溢出的液体体积和在工作池内等体积液体各贡献 50% 的热效应,所以热量变化的表达式为

$$\Delta Q(i) = Q(i) + \frac{v}{V_0}\left[\frac{Q(i) + Q(i-1)}{2}\right] - Q(i-1) \qquad (3.9)$$

对式(3.9)进行非线性拟合,可以得到相应的热力学参数、结合常数 K、结合位点数 N、结合焓变 ΔH。

EPS-Cu 样品中 Cu-K 吸收边 XAFS 谱在合肥国家同步辐射实验室(NSRL)U7C 光束线的 XAFS 实验站上室温测量。实验中选择水合铜离子(0.1 mol/L $CuCl_2$)的 XAFS 谱作为参考标准。储存环能量为 800 MeV,最大电流强度为 100 mA,超导 Wiggler 磁铁的磁场强度为 6 T;单色器为 Si(111)平面双晶,在铜 K 吸收边 8980 eV 能量处的分辨率为 2~3 eV。Lytle 荧光电离室检测器用于收集室温下所有样品的 XAFS 数据,入射角为 45°,每条 XAFS 谱线需要进行 3 次测量。从 Cu 标样的 XAFS 谱分离出 Cu 原子的振幅和相移函数,用于结构参数模拟。XAFS 实验数据用 NSRL-XAFS 3.0 软件进行分析处理[25]。

从 EPS 的 EEM 荧光光谱上分离出两个峰,其激发/发射(Ex/Em)波长分别为 280~285 nm/340~345 nm(峰 T)、340~350 nm/425~430 nm(峰 C)(见图 3.1)。峰 T 被认为归属于蛋白类物质中的芳香族氨基酸色氨酸[11]。峰 C 被认为是可见光区的腐殖质类物质,它也存在于一些天然有机物质中[11]。

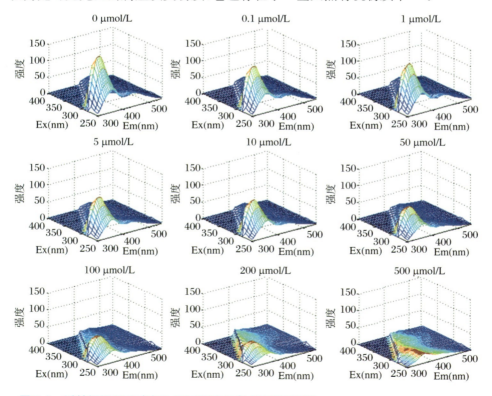

图 3.1 活性污泥 EPS 中加入不同浓度 Cu^{2+} 的 EEM 图谱

在图 3.1 中，EPS 的荧光光谱受加入的铜离子浓度的影响非常大。随着铜离子浓度的增加，荧光强度迅速下降。PARAFAC 分析证明 EPS 含有两种主要成分：蛋白质和腐殖质类物质。这两种物质的荧光峰强随着铜离子浓度的增加而下降（见图 3.2）。

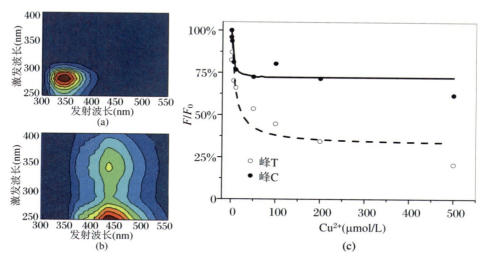

图 3.2　PARAFAC 分析从 EEM 图谱中分离出的两种主要成分：(a)蛋白质类物质；(b)腐殖质类物质；(c)两种主要成分在加入不同浓度 Cu^{2+} 的荧光峰强变化

为了对 EPS 络合铜离子的过程进行定量，利用式(3.1)对不同 Cu^{2+} 剂量下的荧光强度进行拟合，用于络合常数的计算，如图 3.2(c)所示。表 3.1 为拟合结果。较好的相关性表明式(3.1)可以有效地描述该络合过程。EPS 中两个组分络合铜离子的条件稳定常数 K 值都较大，表明 EPS 对铜离子有很强的络合能力。对于活性污泥的 EPS，峰 C 的 K 值要大于峰 T 的 K 值，表明 EPS 中腐殖质对铜离子的络合能力要强于蛋白质类物质（见表 3.1）。铜离子的加入同时也减弱了 BSA 的荧光强度，但其 K 值小于 EPS 的 K 值。这些研究结果表明，EPS 有很强的结合金属铜离子的能力，从而会影响铜离子在废水生物处理反应器中的形态。

表 3.1　Stern-Volmer 模型拟合得到 EPS 与铜离子的络合参数

样品	峰	I_{ML}/I_0	$K(\times 10^4)$	R^2
EPS	T	32.6%(8.0%)	11.4(6.3)	0.873
	C	71.5%(3.3%)	39.1(0.2)	0.902
BSA	T	23.2%(14.4%)	1.2(0.7)	0.938

指数 I_{ML}/I_0 代表当所有配体都结合完全时样品的残余荧光。该指数越大

表明金属对荧光淬灭的程度越低。在表 3.1 中，铜离子对 EPS 的峰 T 和 BSA 的荧光淬灭效应比较相近，但 EPS 中蛋白质（峰 C）对应的 I_{ML}/I_0 值高于腐殖质（峰 T）的值，表明铜离子对 EPS 中蛋白质的淬灭效应要强于对腐殖质的淬灭效应，EPS 中腐殖质类物质中的较多荧光团不能被铜离子淬灭。

ITC 测量的 EPS 结合铜离子过程的热量包括两个部分：一是 EPS 和铜离子加入到滴定池中的稀释热效应；二是 EPS 结合铜离子发生的结合热效应。在实验中，EPS 和铜离子的稀释热用缓冲盐参照实验扣除。因此，在滴定过程中探测到的热量变化主要源于 EPS 和铜离子的结合反应。图 3.3(a) 给出了每次滴加铜离子溶液的热量变化图谱。实验发现，每次滴加时都有一个明显的负峰出现，这表明这是一个显著的放热过程。根据铜离子滴加量和热量的非线性拟合结果（见图 3.3(b)），我们可以得到 EPS 结合铜离子的结合容量为 5.74×10^2 mmol/g，结合常数为 2.18×10^5 L/mol，结合焓变为 -11.30 kJ/mol。ITC 获得的结合常数是 EPS 中的各组分对铜离子结合作用的表观值，该数值与使用荧光淬灭方法

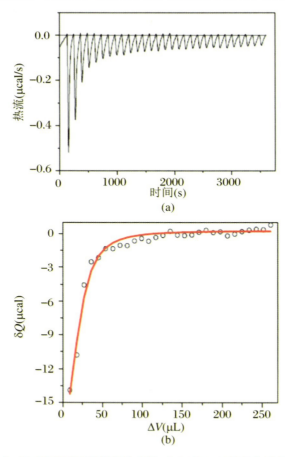

图 3.3 (a) ITC 测定原始放热曲线；(b) 式(3.9)的拟合结果曲线

得到的结果数量级一致。若结合焓变为负，则表明结合过程是一个放热的过程。EPS 结合铜离子的吉布斯自由能变可通过 $\Delta G = -RT\ln K$ 计算得到，为 -30.45 kJ/mol。这表明该结合过程在热力学上是可行的，可以形成稳定的 EPS-Cu 复合物。从 $\Delta H = \Delta G - T\Delta S$ 中计算得出熵变为 64.3 kJ/mol，表明 EPS 结合铜离子后会增加体系结构的无序度。由于 $|\Delta H| < |T\Delta S|$，该结合反应主要由熵驱动。由于 EPS 表面存在大量的负电荷，EPS 可以通过静电作用与金属离子发生络合，由此引发的负焓变也为降低吉布斯自由能做出了贡献。

图 3.4(a) 显示了 EPS-Cu 和 $CuCl_2$ 溶液样品的 XAFS 振荡函数 $\chi(k)$。$CuCl_2$ 溶液中，铜原子与水分子羟基上的氧原子形成一个单独的配位壳层，所以 XAFS 谱图中 $CuCl_2$ 样品表现出单独的正弦衰减。两个样品的 $\chi(k)$ 函数的频

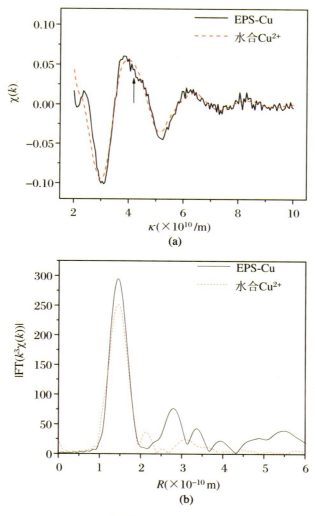

图 3.4 (a) Cu-K 边振荡函数；(b) EPS-Cu 及 $CuCl_2$ 样品经傅里叶变换得到的径向结构函数

率和相位非常类似，表明在 EPS-Cu 样品中氧原子位于铜离子的第一配位壳层内。但它们的 XAFS 谱图不同，尤其是在第一个峰值中心（见图 3.4(a)），表现出高频区的多正弦振荡。图 3.4(b)显示了两个样品的 $\chi(k)$ 函数差异。XAFS 函数 $k^3\chi(k)$ 经过傅里叶变换得到径向结构函数（RSF）。在两个 RSF 图中，第一近邻峰是由氧原子的振荡引起的。然而，EPS-Cu 样品 RSF 曲线中的第二个相邻峰则说明了第二配位壳层的原子是来源于 EPS 分子。所以在 EPS-Cu 样品中，铜原子周围最近邻的氧原子应该来源于 EPS 分子里某些结构稳定的官能团，如羧基。铜原子应该是与 EPS 分子发生络合，而不是解离在溶液中。从最小二乘法拟合结果可以看出，EPS-Cu 络合物中 Cu—O 键长为 $(1.96±0.01)×10^{-10}$ m，配位数为 $5.8±0.3$。

图 3.5 显示了 EPS 及 EPS-Cu 复合物的红外光谱。4000～400 cm^{-1} 范围适用于表征微生物 EPS 的特征化学键。在图 3.5 中，3200 cm^{-1} 和 3400 cm^{-1} 为 EPS 中羟基的伸缩振动。1640 cm^{-1} 和 1540 cm^{-1} 的强烈吸收为蛋白质中酰胺Ⅰ和酰胺Ⅱ中—CONH—官能团的特征振动。1400 cm^{-1} 左右处为羧基中 C═O 伸缩振动和醇酚中羟基变形振动。1250 cm^{-1} 处有微弱吸收，源于羧基中 C—O 变形振动和 P═O 伸缩振动。980～1200 cm^{-1} 处存在较宽且强烈的吸收带。1125 cm^{-1} 处为多糖糖环中 C—O—C 的伸缩振动。1080 cm^{-1} 处为羧基的伸缩振动。与 EPS 相比，EPS-Cu 谱图没有显著差异。1400 cm^{-1} 处峰强减弱，1080 cm^{-1} 左右处的吸收带移动至 1040 cm^{-1} 处并且强度增加。这些差异表明铜离子可能与 EPS 中的羧基官能团发生了结合作用。

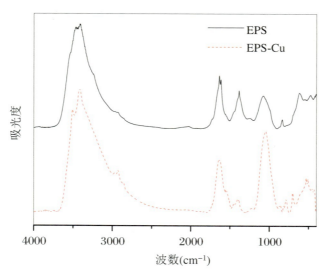

图 3.5　EPS 和 EPS-Cu 复合物的红外光谱

活性污泥的 EPS 由于对金属有很强的结合能力,对金属在废水生物处理系统中的形态和毒性有显著影响,对其迁移和分散特性具有重要意义。EPS 通过扩散限制或者化学反应,可以有效地延缓或者阻止有毒物质到达细胞表面[26]。金属的毒性与其自由离子的活性相关,当其被无机或者有机配体结合后,其毒性会降低[27]。所以,EPS 结合重金属对降低重金属毒性、维持生物反应器稳定运行是非常有意义的。一些研究认为,当基质中出现有毒物质时,会刺激产生更多的 EPS[28]。本研究的结果有助于更深入地理解废水生物处理系统中 EPS 保护微生物细胞、抵御重金属侵害的机制。

本研究中,我们集成多种分析方法(如 ITC、EEM、XAFS、FTIR),从热力学角度解析了铜离子与活性污泥 EPS 之间的相互作用。铜离子对 EPS 的 EEM 光谱具有显著的影响。对结合容量、结合常数的分析,表明 EPS 对铜离子有很强的结合能力。热力学分析表明,EPS 结合铜离子是一个典型的放热过程,并且在热力学上是有利的。铜离子的加入导致了体系结构的无序度增加,且 EPS 结构的熵增是整个结合作用的主要驱动力。通过 XAFS 和 FTIR,进一步证明铜离子可能与 EPS 分子中羧基官能团的氧原子发生了结合。

3.1.2
生物膜 EPS 结合金属离子

工农业污染的加剧使得铜(Cu)和镉(Cd)等重金属在自然水体中的含量和检出率不断升高。长江流域中铜、镉的浓度分别达到 1.47~23.1 μg/L 和 0.008~0.329 μg/L。在部分受纳工业废水污染的场地中,其浓度可达到 mg/L 级别[29],会对动植物和人类产生潜在毒性[30-32]。河流生物膜被形象地比喻为河流的"微生物皮肤",可通过改变微生物聚集体的凝聚力影响和改造底栖微环境[33-34]。河流生物膜能有效地吸附和富集河流中的重金属、内分泌干扰物、塑化剂及抗生素抗性基因等化学性和生物性污染物[35-38]。尽管生物膜在水环境介质中质量占比有限,但较高的有机质含量和 EPS 中丰富的有机官能团使河流生物膜成为污染物重要的受纳媒介[39]。包括周丛生物膜(periphyton)在内的各类自然生物膜可有效地富集环境中的重金属。已有研究将周丛生物膜应用于污染水体的原位生物修复[36]。

河流生物膜的特性在很大程度上取决于其来源和生长基质。附植生物膜(epiphyton)、附石生物膜(epilithon)和人工基质上生长的生物膜在有机物含量和结构性质上存在差异[40-42]。近年来,塑料碎片和微塑料带来的生态风险引起了全世界研究人员的关注[43]。每年有 115 万~241 万吨塑料废物从河流进入海洋,为生物膜生长提供了新的基质[44]。塑料表面生物膜被称作"塑料生物圈",在群落结构、营养传递和污染物累积行为方面与普通周丛生物膜具有明显差异[45-46]。尽管已有研究考察了多种类型生物膜对重金属的吸附和积累特性,培养基质(惰性基质和人工塑料等)对生物膜 EPS 的组成和特性的影响尚不清楚。代表性重金属与生物膜在分子水平上的结合行为也需要深入探究。

平行因子荧光光谱分析、红外光谱分析、拉曼光谱分析和 X 射线近边吸收分析等光谱分析方法已被广泛用于解析污染物与微生物 EPS 的结合过程[47]。由于河流生物膜 EPS 组成和结构差异显著,需要从分子水平上揭示生物膜 EPS 在一维光谱背后所隐藏的细微结构变化信息。将傅里叶变换红外光谱与二维相关光谱分析相结合,可以深入探究 DOM 或 EPS 中荧光和非荧光官能团与污染物的结合规律[48-49],提供重金属与河流生物膜 EPS 的结合位点、结合容量和结合顺序等信息[50-52]。

在南京秦淮河($32°2'38''N,118°45'46''E$)中进行生物膜原位培养。采用两种不同的培养基质以探究基质类型对河流生物膜特性的影响。选用水生系统中最常检测到的聚乙烯(PE)材料作为代表性塑料基质[53]。将密度为 $0.92\ g/cm^3$ 的商用聚乙烯薄膜裁切成长度、宽度和厚度分别为 40 mm、40 mm 和 2 mm 的塑料片。将鹅卵石(由石英岩和火成岩组成,二氧化硅含量大于 96%,直径为 4~5 cm)作为培养周丛生物膜的惰性矿物基质。在培养区域,将足够量的聚乙烯片和鹅卵石固定在尼龙网中进行生物膜原位培养。

利用水质检测仪 U-10(HORIBA)对河水温度、pH、DO、电导率和浊度进行测定。培养过程中,DOC、NH_3—N、TN、TP 的值分别为 $(6.23±0.68)\ mg/L$、$(1.82±0.14)\ mg/L$、$(2.87±0.11)\ mg/L$ 和 $(0.15±0.03)\ mg/L$。65 天后,塑料片和鹅卵石上形成了清晰的生物膜。用无菌毛刷轻轻擦洗并收集生物膜悬浊液,并在提取 EPS 之前测量生物膜溶液的固体物质浓度。采用改良的阳离子交换树脂(CER)方法提取生物膜 EPS。该法具有较低的细胞破坏率和较高的 EPS 提取效率。将 CER(70 g/g SS)(Dowex Marathon C,Na + 型,20~50 目,Sigma-Aldrich 公司,美国)添加到混合物中,并在 4 ℃下以 500 r/min 的速度搅拌 6 h。以 12000 r/min 离心 20 min,用 0.45 μm 醋酸纤维素膜过滤上清液以获得 EPS 溶液。塑料生物膜和周丛生物膜 EPS 溶液的 DOC 浓度分别为 $(20.54±8.26)\ mg-C/L$ 和 $(6.33±1.16)\ mg-C/L$。

制备浓度为 1.0 mmol/L 的 $CuCl_2·2H_2O$ 和 $CdCl_2·2.5H_2O$,作为储备

液。将 24.0 mL EPS 溶液与不同体积(0.03 mL、0.15 mL、0.6 mL、1.2 mL、3.0 mL 和 4.8 mL)的金属离子储备溶液混合,进行 Cu^{2+} 和 Cd^{2+} 滴定实验。添加不同体积金属离子储备溶液后,用适当体积的去离子水将每种溶液的最终体积定容至 30.0 mL。获得系列金属离子浓度在 0~160 μmol 范围内的溶液。将称取好的 KBr 加入到每种溶液中,使 KBr 背景浓度达到 0.04 mol。用 0.1 mol HCl 或 NaOH 溶液将 EPS 溶液的 pH 调节到 7.0。溶液在 25 ℃下振荡 12 h,以达到吸附和配位平衡。随后取 5 mL EPS 溶液用于三维荧光测试,并冷冻干燥剩余 25 mL 溶液进行 FTIR 光谱分析。将冻干的 EPS-KBr 混合物研磨均匀,在 20 MPa 下压制 1 min,使用 FTIR 光谱仪(Tensor 27,Bruker,Bremen,德国)测量 EPS 样品的红外光谱数据。光谱范围为 4000~600 cm^{-1},光谱分辨率为 4 cm^{-1},扫描次数为 32。

用改良的 Lowry 法和蒽酮法分别测定 EPS 溶液中蛋白质和多糖组分[54]。使用紫外可见分光光度计测定 EPS 溶液紫外-可见光谱,使用 F-7000FL 型荧光光谱仪进行 EEM 测量,发射波长为 250~500 nm,间隔 5 nm;激发波长为 200~450 nm,间隔 5 nm;扫描速度为 2400 nm/min。EEM 光谱中瑞利和拉曼背景散射通过 MATLAB 程序予以扣除。用修正的 Stern-Volmer 式(3.10)计算金属对荧光 EPS 组分的条件稳定常数:

$$\frac{F_0}{F_0 - F} = \frac{1}{f \cdot K_M \cdot C_M} + \frac{1}{f} \tag{3.10}$$

式中,F 和 F_0 分别表示金属浓度为 C_M 时和金属添加前荧光 EPS 组分的强度;f 代表与金属结合的荧光组分[55]。

采用平行因子分析对生物膜 EPS 中的荧光组分进行分解,并解析其与重金属相互作用过程中的变化。采用 2D-IR-COS 技术揭示生物膜 EPS 与金属离子结合后红外吸收光谱的细微变化。将添加的 Cu^{2+} 和 Cd^{2+} 离子作为外扰动,得到一组随重金属浓度变化的 FTIR 光谱。样品光谱在进行二维相关分析之前均扣除了未加重金属离子的 EPS 的背景光谱。将光谱数据导入 2D Shige 软件进行分析。两个谱带间强度变化的次序可由 2D-COS 中的同步谱 $\Phi(\nu_1, \nu_2)$ 和异步谱 $\Psi(\nu_1, \nu_2)$ 上交叉相关峰的符号来判断。当同步谱和异步谱中 ν_1 和 ν_2 的交叉相关峰符号一致时,ν_1 对应的基团结构变化优先于 ν_2;反之,当交叉相关峰符号不一致时,ν_1 对应的基团结构变化滞后于 ν_2;而当交叉相关峰为 0 时,二者同时发生[56]。

表 3.2 列出了两种基质上生长生物膜 EPS 组分的光谱参数。周丛生物膜 EPS 的 $SUVA_{254}$ 和 $SUVA_{365}$ 值高于塑料生物膜 EPS,表明周丛生物膜 EPS 含有更高的芳香度和高分子量的组分[51,57]。与塑料生物膜 EPS 相比,周丛生物膜

EPS 具有较高的 HIX 值和较低的 $\beta:\alpha$ 值。由于 α 值和 β 值分别对应的荧光区域主要代表腐殖质和内源产物组分[58],周丛生物膜 EPS 较低的 $\beta:\alpha$ 值证明其 EPS 含有更大比例的类腐殖质组分。造成 EPS 组成特性差异的原因可能是不同培养基质表面微生物定殖差异以及不同的生物量和细胞物质合成能力[59]。

表 3.2 生物膜 EPS 组分的光谱参数

参数	指代意义	塑料生物膜 EPS	周丛生物膜 EPS
$SUVA_{254}[m^{-1}/(mg/L)]$	芳香族组分含量	0.80 ± 0.13	7.42 ± 0.67
$SUVA_{365}[m^{-1}/(mg/L)]$	分子量大小	0.23 ± 0.03	2.92 ± 0.22
A_{250}/A_{365}	芳香度、分子量分布	3.54 ± 0.28	2.58 ± 0.19
HIX（腐殖化指数）	腐殖质含量	0.48 ± 0.05	0.60 ± 0.04
$\beta:\alpha$（新鲜度指数）	新鲜度指数越高，意味着新生成 DOM 的贡献越大	1.08 ± 0.08	0.98 ± 0.09
多糖（mg-Glu/mg-C）	—	0.28 ± 0.08	0.43 ± 0.04
蛋白质（mg-Egg albumin/mg-C）	—	0.55 ± 0.06	0.18 ± 0.05

图 3.6(a)显示塑料生物膜 EPS 光谱有两个主峰,位于 270 nm/340 nm(峰 1)和 220 nm/360 nm(峰 2),分别归属于色氨酸蛋白组分和芳香族蛋白组分[36]。周丛生物膜 EPS 中观察到另外两个以 270 nm/450 nm(峰 3)和 350 nm/450 nm(峰 4)为中心的组分(见图 3.6(b)),分别归属于富里酸类和腐殖酸类组分[13]。FTIR 光谱图显示两个样品在 1641 cm^{-1}、1617 cm^{-1}、1420 cm 和 1381 cm^{-1} 处都有峰值(见图 3.6(c)),分别指代蛋白质中酰胺/醌酮基 C═O 伸缩振动、芳香族化合物的 C═C 伸缩振动、酚基的 O—H 变形和 C—O 伸缩振动以及酰胺组分 C—N 伸缩振动。塑料生物膜 EPS 在 1195 cm^{-1} 和 1139 cm^{-1} 处具有较高的峰强,对应于羧基和芳基醚基团。1035 cm^{-1} 处的峰主要由多糖类物质产生,在周丛生物膜 EPS 中具有更高的强度[50,60-62]。这些结果与表 3.2 中的组分分析结果一致,说明周丛生物膜 EPS 中多糖含量更丰富,但蛋白质含量较少。

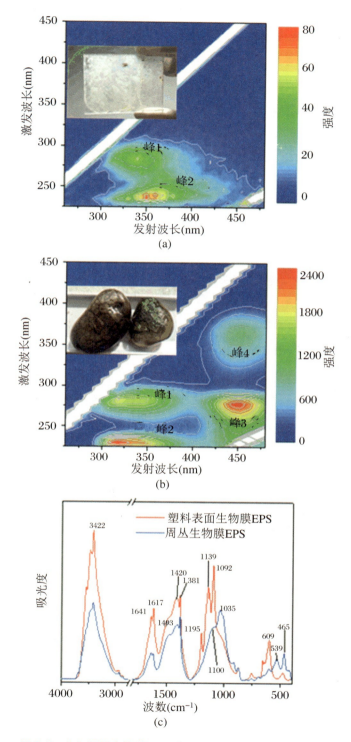

图3.6 （a）塑料生物膜 EPS 谱图；（b）周丛生物膜 EPS 的 EEM 谱图；（c）两种 EPS 的 FTIR 光谱

随着滴加的 Cu^{2+} 浓度不断增加，EPS 荧光强度明显下降。采用平行因子分析法分析了 EPS 荧光成分随 Cu^{2+} 浓度的变化。根据核心一致性和残差平方和分析确定了两个主要荧光组分。组分 1(C1) 和组分 2(C2) 的 Ex/Em 峰分别位于 (230 nm、280 nm)/340 nm 和 240 nm/360 nm 处（见图 3.7(a) 和 (b)）。C1 和 C2 分别指代色氨酸蛋白类组分和芳香族蛋白类组分[62-63]。图 3.7(c) 显示添加 Cu^{2+} 后 EPS 荧光强度得分的变化。C1 和 C2 的荧光强度得分随着 Cu^{2+} 剂量的增加而下降，C1 组分强度得分下降的速度比 C2 的快。

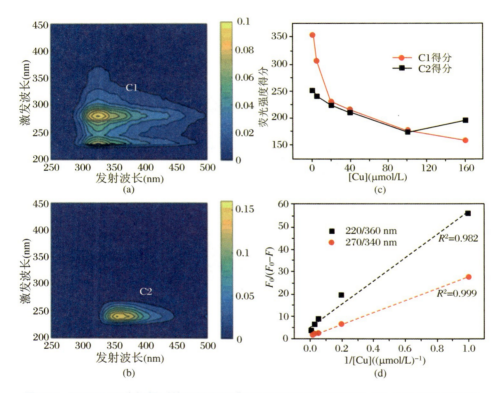

图 3.7 PARAFAC 分析得到的塑料生物膜 EPS 两种主要组分谱图：(a) 色氨酸蛋白质类组分；(b) 芳香族蛋白质类组分；(c) 添加 Cu^{2+} 后 EPS 荧光强度得分变化；(d) 修正的 Stern-Volmer 方程

根据 PARAFAC 分析获得的荧光猝灭数据进行线性拟合，峰 1 和峰 2 处的荧光强度与 Cu^{2+} 浓度的曲线符合如图 3.7(d) 所示的修正的 Stern-Volmer 方程，当 Cu^{2+} 浓度在 1~160 μmol/L 范围内时，$F_0/(F_0-F)$ 和 $1/C_M$ 之间存在线性关系。色氨酸类蛋白质组分和芳香类蛋白质类组分的 $\log K_M$ 值分别为 4.72 和 4.99（见表 3.3）。

表 3.3 Cu^{2+} 淬灭生物膜 EPS 荧光组分的 Stern-Volmer 拟合参数比较

	组分	峰（Ex/Em）	$\log K_M$	f	R^2
塑料生物膜 EPS	芳香类蛋白质类组分	250 nm/360 nm	4.99	0.199	0.983
	色氨酸类蛋白质组分	270 nm/340 nm	4.72	0.714	0.999
周丛生物膜 EPS	色氨酸类蛋白质组分	280 nm/345 nm	4.86	0.317	0.973

相比而言，向塑料生物膜 EPS 溶液滴加 Cd^{2+} 时，250 nm/360 nm 和 270 nm/340 nm 峰处荧光强度几乎未发生变化。这表明 Cd^{2+} 与 EPS 荧光团之间的相互作用机制与 Cu^{2+} 的作用机制不同。由于 Cu^{2+} 和 Cd^{2+} 离子中电子壳层的分布特征不同，铜配合物比镉配合物结构更加复杂，其与 DOM 结合的 $\log K$ 值高于镉的 $\log K$ 值。在研究水生植物分解产生的 DOM[64] 和堆肥衍生 DOM[50] 的淬灭特性时，我们也观察到类似的结果。

从 PARAFAC 结果中识别出周丛生物膜 EPS 中的两个组分 C1 和 C2（见图 3.8(a)和(b)）。C1 和 C2 分别归属为色氨酸类蛋白类组分和类富里酸组分。

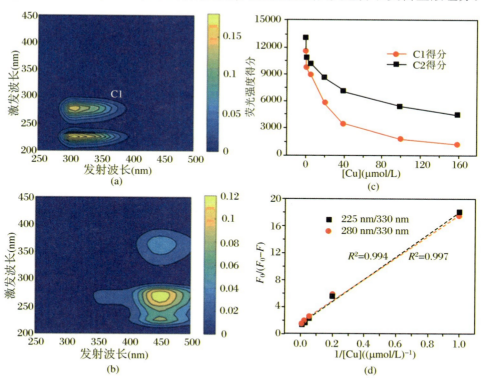

图 3.8 PARAFAC 分析得到的周丛生物膜 EPS 中两种主要组分 EEM 光谱：(a) 色氨酸类蛋白质类组分；(b) 类富里酸；(c) 添加 Cu^{2+} 后 EPS 荧光强度得分变化；(d) 修正的 Stern-Volmer 方程

添加 Cu^{2+} 后,C1 和 C2 的荧光强度得分均出现下降(见图 3.8(c))。C1 的下降速度比 C2 的更快,说明类富里酸组分与 Cu^{2+} 的相互作用较弱。仅在峰 1 和峰 2 处观察到 $F_0/(F_0-F)$ 和 $1/C_M$ 之间的线性关系,这表明与荧光蛋白组分相比,峰 3 和峰 4 的猝灭受到限制。对于周丛生物膜 EPS,色氨酸蛋白质组分和芳香族蛋白质组分的 $\log K_M$ 值分别为 4.90 和 5.10。在铜离子加入后,周丛生物膜 EPS 中荧光基团的 $\log K_M$ 值高于塑料生物膜 EPS 中的值,这可能与周丛生物膜 EPS 具有更高的芳香性和腐殖性特征有关[50,65]。周丛生物膜 EPS 荧光基团具有相对较大 K_M 值的原因可能是类腐殖质组分中芳香羧酸和酚类基团比例较高。与塑料生物膜 EPS 相比,周丛生物膜 EPS 能与铜形成更稳定的环状结构[60]。与塑料生物膜 EPS 的结果相似,Cd^{2+} 的加入对周丛生物膜 EPS 中荧光基团的荧光强度几乎没有影响。

利用红外光谱结合 2D-COS 分析探讨 EPS 与 Cu^{2+} 相互作用的结构变化(见图 3.9(a))。塑料生物膜 EPS 结合 Cu^{2+} 后在 1800~800 cm^{-1} 区域内的多处峰强发生了显著变化。1420 cm^{-1}、1210 cm^{-1} 和 1090 cm^{-1} 处的峰强逐渐减小,1640 cm^{-1} 处的峰强增加。1420 cm^{-1}、1210 cm^{-1} 和 1090 cm^{-1} 处对应的谱峰分别与酚基的 O—H 变形/C—O 伸缩振动、羧基的 C—O 伸缩振动和 O—H 变形振动,以及多糖的 C—O 伸缩振动有关。1640 cm^{-1} 处的峰主要归因于酰胺、醌或酮的 C=O 伸缩振动[61-62,66-67]。

为阐明因添加 Cu^{2+} 导致的 EPS 基团的微观变化过程,需要对系列红外光谱(1800~800 cm^{-1} 区域)进行二维相关分析(见图 3.9(b)和(c))。同步谱对角线上产生 4 个自相关峰,分别位于 1640 cm^{-1}、1420 cm^{-1}、1210 cm^{-1} 和 1090 cm^{-1} 处。每对谱带的交叉峰均为正,说明光谱变化方向一致。Cu^{2+} 与塑料生物膜 EPS 络合的同步图和异步图的交叉峰符号如表 3.4 所示。根据 Noda 规则,Cu^{2+} 结合过程中 EPS 结构变化的顺序为 1640 cm^{-1}→1420 cm^{-1}→1090 cm^{-1}→1210 cm^{-1},即酰胺和醌 $\nu_{C=O}$→酚类 δ_{O-H} 和 ν_{C-O}→多糖 ν_{C-O}→羧基 ν_{C-O}、δ_{O-H} 和芳香醚 ν_{C-O}。塑料生物膜 EPS 与 Cd^{2+} 结合过程中也观测到 4 个自相关峰,峰变化的顺序为 1420 cm^{-1}→1640 cm^{-1}→1210 cm^{-1}→1095 cm^{-1},即酚类 δ_{O-H} 和 ν_{C-O}→酰胺和醌 $\nu_{C=O}$→羧基 ν_{C-O}、δ_{O-H} 和芳醚 ν_{C-O}→多糖 ν_{C-O}。2D-IR-COS 结果表明,Cu^{2+} 与塑料生物膜 EPS 的结合过程中涉及一些非荧光组分,如多糖和羧基。在官能团中,胺类和酚类化合物对 Cu^{2+} 和 Cd^{2+} 的络合显示出更敏感的反应。

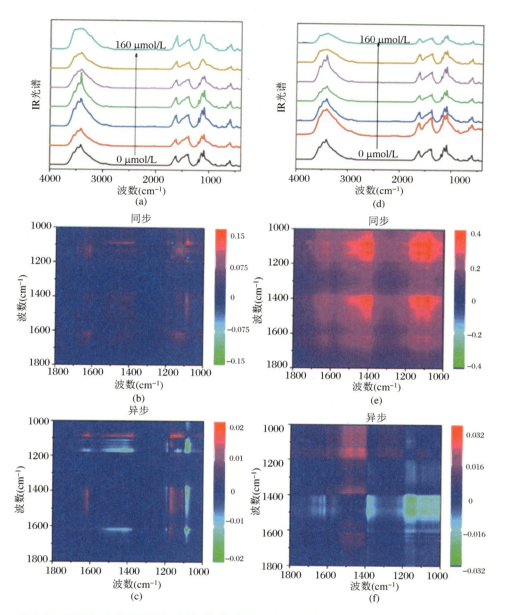

图3.9 塑料生物膜 EPS 与 Cu^{2+} 作用后的 FTIR 光谱以及以 Cu^{2+} 浓度为扰动的 2D-IR-COS 图谱(a)、同步谱(b)、异步谱(c)、塑料生物膜 EPS 与 Cd^{2+} 作用后的 FTIR 光谱以及以 Cd^{2+} 浓度为扰动的 2D-IR-COS 图谱(d)、同步谱(e)、异步谱(f)

表 3.4　塑料生物膜 EPS 结合 Cu^{2+} 的自相关峰归属及交叉相关峰符号

波数 (cm^{-1})	归属	交叉相关峰符号			
		1640	1420	1210	1090
1640	酰胺和醌 $\nu_{C=O}$	+	+(+)	+(+)	+(+)
1420	酚类 δ_{O-H} 和 ν_{C-O}		+	+(+)	+(+)
1210	羧基 ν_{C-O}，δ_{O-H} 和芳香醚 ν_{C-O}			+	+(−)
1090	多糖 ν_{C-O}				+

图 3.10 显示了周丛生物膜 EPS 与 Cu^{2+} 作用后的 FTIR 光谱和 2D-COS 图谱。同步谱（见图 3.10(b)）在 1632 cm^{-1}、1420 cm^{-1}、1140 cm^{-1} 和 1035 cm^{-1} 处显示出 4 个自相关峰。周丛生物膜 EPS 与 Cu^{2+} 结合的官能团变化顺序为 1632 cm^{-1}→1140 cm^{-1}→1035 cm^{-1}→1420 cm^{-1}，即酰胺和醌的 $\nu_{C=O}$→脂肪族 ν_{C-OH}，δ_{C-H}→多糖 ν_{C-O}→酚类 δ_{O-H}，δ_{C-O} 和羧基 ν_{COO-S}，如表 3.5 所示。周丛生物膜 EPS 与 Cd^{2+} 结合的官能团变化顺序为 1638 cm^{-1}→1100 cm^{-1}→1035 cm^{-1}→1420 cm^{-1}，表明周丛生物膜 EPS 与 Cd^{2+} 的结合顺序和其与 Cu^{2+} 的结合顺序相同。与塑料生物膜 EPS 相比，酰胺和脂肪族组分等相对疏水性位点对 Cu^{2+} 和 Cd^{2+} 的添加会做出更快的响应[60]。

表 3.5　周丛生物膜 EPS 结合 Cu^{2+} 的自相关峰归属及交叉相关峰符号

波数 (cm^{-1})	归属	交叉相关峰符号			
		1632	1420	1140	1035
1632	酰胺和醌的 $\nu_{C=O}$	+	+(+)	+(+)	+(+)
1420	酚类 δ_{O-H}，ν_{C-O}		+	+(−)	+(−)
1140	脂肪族 ν_{C-OH}，δ_{C-H}			+	+(+)
1035	多糖 ν_{C-O}				+

在相同的培养条件下，我们在不同的基质上培养出了性质不同的生物膜，其 EPS 组分也表现出较大的差异。塑料生物膜 EPS 蛋白质含量较高，而芳香性较低，说明蛋白质尤其是非荧光类蛋白质可能是 EPS 的重要组成成分。周丛生物膜更易产生具有更高芳香性、更大分子量的 EPS 组分。培养基质的性质会显著改变定殖生物膜的群落和物质组成[68-69]。塑料基质溶出的高聚物单体、塑化剂等化学物质为微生物提供了潜在的碳源，有机质相对匮乏的河流系统有利于微生物的定殖和生物膜的形成[45]。研究发现，塑料生物膜 EPS 中荧光强度相对较低，而蛋白质组分比例较高。这意味着塑料生物膜 EPS 中产生的蛋白质大部分

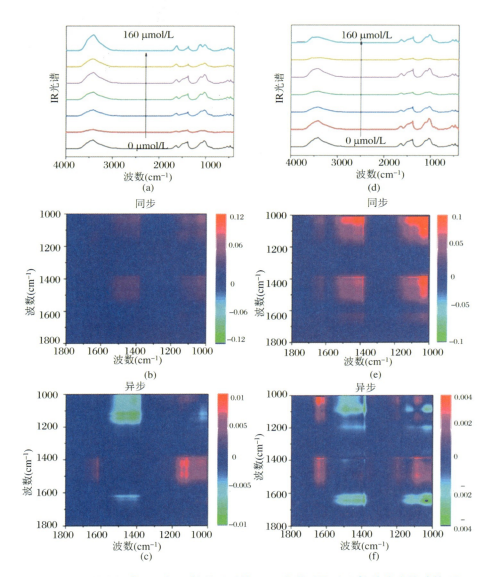

图3.10 周丛生物膜EPS与Cu^{2+}作用后的FTIR光谱以及以Cu^{2+}浓度为扰动的2D-IR-COS图谱(a)、同步谱(b)、异步谱(c)、周丛生物膜EPS与Cd^{2+}作用后的FTIR光谱以及以Cd^{2+}浓度为扰动的2D-IR-COS图谱(d)、同步谱(e)、异步谱(f)

为非荧光类蛋白质,这与图3.6(a)中显示的浅色黏性生物膜状态相一致。相比而言,粗糙的鹅卵石表面可能有助于藻类和浮游植物等大型微生物的定殖[70-71]。

EPS性质的差异导致了重金属与生物膜相互作用过程中的微观变化。与塑料生物膜EPS相比,周丛生物膜EPS荧光基团,尤其是色氨酸蛋白类组分和芳香族蛋白类组分,与Cu^{2+}具有更强的络合作用。综合2D-COS和荧光光谱分析结果,可以推测生物膜EPS中的蛋白质可能是主导其与重金属结合相互作用的最重要组分[63]。除酰胺类外,周丛生物膜EPS中的脂肪族组分对Cu^{2+}和Cd^{2+}

结合反应较快。在重金属与周丛生物膜 EPS 的结合过程中,疏水性酰胺类和脂肪族化合物的结合亲和力高于亲水性羧基和多糖的结合亲和力[60]。由于周丛生物膜 EPS 中含有较多的类腐殖质物质和多糖,因此脂肪族组分可能来源于类腐殖酸和类富里酸组分中的侧链部分[72]。EEM-PARAFAC 结合 2D-IR-COS 分析为河流生物膜-污染物相互作用的研究提供了新的分析方法,可促进人们对重金属在河湖系统中早期归宿行为的理解。

3.2 NOM 对金属离子和纳米颗粒的结合

3.2.1 NOM 结合金属离子

腐殖酸(Humic Acid,HA)是 NOM 的重要组分之一,不溶于 pH 低于 2 的溶液,但在较高 pH 下可溶解[73]。HA 是一种典型的形态分散的胶体混合物,污染物在其表面可以发生多种物理化学以及生物过程,例如溶解沉淀、氧化还原、离子交换、光化学降解和生物降解等。胶体在水环境中难以直接沉降,其絮凝沉降的过程与一般的悬浮颗粒物相差巨大,从而对污染物的迁移转化产生更加复杂的影响[74-76]。胶体易于聚集,HA 的聚集行为显著影响其与污染物在水体和土壤中的相互作用,对环境修复具有重要意义。近年来,关于 HA 等天然胶体对污染物的吸附、输移作用备受关注。研究 HA 聚集/凝聚行为的方法众多,包括荧光、原子力显微镜、浊度仪、荧光相关光谱、毛细管区带电泳、核磁共振、表面张力和动态光散射等。在这些技术手段中,动态光散射可测定溶液中纳米颗粒和聚合物的尺寸分布,常用于探究 HA 的粒径、分形特征和凝聚动力学[77-79]。

HA 的物理化学特性,如内部生物聚合物长链结构和胶体性质等,与溶液化学性质密切相关。羧基和酚羟基等基团的离子化/非离子化状态随 pH 变化显著改变,影响 HA 表面带电性、超分子结构和 HA 与金属的络合[74,80]。研究表明,羧基离子化作用而形成的负电是土壤发生排斥和舒张作用的主要原因之一,对 HA 的胶体稳定性起到决定性作用[80]。Na^+ 和 Mg^{2+} 是自然水体中最丰富的阳离子,易与水体中的 HA 发生相互作用,改变 HA 在相关涉水工程措施中的环境行为和效应。深入研究 HA 在电解质溶液中的凝聚动力学有助于加深理解 HA 在饮用水膜滤处理过程中的膜污染行为[81-83]。同时,作为垃圾渗滤液的重要组成成分,渗滤液中浓缩的 HA 会显著影响其与金属的络合过程和污染物环境行为,故有必要深入开展电解质诱导下 HA 凝聚机制的研究[84]。

根据调研可知,大多数研究 HA 聚集/凝聚的工作主要在平衡条件和近平衡条件下进行[85-86],HA 的凝聚动力学以及溶液化学条件对 HA 凝聚行为(凝聚动力学、凝聚速率和最终聚集体粒径)的影响未得到详尽解析。我们采用 DLS 技术研究了 HA 在单价和多价电解质溶液中的凝聚行为,使用代表性的单价阳离子电解质(NaCl)和二价电解质($MgCl_2$)诱导 HA 在不同 pH 缓冲液体系中进行凝聚。用经典的扩散限制胶体聚集(Diffusion Limited Cluster Aggregation, DLCA)模型探究 HA 的凝聚机制,并采用透射电子显微镜表征了 HA 胶体在不同 pH 条件下的形貌特征。

配置不同浓度的分析纯 NaCl 和 $MgCl_2$ 溶液,用 0.22 μm 滤膜过滤待用。

配置相关缓冲溶液:pH 为 3.6 是 glycine(甘氨酸)-HCl 缓冲液,pH 为 7.1 是 Tris(三羟甲基氨基甲烷)-HCl 缓冲液,pH 为 10.0 是甘氨酸-NaOH 缓冲液[23]。商用 HA 购自华北化学试剂公司,经纯化处理后将 HA 溶解在不同缓冲液中分别得到 100 mg/L 的溶液,静置 12 h 待用。实验所用溶剂均为 Millipore 超纯水。

将 5 mg HA 溶解在约 50 mL 超纯水中,溶液 pH 用 0.2 mol/L 的 HCl 和 NaOH 分别调节为 1.70、5.25 和 10.04,将样品进行冷冻干燥,与溴化钾粉末混合,压片后检测其 FTIR 谱图。样品的电泳淌度采用 Nanosizer ZS 仪进行测量。首先,将 HA 溶解在 pH = 7.1 的 Tris-HCl 缓冲液中,使其最终浓度为 200 mg/L。随后,将 HA 溶液和不同浓度的 NaCl 溶液等体积混合后进行测量,每个样品至少测量 6 次。

DLS 分析采用配有 ALV5000 数字时间相关器的 ALV/DLS/SLS-5022F 型(德国)激光光散射仪。光源为圆柱形 UNIPHASE He-Ne 激光发生器,输出功率为 22 mW,波长为 632.8 nm。光散射中使用的样品瓶为美国 Supelco 公司生产的 27150-U 型玻璃瓶。样品瓶在使用前用体积比为 1∶3 的 30% 过氧化氢和浓硫酸混合液在 80 ℃ 水浴下浸泡 4 h,在用 Millipore 水清洗干燥后,用锡纸包裹并用丙酮淋洗 45 min 以去除杂质。对于每个测试样品,用 0.45 μm 聚四氟乙烯滤头过滤 2 mL 的 100 mg/L HA 溶液至样品瓶中静置 12 h。同时，将一定体积的不同浓度电解质溶液过滤至 HA 溶液中，称量电解质溶液滴加前后整个样品瓶的质量，以计算每个样品瓶中准确的电解质浓度。

将散射角度设置为 90°，将单次测量时间设置为 30 s，在 self-beating 模式中测量强度-强度时间相关函数 $G^{(2)}(t,q)$，通过 Laplace 转换得到线宽分布函数 $G(\Gamma)$。对于扩散弛豫，Γ 与平动扩散系数 D 相关，D 可以在 $q \to 0$ 和 $C \to 0$ 时通过公式 $\Gamma/q^2 = D$ 计算得到，最后根据公式 $R_h = k_B T/(6\pi\eta D)$ 计算获得表观水动力学半径。其中，k_B、T 和 η 分别代表 Boltzmann 常数、绝对温度和溶液黏度[25]。对测量的相干方程也使用累积量方法进行分析，发现两种方法显示出相似的结果。累积量分析中得到的多分散性指数（PDI）均小于 0.3，表明获得的结果是可信的[87]。

根据经典 DLVO 理论，凝聚过程可主要划分为两类不可逆的胶体聚集模式，即反应限制胶体聚集（RLCA）和扩散限制胶体聚集（DLCA）。DLCA 主要发生在可以忽略静电排斥力的条件下（例如，在具有很高电解质浓度的溶液中），聚集速率只与胶团通过扩散作用互相接触的时间相关[88-89]。RLCA 主要发生在颗粒之间存在持续的但可以克服的排斥力作用条件下[89-90]。DLCA 的凝聚过程可以用随时间变化的幂函数方程 $R \propto t^a$ 表示，RLCA 模式中的凝聚可用指数方程表示，指数的倒数定义为质量分形维数（$d_f = 1/a$），可用于描述胶体聚集体高度不规则结构的空间伸展行为[89-90]。d_f 反映所占的真实空间，表征分形结构的"开放"程度。真实存在的物理过程中的任何物体的质量分形维数均在 1~3。较低的 d_f 表示颗粒更容易进入一个具有分形结构颗粒的内部。DLCA 的特征 d_f 值约为 1.8，而 RLCA 的特征 d_f 值约为 2.1，表明 RLCA 模型中的聚集体具有更紧实的结构[28]。

在 Millipore 纯水中溶解得到 100 mg/L 的 HA 溶液。用稀 HCl 和 NaOH 将 pH 分别调节为 5.26、7.00 和 10.00，将几滴样品滴加在铜网上。为保证 HA 胶体最大程度保持原貌，铜网立刻在液氮中冷冻，然后冷冻干燥。

图 3.11 和表 3.6 给出了不同 pH 条件下 HA 样品的 FTIR 谱图和对应的吸收峰归属。在碱性条件下，由于—COOH 的去质子化作用导致 1720 cm^{-1} 处附近的峰显著消失[73,91]。1280~1200 cm^{-1} 范围内的峰强表示氢键程度，pH 为 10.04 条件下强度的降低表示氢键的去质子化过程。

表 3.6 HA 的 IR 吸收峰及归属

组分	波数/cm^{-1}	振动
水	3400	—OH 伸缩
	1390	—OH 变形
脂肪族	1390	—CH$_2$ 和—CH$_3$ 基团的 C—H 变形
	2970~2920	C—H 伸缩
	1710~1720	—COOH 中 C═O 伸缩
羧酸类	1280~1200	—COOH 中 C—O 伸缩和 OH 变形
	1390	COO—不对称伸缩
芳香族	1620~1600	芳香族 C═C 振动
多糖或类多糖物质	1170~950	C—O 伸缩

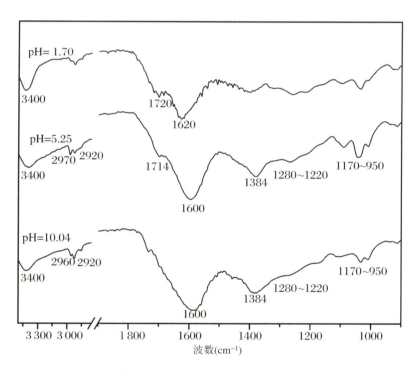

图 3.11 HA 在 pH 为 1.70~10.04 的 FTIR 谱图

图 3.12 表示不同 NaCl 浓度下 HA 聚集体,⟨R_h⟩随时间的变化情况。在较低浓度(0~61.3 mmol/L)的 NaCl 溶液中,⟨R_h⟩保持在 50 nm 左右,表明 HA 胶体在该条件下具有较好的稳定性。有报道指出,HA 分子的 z-均方旋转半径⟨R_g⟩为 4~10 nm,小于本研究中稳定 HA 胶体的水力学尺寸[92]。在相似的工作中,Pinheiro 等指出泥土 HS 的最初聚集体粒径为 30~185 nm,因此此处的

HA 胶体可视为较小 HA 聚集体的集合。当 NaCl 浓度从 84.8 mmol/L 继续增加至 380.5 mmol/L 时，聚集过程发生，$\langle R_h \rangle$ 不断增大。每条曲线中的特征性聚集体粒径用 DLCA 的幂指数方程进行拟合，以获得最优的凝聚动力学参数。拟合结果如表 3.7 所示。

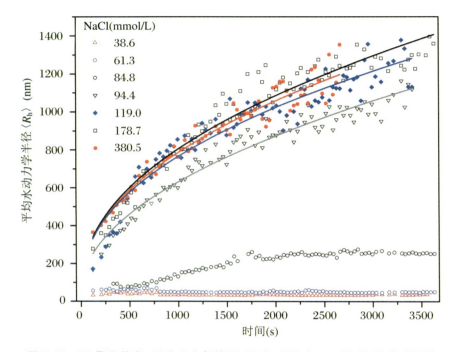

图 3.12　HA 聚集体在 pH 为 7.1 条件下，38.6~380.5 mmol/L NaCl 浓度下随时间变化的凝聚曲线

表 3.7　HA 在 pH 为 7.1 条件下的凝聚动力学参数

NaCl（mmol/L）	适合的动力学模型 $R_0 = 52$ nm	参数		
		a	b	d_f
94.4		0.50	18.0	2.00
119.0	$R = b \cdot t^a + R_0$	0.44	33.1	2.27
178.7		0.46	32.4	2.17
380.5		0.45	31.9	2.22

为研究 $\langle R_h \rangle$ 在凝聚过程中的变化程度，用 CONTIN 算法计算随时间变化的水动力学半径分布函数 $f(R_h)$，如图 3.13 所示。分布函数的峰宽随时间推移不断增加，这与图 3.12 中的观测结果一致，在后期聚集过程中聚集体的粒径显示出更大程度不规则的波动。在最终凝聚状态下，也称准稳态条件下，聚集体依然以小于早期快速增加速度的较慢速率继续增大。该凝聚过程更像受到较大聚

集体－聚集体相互作用和碰撞的影响，导致形成更宽的$\langle R_h \rangle$分布[93]。

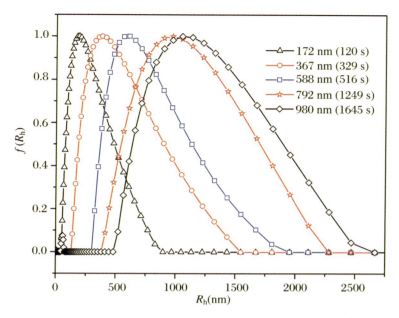

图3.13 当pH为7.1条件下HA在119 mmol/L NaCl溶液中随时间变化的水动力学半径分布函数$f(R_h)$

凝聚值定义为使胶体发生凝聚的最低电解质浓度值，图3.14结果证实

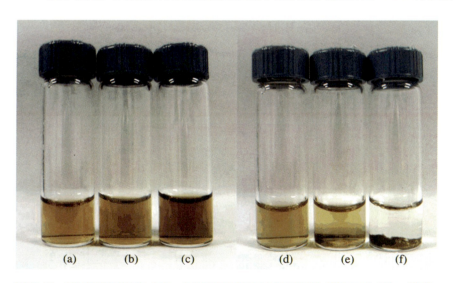

图3.14 HA的凝聚行为：(a)～(d)表示不同pH条件下的100 mg/L HA。其中，(a)和(d)中pH为3.6，(b)中pH为7.1，(c)中pH为10.0。较高pH条件下HA具有更深的颜色，可能是由于消光系数的变化。(e)和(f)显示HA在pH为3.6的溶液中放置24 h后的凝聚情况，其中(e)和(f)中NaCl浓度分别为22.4 mmol/L和47.3 mmol/L。

NaCl 在中性条件下的凝聚值为 61.3~84.8 mmol/L。进一步研究了酸性和碱性缓冲液条件下（pH 为 3.6 和 10.0）HA 在 NaCl 溶液中的凝聚（见图 3.15）。在 pH 为 3.6 时，HA 在更低的 NaCl 浓度下迅速发生聚集，而在碱性条件下需要更多的电解质（116.0~127.6 mmol/L）才能使 HA 发生凝聚，因而 HA 在三种溶液中的凝聚值顺序为碱性＞中性＞酸性。对于每个 pH 条件，选取代表性的凝聚曲线并计算初期凝聚速率（见表 3.8）。即使在更低的 NaCl 浓度（22.4 mmol/L）下，pH 为 3.6 溶液中的凝聚速率是 pH 为 10.0 溶液中的 10 倍。Pinheiro 等也考察了 pH 对 HA 扩散系数影响，发现在 pH＜2.5 时凝聚迅速发生，pH 从 4.0 升至 6.0 后可以观察到 HA 粒径显著减小[77]。最终，聚集体粒径也存在显著差异，从 pH 为 3.6 时的 1452 nm 变为 pH 为 10.0 时的 528 nm。

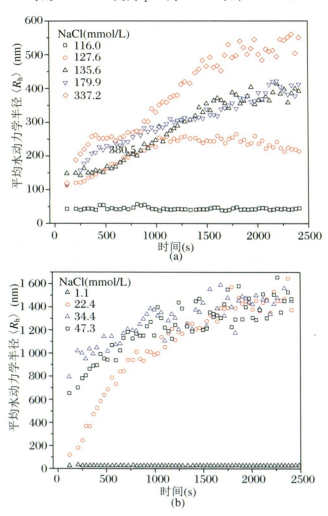

图 3.15　HA 聚集体在不同条件溶液中随时间变化的凝聚曲线：(a) pH 为 10.0 条件下的溶液中，NaCl 浓度范围为 116.0~453.3 mmol/L；(b) pH 为 3.6 条件下的溶液中，NaCl 浓度范围为 1.1~47.3 mmol/L

表 3.8　代表性凝聚速率和最大聚集体水力学半径 $\langle R_h \rangle$

pH	凝聚速率（120～820 s）				最大聚集体流体力学半径 $\langle R_h \rangle$		电解质
	$(\mathrm{d}\langle R_h\rangle/\mathrm{d}t)$ (nm/s)	120 s 时的 $\langle R_h \rangle$ (nm)	R^2	对应浓度 (mmol/L)	最后 10 个 $\langle R_h \rangle$ 平均值 (nm)	对应浓度 (mmol/L)	—
3.6	1.34±0.05	120	0.979	22.4	1452±88	22.4	—
7.1	0.90±0.06	171	0.938	119.0	1283±60	178.7	NaCl
10.0	0.15±0.01	113	0.982	127.6	528±24	337.2	
7.1	—	—	—	—	1583±131	2.0	$MgCl_2$

　　为研究阳离子价态的影响，测试了 HA 在 0.2～2 mmol/L $MgCl_2$ 溶液中的凝聚情况。Tris 缓冲液与 Mg^{2+} 等金属离子没有明显的结合作用，因此选取其为实验溶剂。如图 3.16 所示，在 Mg^{2+} 浓度低于 1 mmol/L 时，$\langle R_h \rangle$ 几乎不发生变化；而当 $MgCl_2$ 浓度超过 1.7 mmol/L 后，$\langle R_h \rangle$ 迅速增大。根据 Schulze-Hardy 定律，理论的凝聚值由离子价态决定，正比于 z^{-6}，其中 z 是阳离子价态[27]。

$$M^+ : M^{2+} = 1^6 : \left(\frac{1}{2}\right)^6 \tag{3.11}$$

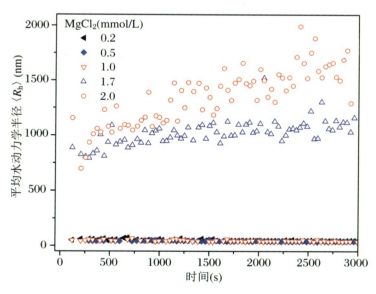

图 3.16　HA 聚集体在 pH 为 7.1 条件下，在 0.2～2 mmol/L $MgCl_2$ 浓度下随时间变化的凝聚曲线

　　相同缓冲液中 NaCl 的凝聚值为 61.3～84.8 mmol/L。根据计算 $MgCl_2$ 溶

液中理论的凝聚值为 0.96~1.33 mmol/L,与实验数据一致。2 mmol/L MgCl$_2$ 存在下,最终聚集体水力学半径为 1583 nm。加入 2 mmol/L Mg^{2+} 引起了后期凝聚过程中半径的显著涨落,这与图 3.12 中后期凝聚状态情况一致。

图 3.17 显示 HA 在不同 NaCl 和 MgCl$_2$ 浓度下的电泳淌度(溶液为 pH=7.1 的 Tris-HCl 缓冲液)。所有的样品均带负电,随着 NaCl 浓度从 5 mmol/L 增加到 100 mmol/L,静电排斥作用使 HA 所带负电不断减小,与已报道相关文献结果类似[94-95]。相比于单价 Na$^+$ 离子,二价的 Mg^{2+} 能更有效地降低 HA 聚集体所带的负电。

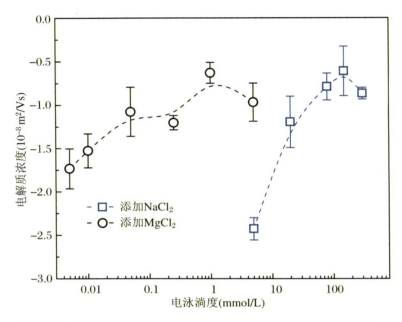

图 3.17　不同电解质浓度下 HA 在 pH=7.1 的缓冲液中的电泳淌度

TEM 成像结果(见图 3.18)表明 HA 主要为胶体状的高分子结构,在不同 pH 下显示出不同形貌。在 pH 为 5.26 下,HA 主要为具有环状结构的球形聚集体,聚集体外围粗糙,与文献报道的 pH 为 3.0 条件下的腐殖质形貌近似[96]。当 pH 升高至 7.00 时,HA 边缘粗糙度降低。进一步提高 pH 至 10.00 时,HA 变为粒径约为 50 nm 的光滑球状结构,这与 DLS 实验得到的平均水力学半径 (52±2) nm 接近。

HA 本质上是一类非均质的聚电解质有机分子混合物,显示出连续的分子和结构特性。由于 HA 在溶液中显示出多分散性和质量分形特征,DLS 数据的解析通常比较复杂[79,97]。然而,研究发现多分散性指数对于胶体的聚集和 D_f 结果没有明显影响[98]。在 pH 为 7.1 缓冲溶液中,NaCl 浓度较高时(94.4~380.5 mmol/L)观察到幂指数的凝聚动力学,说明该阶段发生的是典型的

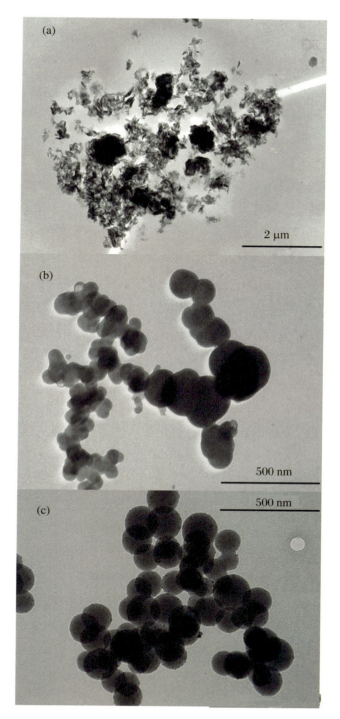

图3.18 HA在不同pH溶液中的TEM成像:(a) pH为5.26条件下;(b) pH为7.00条件下;(c) pH为10.00条件下 HA溶液经液氮速冻后冷冻干燥处理

DLCA聚集过程。软物质(例如HA和微凝胶颗粒)间的总相互作用能与刚性纳米颗粒间的作用是不同的,需要考虑诸如渗透势能和弹性势能在内的渗透作用,胶团之间的结合力可能会更弱[99-101]。因此,在颗粒间吸引能有限(例如较低电解质浓度)时,胶团之间可能会发生解离和破坏,导致可逆聚集的发生。在84.4 mmol/L NaCl条件下,$\langle R_h \rangle$在早期凝聚过程中逐渐增大,在大约2000 s时保持不变。这可能是由于在后期凝聚状态,形成的胶团开始解离,最终聚集和解离速率达到动态平衡。在NaCl浓度从94.4 mmol/L上升至380.5 mmol/L时,凝聚可以用幂指数模型拟合。模拟得到的d_f值比典型DLCA模型中的d_f值(1.85 ± 0.1)略大[89-90],表明该条件下形成的聚集体具有更紧实的结构。D_f间存在差异的可能原因是生物分子的软物质性质和较低的刚性,导致胶团之间作用力较弱,胶体间发生重新组合。

在二价离子Mg^{2+}存在下HA胶体显示出不同的凝聚行为。对于具有刚性结构的纳米颗粒(如金纳米颗粒和碳纳米管颗粒),加入二价Mg^{2+}的主要作用是电中和。而Mg^{2+}与HA的相互作用包括Mg^{2+}和带负电的功能基团间的静电作用以及Mg^{2+}与HA中羧基和酚羟基等基团的络合/桥连作用[73,102]。与单价阳离子相比,多价金属离子能更有效地屏蔽电荷,降低排斥力。Mg^{2+}与HA的络合作用促使分子胶束结构的形成,使聚集体粒径不断增加。结合的多价阳离子可以与邻近HA胶体间形成分子间/分子内桥连作用,从而增强分子间吸引力。在电中和作用、络合和桥连作用的综合作用下,HA会在低浓度Mg^{2+}条件下发生快速聚集。

HA的凝聚动力学与溶液pH密切相关。HA胶体在分散性疏水作用(如范德瓦耳斯力,π-π和CH-π相互作用)等弱作用力和氢键等强作用力共同作用下保持稳定[80,103],氢键作用在低pH下更加重要[104-106]。由于酸性基团的不同质子解离程度,胶体稳定性在不同pH条件下会显著不同。在pH为3.6时,较强的氢键作用使HA分子紧密结合。随着pH增加,质子的释放和功能基团的解离使氢键作用力降低,表面分子更容易分离,最终导致凝聚速率不断降低。在pH为10.0时,静电排斥力在分子间起主导作用。这是由于羧基和酚羟基等基团由于去质子化作用完全带负电,使得HA表面负电持续增加。在此条件下,需要更多的反离子以改变HA胶体的静电平衡状态。Tombacz等也发现在较高pH值下HA的功能基团完全呈离子化状态,所带负电会阻碍分子间的接触与聚集行为[107]。TEM结果进一步佐证了HA在不同pH条件下所受作用力的情况,HA胶体在较酸性条件下主要呈带有粗糙外围的球状聚集体[96,108]。粗糙的外围结构和氢键会使HA更容易与其他聚集体结合,导致较高的凝聚速率。研究表明，溶液 pH、功能基团的质子化、非质子化状态和金属络合、桥连作用都会影响 HA 的聚集行为。羧基和酚羟基等亲核性活性基团可以吸附金属、持久性有机污染物和纳米颗粒等污染物，深入研究 DOM 的凝聚行为和凝聚机制对于解析新型污染物的环境行为具有重要的科学意义。

3.2.2
NOM 结合纳米颗粒

纳米科技的迅速发展使纳米产品在日常生活中的应用日益增多，铜纳米颗粒（Copper Nanoparticles，CuNPs）由于具有优良的光学和电学性能，在橡胶、冶金、能源和发电等领域具有广泛应用[109-111]。作为一种生态毒性较强的金属纳米材料，释放到自然环境中的 CuNPs 会产生环境风险。研究表明，铜和铜氧化物纳米颗粒对细菌[112]、斑马鱼[113]和老鼠[114]均存在毒性。深入理解 CuNPs 在环境中的聚集、转化和溶解过程对理解 CuNPs 的环境行为具有重要意义[82]。NOM 在纳米颗粒上的螯合和配位作用会削弱金属原子-金属原子和金属原子-氧原子之间的键能，改变颗粒聚集、溶解和毒性行为[115-117]。例如，氧化铜纳米颗粒会显著损害大肠杆菌的细胞膜。富里酸会减弱颗粒对膜的损伤，降低氧化铜颗粒的毒性[118]。

从毒理学角度考虑，溶解性铜对生物体的毒性要高于固体铜颗粒。NOM 的性质受到 pH、溶解氧、无机离子等因素的影响。氯化处理和臭氧处理等消毒方法会显著改变 NOM 性质，抑制 NOM 诱导下铜离子释放[119-121]。NOM 上丰富的官能基团可以通过分子间和分子内配位作用与 Cu^{2+} 形成稳定络合物[122]。通过调研发现，不同来源 NOM 对 CuNPs 释放铜离子影响的相关报道较少，铜离子释放与 NOM 性质的关系以及 CuNPs 与 NOM 的相互作用未得到详尽的研究。本节中我们考察 NOM 性质和 NOM-CuNPs 相互作用对 CuNPs 释放铜离子的影响。选取巢湖底泥提取的 HA（extracted-HA）、商业腐殖酸（Sigma-HA）、国际腐殖质协会富里酸标准品（Suwannee River Fulvic Acid Standard I，SRFA）、牛血清蛋白（Bovine Serum Albumin，BSA）和海藻酸钠 5 种代表性 NOM，考察不同 NOM 对铜离子释放动力学并定量表征铜的赋存形态，解析 NOM 与 CuNPs 的相互作用机制。

将购自 Sigma 公司的 Sigma-HA 在使用前进行提纯，残留灰分含量为 6.9%。从巢湖取得代表性底泥样品（N 31°41′24″，E 117°23′20″）。采用国际腐殖质协会标准 HA 提取方法从底泥中提取 HA 样品。Sigma-HA 和 extracted-HA 分别代表陆地土壤和底泥中的 NOM，SRFA 代表典型水体 NOM。采用元素分析仪对 Sigma-HA 和 extracted-HA 进行元素分析，结果如表 3.9 所示。将 extracted-HA、冷冻干燥的 Sigma-HA、SRFA、粉末状 BSA 和海藻酸钠配置成 0.5 g/L 的母液，使其充分溶解。

表 3.9　HA 样品的元素组成

元素	Sigma-HA	巢湖底泥提取 HA
C	49.80	42.48
O	24.99	26.42
H	3.87	5.43
N	0.80	5.08

代表性 NOM 的电荷密度用酸碱滴定测定。用 1.0 mol/L HCl 调节 100 mg/L NOM 溶液的 pH 至 3.0 以下。通入氮气 15 min，之后用 0.05 mol/L NaOH 溶液进行酸碱滴定。所用仪器为 TIM865 自动滴定仪（Hach Co.，美国）。在相同条件下，滴定不含 NOM 的溶液作为背景。背景滴定中使用的 NaOH 剂量用于估算将 NOM 中羧基和酚羟基基团全部去质子化所消耗的实际 NaOH 量[123]。用 GPC（Waters Co.，美国）测定 NOM 样品的分子量分布。所使用的分离柱为 Waters Ultrahydrogel，用 Agilent 公司的聚环氧乙烷标准品（0001024141）测定分子量标准曲线。

采用 18 kW 旋转阳极 X 射线衍射仪（MAP18AHF，MAC Sci. Co.，日本）测定 CuNPs 的晶型结构。将衍射结果与 ICDD PDF-2 数据库进行比对。CuNPs 的表面结构用 X 射线光电子能谱（ESCALABMKII，VG Co.，英国）进行分析。CuNPs 的形貌用加速电压 200 kV 的 TEM（JEM-2011，JEOL Co.，日本）观测。将 CuNPs 颗粒分散于 DI 水中并超声分散。为获得 CuNPs-NOM 络合物，将 10 mg CuNPs 和 10 mg 不同 NOM 溶解在 pH 为 7.0 的 DI 水中并超声分散。将几滴混合液滴至铜网静置 30 min，直至干燥。

将 5 mg CuNPs 粉末置于 50 mL 不同溶液中得到 100 mg/L 的 CuNPs 溶液，在 25 ℃ 条件下震荡。在不同时间点取 0.8 mL 样品，以 550g 转速离心 10 min。使用火焰原子吸收光谱仪（4530 F，Shanghai Precision & Scientific Instrument Co.，中国）测定 24 h 内溶液中铜离子的浓度。为研究 NOM 对铜释放的影响，将不同 NOM 溶解于 PBS 缓冲液（pH 为 7.0，100 mmol/L）得到 NOM 浓度为 5～100 mg/L 的溶液。对于 100 mg/L NOM 的样品，在 CuNPs 放

置并震荡 36 h 后,收集上清液并测定溶解性铜、悬浮性铜、总铜和酸提取铜含量[124]。

在 NOM 溶液中加入 NaClO 进行氯化处理,余氯浓度用 DPD(二乙基对苯二胺硫酸盐)方法进行测定。加入不同体积 NaClO 反应 4 h,使残留 Cl_2 浓度为 7.6 mg/L、34.1 mg/L、82.2 mg/L 和 206.7 mg/L。向处理过的 NOM 溶液中加入 CuNPs,测定铜离子释放过程。运用絮凝方法研究 Sigma-HA 凝聚状态对铜释放的影响。首先将 100 mg/L HA 溶解在 pH 为 10 的 NaOH 溶液中,将 pH 调节为 7.0。将 50 mL HA 溶液转移至血清瓶中,加入不同体积的 0.2 mol/L $CaCl_2$ 使 HA 发生凝聚。凝聚的 HA 静置 24 h 后用 TOC 分析仪测定上清液中 DOC 浓度[125]。之后向絮凝处理后的 HA 溶液中加入 CuNPs 并测定铜离子释放过程。实验过程中血清瓶保持静止。在 100 mg/L HA 中加入 CuNPs 并测定铜释放情况作为对照实验。

在 10 mmol/L PBS 溶液中考察 NOM 在 CuNPs 上的吸附。CuNPs 和 NOM 浓度分别为 2000 mg/L 和 10 mg/L。在不同时间点取 0.8 mL 样品,550g 转速离心,测定上清液中的 DOC 浓度。为研究氯化处理对 NOM 吸附到 CuNPs 上的影响,将 10 mg/L 的 NOM 用 206.7 mg/L 的 Cl_2 处理 4 h 后再进行吸附实验。将 40 mg CuNPs 加入到 40 mL 的 1 g/L NOM 溶液中震荡 24 h。悬浮液用 550g 转速离心 30 min,沉淀物用纯水润洗后冷冻干燥。用红外光谱仪(VERTEX 70 FTIR,Bruker Co.,德国)测定不同样品的红外谱图。将 1 mg NOM、CuNPs 或 NOM 包覆的 CuNPs 和 99 mg KBr 粉末混合后压片分析。吸附到 CuNPs 上 NOM 的 FTIR 谱图可以通过从 NOM 包覆的 CuNPs 谱图减去纯的 CuNPs 谱图而得到[126]。用 Nanosizer ZS 电位仪(Malvern Instruments Co.,英国)测定 100 mg/L Millipore 纯水中 CuNPs 的 Zeta 电位以及不同 NOM 存在下 CuNPs 聚集体的 z 均粒径。

图 3.19 中的 XRD 谱图显示 Cu_2O 晶体的三个主要衍射峰,表明样品中 Cu_2O 的存在。谱图中存在 Cu 的特征衍射峰,最强的衍射峰(111)(JCPDS 4-836)强度几乎是 Cu_2O 最强峰(111)(JCPDS 5-667)的 8 倍。铜氧化物相对较低的峰强表明 CuNPs 外围包裹着一层很薄的铜氧化物。XRD 分析结果表明,氧化物层和内核单质铜的比例大约为 38% 和 62%。

XPS 分析证实 Cu 和 O 是样品的主要元素成分。931.3 eV 和 951.0 eV 分别对应 CuO 中的 Cu $2p_{3/2}$ 和 Cu $2p_{1/2}$ 光电子。O 1s 结合能附近的 XPS 数据表明表面存在—OH 基团。530.2 eV 表示 CuO 中的 O^{2-},531.8 eV 处的峰对应于氧化物层表面吸附的羟基。上述化学分析证实颗粒的主要组分是零价铜,外围包裹一层氧化物层，主要成分是 Cu_2O 和薄的 CuO 外层。TEM 成像显示颗粒的直径约为 100 nm，外围粗糙。颗粒聚集体的 z 均尺寸为 $(4450±393)$ nm，100 mg/L 的 CuNPs 的 Zeta 电位为 $(-16.2±5.9)$ mV。

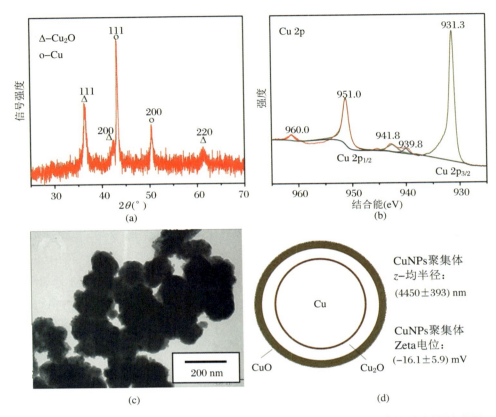

图 3.19　CuNPs 颗粒相关图示：(a) XRD 谱图；(b) Cu 2p 区域的 XPS 谱图；(c) TEM 成像；(d) 组分的示意图

图 3.20(a) 表示所用 5 种 NOM 的酸度。通常 pH 低于 8.0 的酸度主要来源于羧基基团的去质子化，而 pH 高于 8.0 的酸度对应于酚羟基。羧基是 BSA 和海藻酸钠中主要官能团。而腐殖质类物质在 pH 大于 8.0 酸度继续增加，表明酚羟基的存在。酸度含量的顺序为 Sigma-HA＞extracted HA≈SRFA＞BSA＞海藻酸钠。NOM 的分子量分布用 GPC 测定，Sigma-HA、extracted-HA、SRFA、BSA 和海藻酸钠的平均分子量分别为 158 kDa、214 kDa、5.73 kDa、294 kDa 和 12704 kDa（见图 3.21、表 3.10）

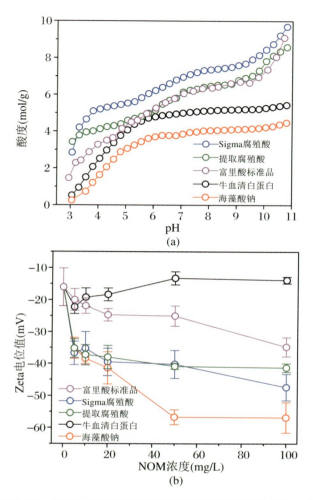

图 3.20 (a) 随 pH 变化的 NOM 的酸度（NOM 浓度为 100 mg/L）；
(b) NOM 存在下 100 mg/L CuNPs 的 Zeta 电位值

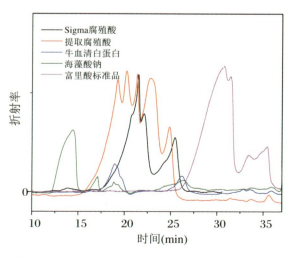

图 3.21 不同 NOM 的 GPC 谱图

表 3.10 不同分子量组分及含量(标准品为聚环氧乙烯)

NOM	出峰时间 (min)	对应峰平均分子量 (M_p)(kDa)	整个谱峰面积占比	平均 M_p (kDa)
Sigma-HA	13.81	31395	0.2%	158
	21.50	128	64.9%	
	22.35	82	7.2%	
	25.43	22	26.0%	
extracted-HA	19.24	464	28.6%	214
	20.20	255	16.7%	
	21.37	130	12.3%	
	22.80	62	31.4%	
	24.85	25	11.0%	
SRFA	30.78	5.81	73.8%	5.73
	35.40	5.52	26.2%	
BSA	18.93	594	47.9%	294
	21.68	116	2.0%	
	26.20	17	35.7%	
	30.64	6	1.6%	
	31.96	5	3.5%	
	33.59	5	9.3%	
海藻酸钠 Alginate	14.42	18394	67.8%	12704
	17.08	2173	7.8%	
	18.84	632	9.2%	
	21.61	120	2.2%	
	24.70	29	4.0%	
	26.32	16	9.1%	

铜从 CuNPs 的释放受 pH、离子强度、溶解氧等条件的影响[111]。24 h 处理后不加 NOM 条件下释放的铜仅仅占到总 Cu 量的 0.98%,而在 100 mg/L Sigma-HA 存在下增加到 13.79%(见图 3.22)。腐殖质类物质较 BSA 和海藻酸钠能更有效地促进铜的释放。在 100 mg/L 的 Sigma-HA、extracted-HA 和 SRFA 存在下处理 24 h 后的铜释放量分别为 13.79 mg/L、8.58 mg/L 和 8.86 mg/L。而相同浓度 BSA 和海藻酸钠仅造成 2.92 mg/L 和 4.55 mg/L Cu 的释放。铜的释放可以用修正的一级动力学模型拟合[127]:

$$y(t) = y(\text{final})[1 - \exp(-kt)] \quad (3.12)$$

其中,$y(t)$ 是释放的铜含量;$y(\text{final})$ 是 24 h 最终释放的铜含量;k 是速率常数;

t 是时间。

释放的铜含量随时间变化情况用方程(3.12)拟合,结果如表3.11所示。Sigma-HA、extracted-HA、SRFA 和 BSA 样品拟合得到的较高 R^2 值表示该方程能较好拟合铜释放动力学。然而,此方程不适合海藻酸钠实验组,在反应后期铜浓度逐渐降低。海藻酸钠分子远大于腐殖质类物质,可以形成扩张的凝胶网结构[128]。后期铜浓度的下降的可能原因是释放的铜离子重新吸附到粗糙的海藻酸钠-CuNPs 复合物表面。Sigma-HA 实验组具有最高的溶解速率,表明其能最有效地促进铜离子释放。

表 3.11 修正的一级动力学模型的拟合值

	NOM (mg/L)	5	10	20	50	100
Sigma-HA	y(final) (mg/L)	6.60±0.22	8.30±0.11	8.69±0.06	10.78±0.59	13.79±0.11
	k(h^{-1})	3.61	2.59	3.23	2.49	2.16
	R^2	0.88	0.92	0.95	0.85	0.96
extracted-HA	y(final) (mg/L)	1.00±0.03	1.41±0.13	2.66±0.08	4.33±0.27	7.80±0.27
	k(h^{-1})	0.81	2.86	2.26	2.42	1.86
	R^2	0.93	0.92	0.84	0.86	0.84
SRFA	y(final) (mg/L)	3.87±0.13	5.05±0.13	5.73±0.02	7.91±0.08	8.86±0.56
	k(h^{-1})	0.61	1.11	0.98	1.25	0.80
	R^2	0.83	0.80	0.95	0.85	0.89
BSA	y(final) (mg/L)	1.00±0.05	1.66±0.08	2.04±0.03	2.39±0.11	3.16±0.24
	k(h^{-1})	1.36	0.98	0.92	1.17	1.12
	R^2	0.87	0.92	0.95	0.96	0.95

表 3.12 总结了反应 36 h 后释放出的不同铜组分浓度。对于 Sigma-HA、extracted HA 和 SRFA 实验组,溶解态铜是总铜的主要组成部分,表明释放的铜主要以自由 Cu^{2+} 和溶解态的无机/有机复合物形式存在[120]。对于 BSA 和海藻酸钠样品,悬浮态铜是总铜的主要组分,表明大部分释放出的铜附着在颗粒状的 NOM 上。在酸预处理后,部分结合在颗粒 NOM 上的铜被解离下来,所有 NOM 实验组中酸提取铜的浓度均略高于溶解态铜。

表 3.12 CuNPs 在 100 mg/L NOM 反应 36 h 后释放出的不同铜组分

NOM 名称	总铜（mg/L）	悬浮态铜（mg/L）	溶解态铜（mg/L）	酸提取铜（mg/L）
Sigma 腐殖酸	16.17±1.34	4.26±0.07	9.65±0.47	10.18±0.58
提取腐殖酸	9.28±1.83	2.31±0.18	5.47±0.13	6.42±0.56
富里酸标准品	10.85±0.10	2.85±0.31	6.63±0.02	10.15±0.18
牛血清白蛋白	7.79±1.80	5.05±1.94	2.97±0.56	6.05±0.77
海藻酸钠	3.36±0.26	2.47±0.50	0.97±0.06	3.03±1.28

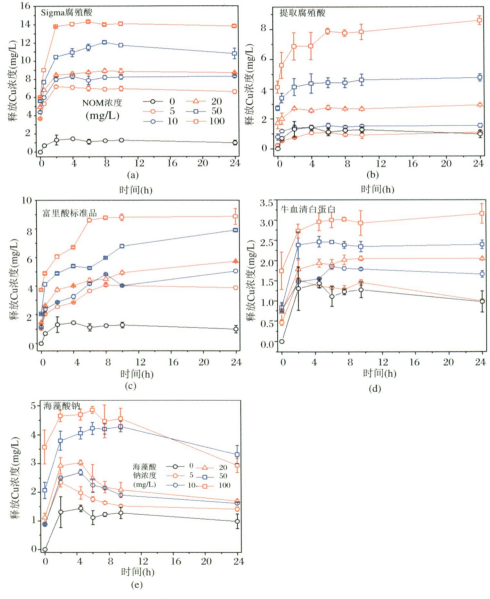

图 3.22 不同 NOM 浓度下的铜释放动力学

NOM 在 CuNPs 上的吸附可以用 DOC 浓度的变化进行表征（见图 3.23）。在吸附过程中，DOC 与 TOC 浓度的比值不断下降。NOM 在 CuNPs 上的吸附量有限，10 mg/L 的 NOM 在 24 h 都不能被 2000 mg/L 的 CuNPs 完全吸附。在几种 NOM 中，BSA 最容易吸附到 CuNPs 表面，而海藻酸钠最不易吸附到颗粒表面。在三种腐殖质类物质中，Sigma-HA 最容易被吸附到 CuNPs 上。图 3.23(b) 显示 NOM 氯化处理对 NOM 吸附的影响。氯化处理会略微降低 NOM 的吸附。这些结果表明，在本研究进行的实验中，大约 0.3 mg/L 的 NOM 被吸附到 100 mg/L CuNPs 上，大部分 NOM(94%)溶解在溶液中。

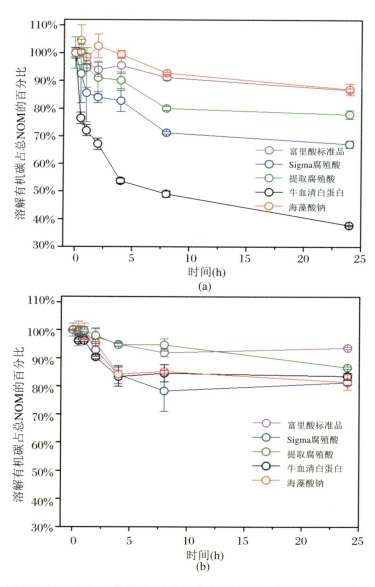

图 3.23　(a) NOM 在 CuNPs 上的吸附(纵坐标为 DOC/TOC)；(b) NOM 氯化处理后对 NOM 在 CuNPs 吸附的影响(初始 NOM 和 CuNPs 浓度分别为 10 mg/L 和 2000 mg/L)

FTIR、Zeta 电位、粒径分析和 TEM 成像进一步给出 NOM 在 CuNPs 表面吸附的证据。海藻酸钠包覆的 CuNPs 的 FTIR 谱图中没有出现明显的峰,很可能是由于海藻酸钠在颗粒上的吸附能力很弱,较大的分子量和球状结构会造成海藻酸钠在溶液中具有不规则的表面结构,降低其与 CuNPs 的接触和相互作用[128-129]。BSA 和 CuNPs 之间的相互作用主要源自酰胺类物质和羧基基团,球

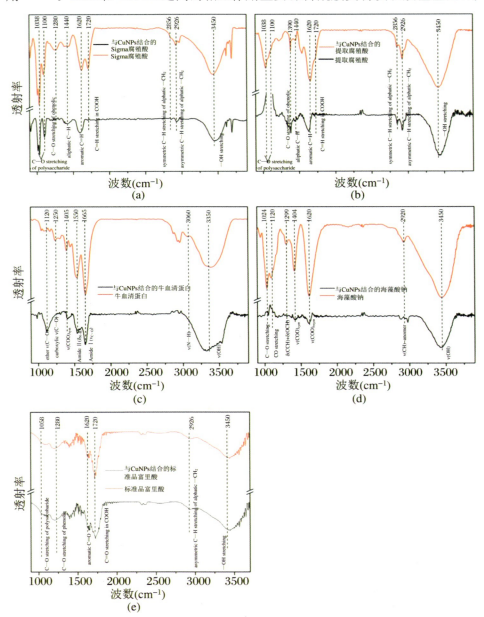

图 3.24 NOM 与包覆到 CuNPs 表面 NOM 的 FTIR 谱图

包覆到 CuNPs 表面 NOM 的谱图通过从 NOM-CuNPs 复合物的谱图中减去纯的 CuNPs 谱图得到

状 BSA 易累积到 CuNPs 表面并形成薄层结构。颗粒与腐殖质类物质的相互作用主要与芳香族 C=C、酚 C—O 和—COOH 相关。羟基和纳米颗粒表面的配体交换是吸附的腐殖质羧基峰减小的主要原因[126,130]。当腐殖质类物质包覆到颗粒表面后,1720 cm^{-1} 处的峰强显著降低,证实—COOH 和颗粒表面较强地结合。腐殖质类物质在 CuNPs 上较强的吸附可能与芳香族环的 π-π 相互作用有关[128]。

较高浓度的腐殖质和海藻酸钠显著降低 Zeta 电位值(图 3.20(b)),在分别加入 100 mg/L Sigma-HA、extracted HA、SRFA 和 alginate 后 Zeta 电位值从 -16.1 mV 分别降低至 -47.4 mV、-41.3 mV、-34.9 mV 和 -56.9 mV。Zeta 电位值的降低表明海藻酸钠和腐殖质类物会增加 CuNPs 表面负电荷[99]。随着 NOM 的加入,聚集体 z 均粒径不断降低,表明聚集体被 NOM 分散(见表 3.13)。TEM 成像也证实 NOM 对 CuNPs 的分散作用(见图 3.25)。腐殖质类和 BSA 的胶团主要呈薄片状结构,其中包覆 CuNPs。而海藻酸钠主要成球状结构。纳米颗粒在 NOM 中呈现更分散的现象,其主要原因是静电和空间排斥作用。CuNPs 表面积累带负电的 NOM 会增强 CuNPs 间的排斥,NOM 进一步通过空间排斥使 CuNPs 聚集体更加稳定。CuNPs 聚集体粒径的下降会促进

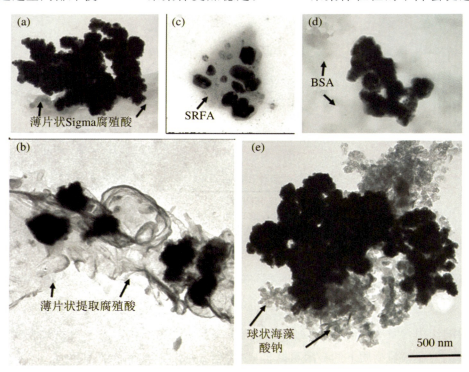

图 3.25 CuNPs 聚集体在 100 mg/L NOM 中的 TEM 成像

NOM 与其接触，从而增强络合和配位过程，最终导致更多铜的释放。

表 3.13　NOM 存在下 100 mg/L 铜纳米颗粒的 z 均粒径

NOM 浓度	0 mg/L	10 mg/L	100 mg/L	100 mg/L NOM 经 206.7 mg/L Cl_2 处理
Sigma-HA		2483 ± 328	1640 ± 564	764 ± 82
extracted-HA		2802 ± 658	1167 ± 237	685 ± 158
SRFA	4450 ± 393	2305 ± 380	1338 ± 188	781 ± 147
BSA		1906 ± 443	1370 ± 156	1630 ± 693
Alginate		2606 ± 744	1431 ± 175	1456 ± 168

铜的释放机制主要为图 3.26(a)中显示的络合反应，需要质子和/或羟基的参与。NOM 可以作为配体与纳米颗粒相互作用并通过形成简单的离子态组分，从而增强 CuNPs 的活动性[131-132]：

$$S—OH + L^{-z} \rightarrow S—L^{(1-z)} + OH^- \tag{3.13}$$

其中，S—OH 是铜表面的络合位点；L^{-z} 是带有 $-z$ 电荷的有机配体结合位点。

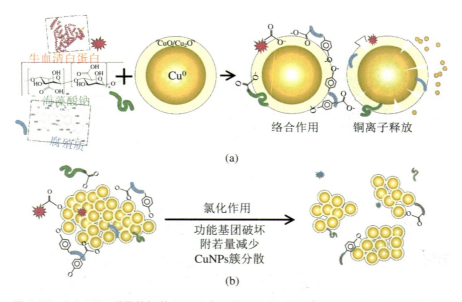

图 3.26　(a) NOM 诱导的铜从 CuNPs 表面的释放；(b) 氯化处理对 NOM 性质和铜释放的影响

溶解态 NOM(占据总 TOC 的 94% 以上)对 CuNPs 释放铜的过程起到了重要的作用[88]。对于 BSA 和海藻酸钠实验组，悬浮态铜是溶解下总铜的主要组分。铜在颗粒物质上的吸附可降低其生物可利用性，从而降低其毒性。对于腐殖质类物质，溶解态铜是总铜的主要组成，超过 60% 的释放出的铜以 Cu^{2+}、溶解态无机络合物(如 $Cu(OH)_x^{2-x}$ 和 $CuHCO_3^+$)或溶解态有机络合物。腐殖质会诱导释放更多生物可利用铜,对生物体造成更大的毒性。

在研究的 5 种 NOM 中,腐殖质显示出较强的铜离子释放潜力,推测其原因主要有三点。第一,它具有较高的官能基团含量。根据 NICA-Donnan 模型预测,HA 的平均羧基和酚羟基量分别为 3.17 mol/kg 和 2.66 mol/kg[133],远大于 BSA 和海藻酸钠的位点浓度[134],较高的表面基团密度会增强 NOM 和 CuNPs 之间的络合,造成较多铜的溶解。第二,Sigma-HA 在颗粒表面的吸附能力最

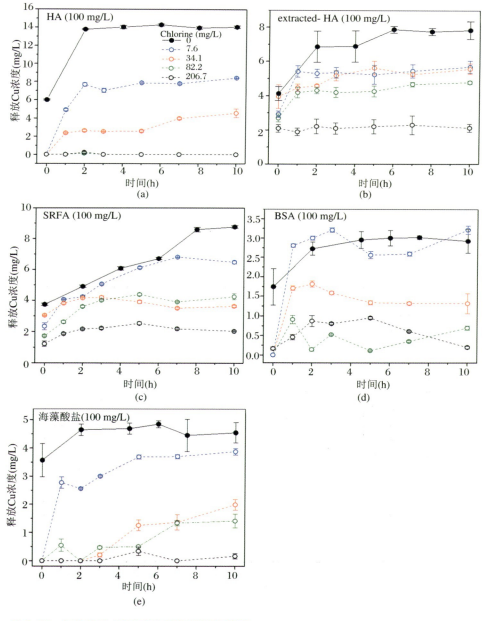

图 3.27 氯化处理 NOM 存在下铜的释放过程

强,促进其与颗粒间络合反应的发生。第三,Sigma-HA、extracted-HA 和 SRFA 具有较小的平均分子量,较小的分子量会促进腐殖质与 CuNPs 表面的接触作用,增强络合效果[135]。

氯化处理是饮用水消毒的重要手段,可以有效去除细菌、病毒,以保障供水安全。本研究考察了各 NOM 氯化处理后对铜离子释放过程的影响。图 3.27 显示氯化处理后的 NOM 随时间变化对 CuNPs 释放铜的影响。当不添加 NaClO 时,100 mg/L NOM 会促进铜的释放。在 NOM 氯化处理后,其对铜释放的促进作用减弱。这种释放能力的减弱可以用以下三点来解释。第一,氯化处理会破坏 NOM 的高分子结构,生成三卤甲烷等消毒副产物。在反应过程中,包括羧基、羟基和酚羟基在内的表面基团被大量破坏,NOM 的表面活性显著降低[136]。第二,氯气会降低 NOM 的疏水性,导致 NOM 不易吸附到 CuNPs 上(见图 3.27)。NOM 累积逐渐减少也在 Zeta 电位分析中得以验证(见图 3.28),随着氯的加入,NOM 所带负电有所减小。第三,氯气和 NOM 之间强氧化反应使溶液变得不稳定,CuNPs 聚集体不断分散,腐殖质类物质实验组分散程度尤为显著。这会削弱颗粒与 NOM 之间的结合与相互作用。因此,氯化处理最终降低了 CuNPs 和 NOM 间的络合强度,铜释放降低。例如,当 Cl_2 量从 7.6 mg/L 上升至 206.7 mg/L 时,经过 10 h 后,Sigma-HA 引起的铜释放量从 14.08 mg/L 降为 0。

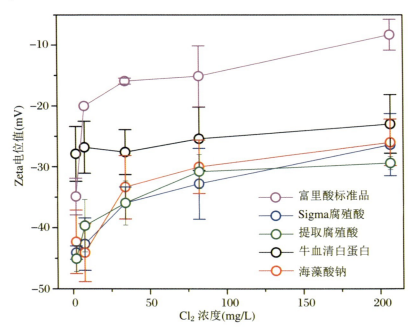

图 3.28 在 100 mg/L NOM 被 Cl_2 处理后 100 mg/L CuNPs 的 Zeta 电位值

颗粒和土壤中的 NOM 组分会影响铜浓度和形态。溶解态 HA 在多价阳离子存在下会发生凝聚。我们制备了不同凝聚状态下的 Sigma-HA 溶液[125]。随后向不同絮凝状态下的 HA 溶液中加入 CuNPs，测量 10 h 内铜的释放情况，如图 3.29 所示。当 $CaCl_2$ 从 2.5 mmol/L 增加到 4 mmol/L 时，溶解态 HA 占总量的比值从 88.8% 下降到 29.9%。然而，这些实验组中 10 h 释放的铜含量没有明显变化，与对照实验的比值仅仅从 98.5% 降低至 83.4%。这表明，由于 Ca^{2+} 的作用，凝聚后的 HA 依然能促进铜从 CuNPs 的释放。诸如 Mg^{2+} 和 Ca^{2+} 在内的二价阳离子可以与 HA 的官能位点结合，在邻近的 HA 胶体间形成桥连作用生成 HA 颗粒。而未结合的丰富的表面位点依然可以作为配体与 CuNPs 作用，从而促进铜的释放[132]。

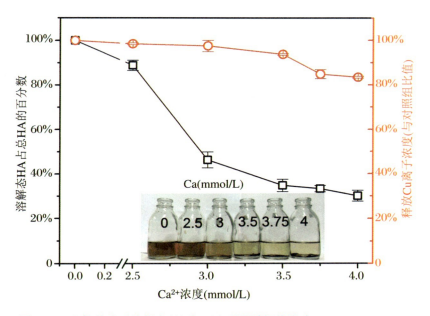

图 3.29　Ca^{2+} 浓度对溶解态 HA 和 10 h 后释放铜的影响

小结

EPS 中的蛋白质及腐殖质组分对铜离子有很强的结合能力；EPS 对铜离子的结合容量、结合常数及结合焓变分别为 5.74×10^2 mmol/g、2.18×10^5 L/mol 和 11.30 kJ/mol，这是一个典型的放热过程，在热力学上自发进行；结合铜离子后 EPS 结构的无序度增加，结构熵增是结合作用的主要驱动力；铜离子可能与 EPS 分子中羧基官能团的氧原子发生结合。

塑料附着生物膜 EPS 含有较多的非荧光蛋白组分，惰性卵石附着的周丛生物膜 EPS 含有较多的芳香组分和多糖组分。周丛生物膜 EPS 荧光基团,尤其是色氨酸蛋白类组分和芳香族蛋白类组分,与 Cu^{2+} 之间络合作用更显著;二维相关分析结果表明,在与重金属结合过程中,塑料附着生物膜 EPS 中的胺类和酚类的结合反应速度最快,周丛生物膜 EPS 中疏水性酰胺类和脂肪族基团结合强度高于亲水性羧基和多糖组分。

电解质价态和溶液 pH 显著影响 HA 的凝聚动力学。在较高 NaCl 浓度下,HA 胶体平均水动力学半径随时间推进呈指数型增加,凝聚行为属于扩散限制的胶体聚集过程;在 pH 为 7.1 条件下,NaCl 的凝聚值介于 61.3 mmol/L 到 84.8 mmol/L 之间;Mg^{2+} 能有效促进 HA 的絮凝,表现在更快的凝聚速率和更低的凝聚值,在不同 pH 条件下,凝聚速率从大到小依次为符合酸性>中性>碱性,凝聚值从大到小依次为碱性>中性>酸性;随着溶液由酸性变为碱性,HA 胶体由具有粗糙外围结构的球状聚集体转变为光滑球状结构。

NOM 提高了 CuNPs 聚集体的分散程度;铜离子从 CuNPs 的释放主要受 NOM 表面官能团与 CuNPs 络合反应的影响;NOM 对铜离子释放的作用由强到弱的顺序为 Sigma-HA>巢湖底泥 HA>国际腐殖质协会标准富里酸(FA)>牛血清蛋白>海藻酸钠;在所研究的 NOM 中,HA 有较强的铜离子释放能力,因为其官能团密度更高,所以易与纳米颗粒发生接触与配位作用;氯化处理会破坏 NOM 的官能团,影响其在纳米颗粒上的吸附,降低 NOM 对铜的溶解作用。

参考文献

[1] SHENG G P, YU H Q, LI X Y. Extracellular polymeric substances (EPS) of microbial aggregates in biological wastewater treatment systems: a review [J]. Biotechnol. Adv., 2010, 28:882-894.

[2] FULAZ S, VITALE S, QUINN L. Nanoparticle-biofilm interactions: the role of the EPS matrix[J]. Trends Microbiol., 2019, 27:915-926.

[3] WANG L, CHEN W, SONG X. Cultivation substrata differentiate the properties of river biofilm EPS and their binding of heavy metals: a spectroscopic insight[J]. Environ. Res., 2020, 182:109052.

[4] SALEHIZADEH H, SHOJAOSADATI S A. Removal of metal ions from aqueous solution by polysaccharide produced from bacillus firmus[J]. Water Res., 2003, 37:4231-4235.

[5] HE L M, NEU M P, VANDERBERG L A. Bacillus lichenformis gamma-glutamyl exopolymer: physicochemical characterization and U(Ⅵ) interac-

tion[J]. Environ. Sci. Technol., 2000, 34:1694-1701.

[6] GUIBAUD G, COMTE S, BORDAS F. Comparison of the complexation potential of extracellular polymeric substances(EPS), extracted from activated sludges and produced by pure bacteria strains, for cadmium, lead and nickel [J]. Chemosphere., 2005, 59:629-638.

[7] GUINE V, SPADINI L, SARRET G. Zinc sorption to three gram-negative bacteria: combined titration, modeling, and EXAFS study[J]. Environ. Sci. Technol., 2006, 40:1806-1813.

[8] D'ABZAC P, BORDAS F, VAN HULLEBUSCH E. Effects of extraction procedures on metal binding properties of extracellular polymeric substances (EPS) from anaerobic granular sludges[J]. Colloids Surf. B., 2010, 80: 161-168.

[9] ESPARZA-SOTO M, WESTERHOFF P K. Fluorescence spectroscopy and molecular weight distribution of extracellular polymers from full-scale activated sludge biomass[J]. Water Sci. Technol., 2001, 43:87-95.

[10] SHENG G P, YU H Q. Characterization of extracellular polymeric substances of aerobic and anaerobic sludge using three-dimensional excitation and emission matrix fluorescence spectroscopy[J]. Water Res., 2006, 40: 1233-1239.

[11] BAKER A. Fluorescence excitation-emission matrix characterization of some sewage-impacted rivers [J]. Environ. Sci. Technol., 2001, 35: 948-953.

[12] LU X Q, JAFFE R. Interaction between Hg(II) and natural dissolved organic matter: a fluorescence spectroscopy based study[J]. Water Res., 2001, 35:1793-1803.

[13] CHEN W, WESTERHOFF P, LEENHEER J A. Fluorescence excitation-emission matrix regional integration to quantify spectra for dissolved organic matter[J]. Environ. Sci. Technol., 2003, 37:5701-5710.

[14] PERRY T D, KLEPAC-CERAJ V, ZHANG X V. Binding of harvested bacterial exopolymers to the surface of calcite[J]. Environ. Sci. Technol., 2005, 39:8770-8775.

[15] TAN W F, KOOPAL L K, NORDE W. Interaction between humic acid and lysozyme, studied by dynamic light scattering and isothermal titration calorimetry[J]. Environ. Sci. Technol., 2009, 43:591-596.

[16] HU Z Q, JIN J, ABRUNA H D. Spatial distributions of copper in microbial biofilms by scanning electrochemical microscopy[J]. Environ. Sci. Technol., 2007, 41:936-941.

[17] OLSSON S, VAN SCHAIK J W J, GUSTAFSSON J P. Copper(Ⅱ) binding to dissolved organic matter fractions in municipal solid waste incinerator bottom ash leachate[J]. Environ. Sci. Technol., 2007, 41:4286-4291.

[18] WAWRZYNCZYK J, SZEWCZYK E, NORRLÖW O. Application of enzymes, sodium tripolyphosphate and cation exchange resin for the release of extracellular polymeric substances from sewage sludge: characterization of the extracted polysaccharides/glycoconjugates by a panel of lectins[J]. J. Biotechnol., 2007, 130:274-281.

[19] WANG S, REDMILE-GORDON M, MORTIMER M. Extraction of extracellular polymeric substances (EPS) from red soils (ultisols)[J]. Soil Biol. Biochem., 2019, 135:283-285.

[20] SHENG G P, ZHANG M L, YU H Q. Characterization of adsorption properties of extracellular polymeric substances (EPS) extracted from sludge [J]. Colloids Surf. B., 2008, 62:83-90.

[21] HALL G J, CLOW K E, KENNY J E. Estuarial fingerprinting through multidimensional fluorescence and multivariate analysis[J]. Environ. Sci. Technol., 2005, 39:7560-7567.

[22] RINNAN A, BOOKSH K S, BRO R. First order Rayleigh scatter as a separate component in the decomposition of fluorescence landscapes[J]. Anal. Chim. Acta., 2005, 537:349-358.

[23] MONTEIL-RIVERA F, DUMONCEAU J. Fluorescence spectrometry for quantitative characterization of cobalt(Ⅱ) complexation by leonardite humic acid[J]. Anal. Bioanal. Chem., 2002, 374:1105-1112.

[24] KUMKE M U, EIDNER S, KRUGER T. Fluorescence quenching and luminescence sensitization in complexes of Tb^{3+} and Eu^{3+} with humic substances[J]. Environ. Sci. Technol., 2005, 39d:9528-9533.

[25] KONINGSBERGER D C, PRINS R. X-ray absorption: principles, applications, techniques of EXAFS, SEXAFS and XANES[M]. Hoboken: Wiley-Interscience, 1988: 624.

[26] YIN K, WANG Q, LV M. Microorganism remediation strategies towards heavy metals[J]. Chem. Eng. J., 2019, 360:1553-1563.

[27] KHAN A Z, KHAN S, KHAN M A. Biochar reduced the uptake of toxic heavy metals and their associated health risk via rice (oryza sativa l.) grown in Cr-Mn mine contaminated soils[J]. Environ. Technol. Innov., 2020, 17: 100590.

[28] AQUINO S F, STUCKEY D C. Soluble microbial products formation in anaerobic chemostats in the presense of toxic compounds[J]. Water Res., 2004, 38:255-266.

[29] CHENG S. Heavy metal pollution in China: origin, pattern and control[J]. Environ. Sci. Pollut. Res., 2003, 10:192-198.

[30] GAETKE L M, CHOW C K. Copper toxicity, oxidative stress, and antioxidant nutrients[J]. Aquat. Toxicol., 2003, 189:147-163.

[31] JARUP L, AKESSON A. Current status of cadmium as an environmental health problem[J]. Toxicol. Appl. Pharmacol., 2009, 238:201-208.

[32] LYNCH N R, HOANG T C, O'BRIEN T E. Acute toxicity of binary-metal mixtures of copper, zinc, and nickel to pimephales promelas: evidence of more-than-additive effect [J]. Environ. Toxicol. Chem., 2016, 35: 446-457.

[33] BATTIN T J, KAPLAN L A, NEWBOLD J D. Contributions of microbial biofilms to ecosystem processes in stream mesocosms[J]. Nature, 2003, 426:439-442.

[34] BATTIN T J, BESEMER K, BENGTSSON M M. The ecology and biogeochemistry of stream biofilms[J]. Nat. Rev. Microbiol., 2016, 14:251-263.

[35] FLEMMING H-C, WINGENDER J. The biofilm matrix[J]. Nat. Rev. Microbiol., 2010, 8:623-633.

[36] YANG J, TANG C, WANG F. Co-contamination of Cu and Cd in paddy fields: using periphyton to entrap heavy metals[J]. J. Hazard. Mater., 2016, 304:150-158.

[37] GUO X P, YANG Y, LU D P. Biofilms as a sink for antibiotic resistance genes (ARGs) in the Yangtze Estuary[J]. Water Res., 2018, 129:277-286.

[38] WANG L F, LI Y, ZHANG P S. Sorption removal of phthalate esters and bisphenols to biofilms from urban river: from macroscopic to microcosmic investigation [J]. Water Res., 2019, 159:538-538.

[39] WRITER J H, RYAN J N, BARBER L B. Role of biofilms in sorptive removal of steroidal hormones and 4-nonylphenol compounds from streams

[J]. Environ. Sci. Technol., 2011, 45:7275-7283.

[40] FLEMMING H C, WINGENDER J, SZEWZYK U. Biofilms: an emergent form of bacterial life[J]. Nat. Rev. Microbiol., 2016, 14:563-575.

[41] WIMPENNY J, MANZ W, SZEWZYK U. Heterogeneity in biofilms[J]. FEMS Microbiol. Rev., 2000, 24:661-671.

[42] TANG J, ZHU N, ZHU Y. Responses of periphyton to Fe_2O_3 nanoparticles: a physiological and ecological basis for defending nanotoxicity[J]. Environ. Sci. Technol., 2017, 51:10797-10805.

[43] BLETTLER M C M, ABRIAL E, KHAN F R. Freshwater plastic pollution: recognizing research biases and identifying knowledge gaps[J]. Water Res., 2018, 143:416-424.

[44] LEBRETON L C M, VAN DER ZWET J, DAMSTEEG J W. River plastic emissions to the world's oceans[J]. Nat. Commun., 2017, 8: 15611.

[45] RUMMEL C D, JAHNKE A, GOROKHOVA E. Impacts of biofilm formation on the fate and potential effects of microplastic in the aquatic environment [J]. Environ. Sci. Technol. Let., 2017, 4:258-267.

[46] MUTHUKRISHNAN T, AL KHABURI M, ABED R M M. Fouling microbial communities on plastics compared with wood and steel: are they substrate or location specific [J]. Microb. Ecol., 2019, 78:361-374.

[47] KUNACHEVA C, STUCKEY D C. Analytical methods for soluble microbial products (SMP) and extracellular polymers (ECP) in wastewater treatment systems: a review[J]. Water Res., 2014, 61:1-18.

[48] WEN Y, LI H, XIAO J. Insights into complexation of dissolved organic matter and Al (Ⅲ) and nanominerals formation in soils under contrasting fertilizations using two-dimensional correlation spectroscopy and high resolution-transmission electron microscopy techniques[J]. Chemosphere., 2014, 111:441-449.

[49] YU H, QU F, ZHANG X. Development of correlation spectroscopy(COS) method for analyzing fluorescence excitation emission matrix(EEM): a case study of effluent organic matter (EfOM) ozonation[J]. Chemosphere., 2019, 228:35-43.

[50] HUANG M, LI Z W, HUANG B. Investigating binding characteristics of cadmium and copper to DOM derived from compost and rice straw using EEM-PARAFAC combined with two-dimensional FTIR correlation analyses

[J]. J. Hazard. Mater., 2018, 344:539-548.

[51] CHEN W, QIAN C, ZHOU K G. Molecular spectroscopic characterization of membrane fouling: a critical review[J]. Chem., 2018, 4:1492-1509.

[52] CHEN W, TENG C Y, QIAN C. Characterizing properties and environmental behaviors of dissolved organic matter using two-dimensional correlation spectroscopic analysis[J]. Environ. Sci. Technol., 2019, 53:4683-4694.

[53] COZAR A, ECHEVARRIA F, GONZALEZ-GORDILLO J I. Plastic debris in the open ocean[J]. Proc. Natl. Acad. Sci. U. S. A., 2014, 111:10239-10244.

[54] FROLUND B, PALMGREN R, KEIDING K. Extraction of extracellular polymers from activated sludge using a cation exchange resin[J]. Water Res., 1996, 30:1749-1758.

[55] BERKOVIC A M, EINSCHLAG F S G, GONZALEZ M C. Evaluation of the Hg^{2+} binding potential of fulvic acids from fluorescence excitation-emission matrices[J]. Photochem. Photobiol. Sci., 2013, 12:384-392.

[56] NODA I, OZAKI, Y. Two-dimensional correlation spectroscopy: applications in vibrational and optical spectroscopy [M]. Hoboken: John Wiley & Sons, 2004.

[57] PEURAVUORI J, PIHLAJA K. Molecular size distribution and spectroscopic properties of aquatic humic substances[J]. Anal. Chim. Acta., 1997, 337:133-149.

[58] HUGUET A, VACHER L, RELEXANS S. Properties of fluorescent dissolved organic matter in the Gironde Estuary[J]. Org. Geochem., 2009, 40:706-719.

[59] LARNED S T. A prospectus for periphyton: recent and future ecological research[J]. J. Nor. Am. Benthol. Soc., 2010, 29:182-206.

[60] CHEN W, HABIBUL N, LIU X Y. FTIR and synchronous fluorescence heterospectral two-dimensional correlation analyses on the binding characteristics of copper onto dissolved organic matter[J]. Environ. Sci. Technol., 2015, 49:2052-2058.

[61] WEI D, LI M, WANG X. Extracellular polymeric substances for Zn(Ⅱ) binding during its sorption process onto aerobic granular sludge[J]. J. Hazard. Mater., 2016, 301:407-415.

[62] TANG J, ZHUANG L, YU Z. Insight into complexation of Cu(Ⅱ) to

hyperthermophilic compost-derived humic acids by EEM-PARAFAC combined with heterospectral two dimensional correlation analyses[J]. Sci. Total Environ., 2019, 656: 29-38.

[63] XU J, SHENG G-P, MA Y. Roles of extracellular polymeric substances (EPS) in the migration and removal of sulfamethazine in activated sludge system[J]. Water Res., 2013, 47: 5298-5306.

[64] YUAN D H, GUO X J, WEN L. Detection of Copper(Ⅱ) and Cadmium (Ⅱ) binding to dissolved organic matter from macrophyte decomposition by fluorescence excitation-emission matrix spectra combined with parallel factor analysis[J]. Environ. Pollut., 2015, 204: 152-160.

[65] WU J, ZHANG H, YAO Q S. Toward understanding the role of individual fluorescent components in DOM-metal binding[J]. J. Hazard. Mater., 2012, 215: 294-301.

[66] CAI P, LIN D, PEACOCK C L. EPS adsorption to goethite: molecular level adsorption mechanisms using 2D correlation spectroscopy[J]. Chem. Geol., 2018, 494: 127-135.

[67] YU Z, LIU X, ZHAO M. Hyperthermophilic composting accelerates the humification process of sewage sludge: molecular characterization of dissolved organic matter using EEM-PARAFAC and two-dimensional correlation spectroscopy[J]. Bioresour. Technol., 2019, 274: 198-206.

[68] RESTREPO-FLOREZ J M, BASSI A, THOMPSON M R. Microbial degradation and deterioration of polyethylene: a review[J]. Int. Biodeterior. Biodegradation., 2014, 88: 83-90.

[69] MIAO L, WANG P, HOU J. Distinct community structure and microbial functions of biofilms colonizing microplastics[J]. Sci. Total Environ., 2019, 650: 2395-2402.

[70] XU H, PAN J, ZHANG H. Interactions of metal oxide nanoparticles with extracellular polymeric substances (EPS) of algal aggregates in an eutrophic ecosystem[J]. Ecol. Eng., 2016, 94: 464-470.

[71] LI Y, ZHANG P S, WANG L F Microstructure, bacterial community and metabolic prediction of multi-species biofilms following exposure to di-(2-ethylhexyl) phthalate (DEHP)[J]. Chemosphere., 2019, 237: 124382.

[72] STEVENSON F J. Humus chemistry: genesis, composition, reactions[M].

[73] Colbe P G. Characterization of marine and terrestrial DOM in seawater using excitation emission matrix spectroscopy[J]. Morine Chemistry, 1996, 51(4): 325-346.

[74] WERSHAW R L. Molecular aggregation of humic substances[J]. Soil Sci., 1999, 164:803-813.

[75] AVENA M J, WILKINSON K J. Disaggregation kinetics of a peat humic acid: mechanism and pH effects[J]. Environ. Sci. Technol., 2002, 36: 5100-5105.

[76] JONES M N, BRYAN N D. Colloidal properties of humic substances[J]. Adv. Colloid Interface Sci., 1998, 78:1-48.

[77] PINHEIRO J P, MOTA A M, DOLIVEIRA J M R. Dynamic properties of humic matter by dynamic light scattering and voltammetry[J]. Anal. Chim. Acta., 1996, 329:15-24.

[78] BAIGORRI R, FUENTES M, GONZALEZ-GAITANO G. Analysis of molecular aggregation in humic substances in solution[J]. Colloid Surfaces A., 2007, 302:301-306.

[79] REN S Z, TOMBACZ E, RICE J A. Dynamic light scattering from power-law polydisperse fractals: application of dynamic scaling to humic acid[J]. Phys. Rev. E., 1996, 53:2980-2983.

[80] CONTE P, PICCOLO A. Conformational arrangement of dissolved humic substances. Influence of solution composition on association of humic molecules[J]. Environ. Sci. Technol., 1999, 33:1682-1690.

[81] STUMM W M, Morgan J J. Aquatic chemistry-chemical equilibria and rates in natural waters [M]. New York: John Wiley & Sons, 1996.

[82] HONG S, ELIMELECH M. Chemical and physical aspects of natural organic matter(NOM) fouling of nanofiltration membranes[J]. J. Membr. Sci., 1997, 132:159-181.

[83] LEE S, ELIMELECH M. Relating organic fouling of reverse osmosis membranes to intermolecular adhesion forces[J]. Environ. Sci. Technol., 2006, 40:980-987.

[84] KANG K H, SHIN H S, PARK H. Characterization of humic substances present in landfill leachates with different landfill ages and its implications [J]. Water Res., 2002, 36:4023-4032.

[85] SMEJKALOVA D, PICCOLO A. Aggregation and disaggregation of humic supramolecular assemblies by NMR diffusion ordered spectroscopy (DOSY-NMR)[J]. Environ. Sci. Technol., 2008, 42:699-706.

[86] TERASHIMA M, FUKUSHIMA M, TANAKA S. Influence of pH on the surface activity of humic acid: micelle-like aggregate formation and interfacial adsorption[J]. Colloid Surfaces A., 2004, 247:77-83.

[87] CHU B. Laser light scattering[M]. New York: Academic Press, 1991.

[88] VERWEY E, OVERBEEK J, NES K V. Theory of the stability of lyophobic colloids: the interaction of sol particles having and electric double l layer[J]. 1948,51:631-636.

[89] LIN M Y, LINDSAY H M, WEITZ D A. Universality in colloid aggregation[J]. Nature., 1989, 339:360-362.

[90] WEITZ D A, HUANG J S, LIN M Y. Limits of the fractal dimension for irreversible kinetic aggregation of gold colloids[J]. Phys. Rev. Lett., 1987, 54:1416-1419.

[91] OMOIKE A, CHOROVER J. Spectroscopic study of extracellular polymeric substances from bacillus subtilis: aqueous chemistry and adsorption effects [J]. Biomacromolecules, 2004, 5:1219-1230.

[92] PALMER N E, VON WANDRUSZKA R. Dynamic light scattering measurements of particle size development in aqueous humic materials[J]. Fresenius J. Anal. Chem., 2001, 371:951-954.

[93] ZHANG W, CRITTENDEN J, LI K G. Attachment efficiency of nanoparticle aggregation in aqueous dispersions: modeling and experimental validation [J]. Environ. Sci. Technol., 2012, 46:7054-7062.

[94] CHEN K L, ELIMELECH M. Influence of humic acid on the aggregation kinetics of fullerene (C-60) nanoparticles in monovalent and divalent electrolyte solutions[J]. J. Colloid Interface Sci., 2007, 309:126-134.

[95] HUYNH K A, CHEN K L. Aggregation kinetics of citrate and polyvinylpyrrolidone coated silver nanoparticles in monovalent and divalent electrolyte solutions[J]. Environ. Sci. Technol., 2011, 45:5564-5571.

[96] MYNENI S C B, BROWN J T, MARTINEZ G A. Imaging of humic substance macromolecular structures in water and soils[J]. Science, 1999, 286: 1335-1337.

[97] SENESI N, RIZZI F R, DELLINO P. Fractal humic acids in aqueous suspensions at various concentrations, ionic strengths, and pH values[J]. Colloid Surfaces A., 1997, 127:57-68.

[98] DIMON P, SINHA S K, WEITZ D A. Structure of aggregated gold colloids [J]. Phys. Rev. Lett., 1986, 57(5):595.

[99] CHENG H, WU C, WINNIK M A. Kinetics of reversible aggregation of soft polymeric particles in dilute dispersion[J]. Macromolecules, 2004, 37: 5127-5129.

[100] FERNANDEZ-NIEVES A, FERNANDEZ-BARBERO A, VINCENT B. Reversible aggregation of soft particles[J]. Langmuir., 2001, 17: 1841-1846.

[101] MEAKIN P, JULLIEN R. The effects of restructuring on the geometry of clusters formed by diffusion-limited, ballistic, and reaction-limited cluster-cluster aggregation[J]. J. Chem. Phys., 1988, 89:246-250.

[102] ENGEBRETSON R R, VON WANDRUSZKA R. Kinetic aspects of cation enhanced aggregation in aqueous humic acids[J]. Environ. Sci. Technol., 1998, 3:488-493.

[103] SUTTON R, SPOSITO G. Molecular structure in soil humic substances: the new view[J]. Environ. Sci. Technol., 2005, 39:9009-9015.

[104] PICCOLO A. The supramolecular structure of humic substances[J]. Soil Sci., 2001, 166:810-832.

[105] ENGEBRETSON R R, AMOS T, VONWANDRUSZKA R. Quantitative approach to humic acid associations[J]. Environ. Sci. Technol., 1996, 30:990-997.

[106] WANG L L, WANG L F, REN X M. pH dependence of structure and surface properties of microbial EPS[J]. Environ. Sci. Technol., 2012, 46:737-744.

[107] TOMBACZ E, RICE J A, REN S Z. Fractal structure of polydisperse humic acid particles in solution studied by scattering methods[J]. Ach-Models Chem., 1997, 134:877-888.

[108] BAALOUSHA M, MOTELICA-HEINO M, LE COUSTUMER P. Conformation and size of humic substances: effects of major cation concentration and type, pH, salinity, and residence time[J]. Colloid Surfaces A., 2006, 272:48-55.

[109] TABERNA L, MITRA S, POIZOT P. High rate capabilities Fe_3O_4-based Cu nano-architectured electrodes for lithium-ion battery applications[J]. Nat. Mater., 2006, 5:567-573.

[110] MIDANDER K, CRONHOLM P, KARLSSON H L. Surface characteristics, copper Release, and toxicity of nano- and micrometer-sized copper and copper(II) oxide particles: a cross-disciplinary study[J]. Small., 2009, 5: 389-399.

[111] MUDUNKOTUWA I A, PETTIBONE J M, GRASSIAN V H. Environmental implications of nanoparticle aging in the processing and fate of copper-based nanomaterials[J]. Environ. Sci. Technol., 2012, 46: 7001-7010.

[112] HEINLAAN M, IVASK A, BLINOVA I. Toxicity of nanosized and bulk ZnO, CuO and TiO_2 to bacteria vibrio fischeri and crustaceans daphnia magna and thamnocephalus platyurus[J]. Chemosphere., 2008, 71: 1308-1316.

[113] GRIFFITT R J, WEIL R, HYNDMAN K A. Exposure to copper nanoparticles causes gill injury and acute lethality in zebrafish (Danio rerio)[J]. Environ. Sci. Technol., 2007, 41:8178-8186.

[114] CHEN Z, MENG H A, XING G M. Acute toxicological effects of copper nanoparticles in vivo[J]. Toxicol. Lett., 2006, 163:109-120.

[115] LOWRY G V, GREGORY K B, APTE S C. Guest comment: transformations of nanomaterials in the environment focus issue[J]. Environ. Sci. Technol., 2012, 46:6891-6892.

[116] AIKEN G R, HSU-KIM H, RYAN J N. Influence of dissolved organic matter on the environmental fate of metals, nanoparticles, and colloids [J]. Environ. Sci. Technol., 2011, 45:3196-3201.

[117] WANG Z Y, LI J, ZHAO J. Toxicity and internalization of CuO nanoparticles to prokaryotic alga microcystis aeruginosa as affected by dissolved organic Matter[J]. Environ. Sci. Technol., 2011, 45:6032-6040.

[118] ZHAO J, WANG Z Y, DAI Y H. Mitigation of CuO nanoparticle-induced bacterial membrane damage by dissolved organic matter[J]. Water Res., 2013, 47:4169-4178.

[119] REHRING J P, EDWARDS M. Copper corrosion in potable water systems: impacts of natural organic matter and water treatment processes

[J]. Corrosion., 1996, 52:307-317.

[120] BOULAY N, EDWARDS M. Role of temperature, chlorine, and organic matter in copper corrosion by-product release in soft water[J]. Water Res., 2001, 35:683-690.

[121] GAO Y, KORSHIN G. Effects of NOM properties on copper release from model solid phases[J]. Water Res., 2013, 47:4843-4852.

[122] TOWN R M, POWELL H. Ion-selective electrode potentiometric studies on the complexation of copper(II) by solid-derived humic and fulvic acids [J]. Anal. Chim. Acta., 1993, 279:221-233.

[123] HONG S K, ELIMELECH M. Chemical and physical aspects of natural organic matter (NOM) fouling of nanofiltration membranes[J]. J. Membr. Sci., 1997, 132:159-181.

[124] Standard methods for the examination of water and wastewater [J]. University of Exeter, 1985: 302-303.

[125] CHRISTL I, KRETZSCHMAR R. C-1s NEXAFS spectroscopy reveals chemical fractionation of humic acid by cation-induced coagulation[J]. Environ. Sci. Technol., 2007, 41:1915-1920.

[126] YANG K, LIN D H, XING B S. Interactions of humic acid with nanosized inorganic oxides[J]. Langmuir., 2009, 25:3571-3576.

[127] KITTLER S, GREULICH C, DIENDORF J. Toxicity of silver nanoparticles increases during storage because of slow dissolution under release of silver ions[J]. Chem. Mater., 2010, 22:4548-4554.

[128] CHEN K L, ELIMELECH M. Interaction of fullerene (C-60) nanoparticles with humic acid and alginate coated silica surfaces: measurements, mechanisms, and environmental implications[J]. Environ. Sci. Technol., 2008, 42:7607-7614.

[129] SALEH N B, PFEFFERLE L D, ELIMELECH M. Influence of biomacro-molecules and humic acid on the aggregation kinetics of single-walled carbon nanotubes[J]. Environ. Sci. Technol., 2010, 44:2412-2418.

[130] GU B, SCHMITT J, CHEN Zl. Adsorption and desorption of natural organic matter on iron oxide: mechanisms and models[J]. Environ. Sci. Technol., 1994, 28:38-46.

[131] EDWARDS M, SPRAGUE N. Organic matter and copper corrosion by-productrelease: a mechanistic study[J]. Corros Sci., 2001, 43:1-18.

[132] LU Y F, ALLEN H E. Characterization of copper complexation with natural dissolved organic matter(DOM) link to acidic moieties of DOM and competition by Ca and Mg[J]. Water Res., 2002, 36:5083-5101.

[133] MILNE C J, KINNIBURGH D G, TIPPING E. Generic NICA-Donnan model parameters for proton binding by humic substances[J]. Environ. Sci. Technol., 2001, 35:2049-2059.

[134] FOUREST E, VOLESKY B. Alginate properties and heavy metal biosorption by marine algae[J]. Appl. Biochem. Biotechnol., 1997, 67:215-226.

[135] ILLES E, TOMBACZ E. The effect of humic acid adsorption on pH-dependent surface charging and aggregation of magnetite nanoparticles[J]. J. Colloid Interface Sci., 2006, 295:115-123.

[136] SWIETLIK J, DABROWSKA A, RACZYK-STANISLAWIAK U. Reactivity of natural organic matter fractions with chlorine dioxide and ozone[J]. Water Res., 2004, 38:547-558.

第 4 章

天然大分子对典型有机污染物的结合作用

4.1
EPS 对典型有机污染物的结合

EPS 带有大量电荷、极性基团和疏水区域,为有机污染物提供了丰富的结合位点,其中涉及氢键、范德瓦耳斯力、静电相互作用和疏水相互作用等。EPS 与污染物之间多种相互作用同时存在,且其作用机制随外界条件变化也会改变。EPS 与有机物之间的结合机理具有相似性和差异性,找出这些差异的来源,从而调控 EPS 与有机污染物的作用过程,是提升 EPS 去除污染物效率的关键。

4.1.1
EPS 结合磺胺二甲基嘧啶

环境中的药物残留引起了人们的广泛关注,如抗生素类药物的残留会引发城镇污水处理厂及环境中的微生物产生抗性基因[1-3]。磺胺类抗生素是抗生素中重要的一大类,在全世界范围内被广泛使用[4-6]。然而,由于人们运用传统的活性污泥法难以有效去除它,各地城镇污水处理厂的出水中均有磺胺残留检出[7-9]。

EPS 是微生物产生的一类复杂的高分子聚合物基质,是活性污泥的重要组成部分[10-11]。EPS 中由于存在大量的疏水区域,能够吸附多种有机污染物(例如菲、苯及染料)[12-14]。EPS 通过疏水作用、氢键和静电作用与污染物形成复合物[15-17],从而影响其在污水处理厂中的迁移和去除,在微量有机污染物生物处理过程中可能起着重要作用。然而,目前的研究对于 EPS 在抗生素去除中的作用并未给予足够的关注,这主要是由于抗生素类污染物在废水中的浓度较低,人们对研究 EPS 与抗生素类药物之间的相互作用缺乏高灵敏的分析方法。

本章以磺胺二甲基嘧啶(Sulfamethazine,SMZ)这一在污水处理厂中被广泛检出的典型抗生素作为研究对象[18-19],探索多种高灵敏的分析方法,包括多种光谱分析技术、光散射技术及微量热技术等,研究活性污泥 EPS 与该磺胺类抗生素之间的相互作用特征,并通过密度泛函理论计算该相互作用的分子作用机制。该项研究结果将有助于深入理解抗生素在废水生物处理过程中的迁移和归趋情况。

EPS提取采用改进的热提方法[20]。将离心后的污泥首先重悬浮于0.05%的氯化钠溶液中，用60 ℃水浴30 min。然后将污泥混合液10000 r/min离心15 min。将上清液过0.45 μm的醋酸纤维膜后用于测定。将粗提的EPS使用5000 Da的超滤膜（Millipore Co.，美国）进行纯化，去除离子和小分子，然后冷冻干燥。将得到的粉末状EPS储存在干燥器中备用。

在结合实验进行之前，EPS和SMZ样品均使用50 mmol/L（pH=7.0）的磷酸盐缓冲液（Phosphate Buffered Saline，PBS）配制储备液。首先，在每个试管中加入5 mL的200 mg/L EPS溶液，然后加入不同体积的SMZ溶液，最后补充PBS，使总体积达到10 mL。使SMZ在试管中的浓度控制在0～89.8 μmol/L。使用混匀器混匀，平衡4 h后进行分析。

使用荧光分光光度计（LS-55，Perkin-Elmer Co.，美国）进行三维荧光激发发射光谱（EEM）扫描。激发波长从200 nm到400 nm（每隔10 nm激发），发射波长从300 nm到550 nm（每隔0.5 nm扫描）。双蒸水作为背景值扫描。具体操作见参考文献[21]。EEM数据分析采用平行因子分析（PARAFAC）。在分析前，原始荧光数据用背景值校正，在瑞利散射附近的数值设置为0。

同步荧光光谱采集采用同步扫描波长（从240 nm到300 nm），激发发射间隔波长60 nm。EPS的紫外吸收光谱从200 nm到800 nm，使用双光束分光光度计（UV-4500，Shimadzu Co.，日本）和1 cm比色皿。

圆二色光谱测定在圆二色光谱仪（JASCO Co.，日本）上进行，使用0.1 cm比色皿。加入了不同浓度SMZ的EPS光谱被记录下来，每个光谱从190 nm到240 nm扫描3次。

为了研究EPS结合SMZ的构型变化，本章采用光散射技术和凝聚渗透色谱技术对EPS的构型进行分析。光散射分析在ALV/DLS/SLS-5022F光谱仪上进行，配备多τ数字时间相关器（ALV Co.，德国）和一个圆柱形22 mW UNIPHASE He-Ne激光（λ_0 = 632.8 nm）作为光源。三个以50 mmol/L PBS（pH=7.0）配制的样品用于LLS测试，分别是EPS（500 mg/L）、EPS（500 mg/L）+250 mg/L SMZ和EPS（500 mg/L）+500 mg/L SMZ。每个样品过0.45 μm亲水PTFE（Millipore Co.，美国）过滤器除尘。测试温度恒定在(25.0±0.1) ℃。分别用动态光散射和静态光散射测定EPS胶体的物理参数，包括平均水力学半径（$\langle R_h \rangle$）、z-向均方旋转半径（$\langle R_g \rangle$）、表观平均分子量（$M_{w,app}$）和多分散性指数（PDI）。内部密度（C^*）由参数M_w和$\langle R_g \rangle$计算得到[22]。

采用凝胶渗透色谱GPC（Waters Co.，美国）分析EPS结合前后分子量分布的变化。凝胶柱加热至 40 ℃，去离子水作为洗提液，流速为 1.0 mL/min，信号检测在 25 ℃条件下进行，用 254 nm 波长条件下紫外检测器分析 EPS 中的蛋白分子量分布。

热力学分析在 ITC-200 微量热仪(MicroCal Co.，美国)上进行。所有溶液均用 PBS 缓冲液配制(pH＝7.0)。由于 EPS 与 SMZ 的结合过程放热量较小，为了在 ITC 测定时获得更好的量热信号，我们使用了高浓度的 EPS 溶液和 SMZ 溶液。SMZ 溶液和 EPS 溶液的浓度分别为 1 g/L 和 8.65 g/L。所有的溶液在滴定前真空脱气 15 min。实验中，工作池的体积为 199.3 μL，温度恒定在 25 ℃，搅拌速度为 1000 r/min。每次滴定实验前设定 60 s 热力学平衡时间，然后做 19 滴加入。SMZ 分别滴定 PBS 缓冲液和 EPS 溶液。SMZ 每次滴定 2 μL，滴定时长 4 s，每两滴间隔 240 s。ITC 实验数据处理方法见第 3 章相关内容。

利用第一性原理在 Material Studio 里的 Dmol 模块中计算了 SMZ 与色氨酸残基的相互作用。整个计算过程中明显考虑了分散相互作用对体系的稳定能和相互作用能贡献。广义梯度近似的 PW91 功能用来描述交换相关的影响。计算中使用的是数值机组与极化函数(DNP)。

液体核磁在 Bruker Avance 400 MHz 核磁共振光谱仪上进行，质子频率为 400.13 MHz，配备 5 mm 的 Bruck 反向宽频探头。所有光谱数据用 MestReNova 软件处理。SMZ(0.5 mg，Sigma-Aldrich)中加入 20 μL DMSO-D$_6$ 以保证其充分溶解，然后进一步溶解在 D$_2$O 中使其浓度达到 1 mg/mL。梯度质量的 EPS 固体分别溶解于 0.5 mL 的 SMZ 溶液中，浓度为 0~9.56 g/L，转移到核磁管中，平衡 4 h 进行分析。所有的核磁实验在(25.0±0.1)℃下进行，^{1}H-NMR 以溶剂化学位移定标，为 4.709 ppm。

EEM 荧光淬灭技术结合 PARAFAC 分析用于研究 EPS 与 SMZ 间的相互作用，研究发现 EPS 的荧光强度随 SMZ 浓度的增加迅速下降。由 PARAFAC 分析，EPS 的 EEM 光谱可以分解为两个部分(图 4.1(a)和(b))，荧光峰分别位于激发/发射波长(Ex/Em)：220 nm/342 nm 和 280 nm/342 nm 归属于蛋白类物质中的色氨酸残基；而 240 nm/450 nm 和 330 nm/450 nm 归属于腐殖类物质[23]。

荧光淬灭可以反映 EPS 本身结构或者荧光官能团构型的变化。引起淬灭的机制分为两种：静态淬灭和动态淬灭。前者指荧光团和淬灭剂生成了非荧光性的复合物，后者指激发态的荧光团和淬灭剂发生碰撞后引发了淬灭。用 Stern-Volmer 方程对荧光淬灭进行分析：

$$\frac{F_0}{F} = 1 + K_q \tau_0 [Q] = 1 + K_{SV}[Q] \quad (4.1)$$

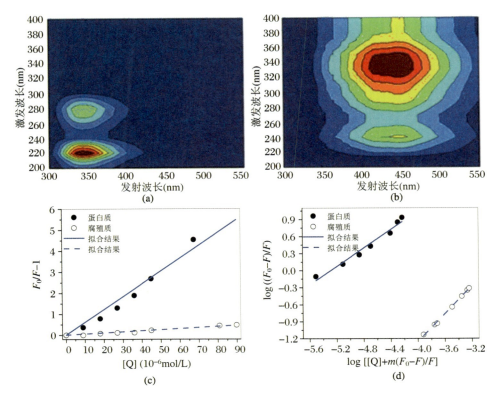

图 4.1 PARAFAC 分析得到的 EPS 的两种主要组分的 EEM 光谱:(a)蛋白质类物质；(b)腐殖质类物质(根据两组分荧光强度变化拟合的结果);(c)Stern-Volmer 方程;(d)改进的双倒数方程

其中,F_0 和 F 分别为 EPS 在加入 SMZ 前后的荧光强度;[Q]为 SMZ 浓度;K_q 为生物分子的淬灭速率常数;τ_0 为生物分子在没有淬灭剂存在时的平均分子寿命,其值为 10^{-8} s[24];K_{SV} 为 Stern-Volmer 淬灭常数。

根据 PARAFAC 分析获得的荧光淬灭数据进行线性拟合,蛋白质类和腐殖质类物质的淬灭速率常数 K_q 分别为 6.09×10^{12}($R^2=0.961$)和 5.14×10^{11}($R^2=0.960$) L/mol/s(见图 4.1(c))。这两个数值都远大于生物分子被各种淬灭剂淬灭的最大扩散碰撞淬灭速率常数 2.0×10^{10} L/mol/s[24],表明 SMZ 对 EPS 荧光淬灭的机制不是由碰撞淬灭引起的,而可能是形成了基态的复合物。

为进一步验证 EPS 的荧光被 SMZ 淬灭的机制,对 EPS、SMZ 及 EPS-SMZ 复合物的紫外可见吸收光谱进行测定。EPS-SMZ 复合物的吸收光谱与 EPS 和 SMZ 的叠加光谱并不重合,且随着 SMZ 浓度的增加它们间的差异愈发显著(见图 4.2)。根据前人的研究结果[25-26],如果由于分子间碰撞引起的荧光淬灭即动态淬灭,EPS 和 SMZ 的混合物吸收光谱与各自的叠加光谱相同。然而,在本研究中,EPS-SMZ 复合物的形成导致了吸收光谱发生改变。这说明 EPS 的荧光淬灭主要由 SMZ 的静态淬灭引起。

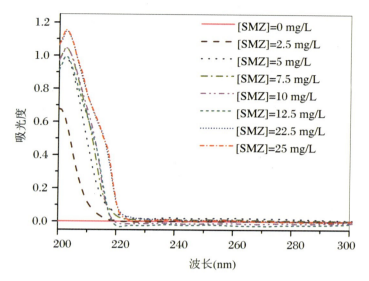

图 4.2　不同浓度 SMZ 与 EPS 的叠加与 EPS-SMZ 复合物的差谱

基于静态淬灭的机理，假定 EPS 中的结合位点是相互独立的，表观结合常数和结合位点数可以根据改进的双倒数方程获得[27]

$$\log \frac{F_0 - F}{F} = n\log K_b + n\log\left([Q] + m\frac{F_0 - F}{F_0}\right) \quad (4.2)$$

$$\left.\frac{d[Q]}{d\left(\frac{F}{F_0}\right)}\right|_{\frac{F}{F_0}=1} = -n[EPS] = m \quad (4.3)$$

其中，K_b 为结合常数；n 为结合位点数；[EPS] 为 EPS 的浓度。

如图 4.1(d) 所示，蛋白质类和腐殖质类物质的 n 值分别为 0.81 和 1.22，结合常数分别为 1.91×10^5（$R^2 = 0.971$）和 9.33×10^2（$R^2 = 0.989$）L/mol。EPS 中蛋白质类物质结合 SMZ 的强度高于腐殖质类物质 2 个数量级。此外，本研究中活性污泥 EPS 中蛋白质类物质的含量大约是腐殖质的 3 倍。基于较高的结合强度和较多的含量，EPS 中的蛋白质类物质可能主导了其与 SMZ 间的相互作用。

我们用同步荵光研究 EPS 结合 SMZ 的构型变化。基于 EPS 的荵光特性，当激发发射扫描间隔设定在 60 nm 时，同步荵光光谱可以反映出蛋白质中色氨酸残基的特性[28]。当 SMZ 的浓度增加时，荵光强度随之降低，同时同步荵光光谱峰位红移 10 nm（见图 4.3），表明色氨酸残基周围环境的极性变强[28]。由于 SMZ 进入了蛋白质中色氨酸残基位于的疏水区域，肽链伸展，使色氨酸暴露在水溶液中，色氨酸残基处于相对亲水的微环境中，导致了同步荵光峰位红移[27]。这一结果表明蛋白质中的色氨酸残基可能参与 EPS 与 SMZ 的相互作用。

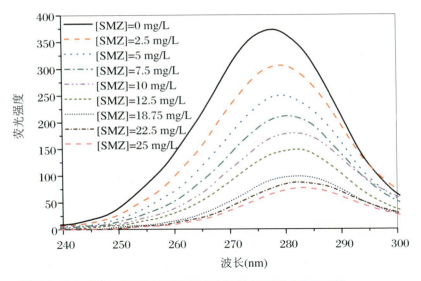

图 4.3　$\Delta\lambda = 60$ nm 时加入不同浓度 SMZ 的 EPS 同步荧光光谱

图 4.4 为 EPS 中加入不同浓度 SMZ 的圆二色光谱,其峰位发生了明显的移动。由于加入的 SMZ 为非手性分子,不具有圆二色信号,所以该结果表明 SMZ 的加入引起了 EPS 中蛋白质二级结构的变化。这一结果与同步荧光光谱的变化结果是一致的。由于 SMZ 的侵入,肽链的伸展程度发生了变化,引起蛋白质二级结构的改变,从而表现为圆二色光谱的改变。

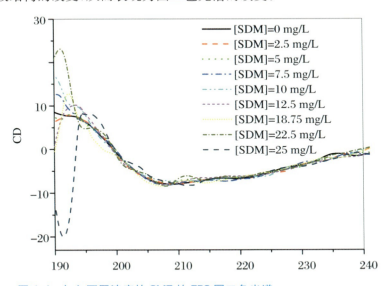

图 4.4　加入不同浓度的 SMZ 的 EPS 圆二色光谱

光散射分析能给出溶液中 EPS 构型的有效信息,表 4.1 中给出了 EPS 结合了 SMZ 后构型的改变信息。z-轴均方旋转半径$\langle R_g \rangle$为一个几何学的定义,而水力学半径$\langle R_h \rangle$则表征了粒子排开周围溶剂的程度。当 EPS 结合 SMZ 后,$\langle R_g \rangle$值和$\langle R_h \rangle$值都增加了,这表明 EPS 分子链舒张,体积膨胀。此外,$\langle R_g \rangle$值

和 $\langle R_h \rangle$ 值的差别影响小分子与 EPS 分子链作用的几率,影响传质过程和污染物的俘获效率[22]。加入 SMZ 后,$\langle R_g \rangle$ 值大于 $\langle R_h \rangle$ 值,表明微生物能够通过伸展 EPS 链获得更多的污染物。C^* 值反映了 EPS 的内部密度。结合发生后,C^* 值减小,表明整个 EPS 的结构更加疏松。这进一步证明由于肽链伸展引起的蛋白二级结构的改变,使得 EPS 构型更为疏松。

表 4.1　EPS 及 EPS-SMZ 复合物的 LLS 测定结果

样本	$M_{w,app}$ (10^6 g/mol)	$\langle R_g \rangle$ (nm)	$\langle R_h \rangle$ (nm)	PDI	C^* (g/L)
EPS 500 mg/L	2.26	93.62	103.31	0.0586	1.09
EPS 500 mg/L + SMZ 250 mg/L	2.58	100.93	103.92	0.115	1.00
EPS 500 mg/L + SMZ 500 mg/L	3.35	127.22	125.84	0.226	0.65

GPC 图谱进一步展示了 EPS 在结合了 SMZ 后的构型变化(见图 4.5)。由于多糖和腐殖质的紫外吸收非常弱,GPC-紫外检测器主要给出蛋白质组分的信息。由于 EPS 是一类复杂的高分子聚合物,其 GPC 谱峰有重叠现象,在做峰位比较分析前,我们用分峰的方法将 EPS 谱图分解为 5 个正态分布谱图的叠加。对比谱图,我们可以发现组分 1、组分 4、组分 5 在结合前后峰位未发生显著变化;而组分 2 有显著的出峰时间前移,峰宽变窄,表明该部分尺寸有所增加,与 LLS 测定中 EPS 体积膨胀结果一致。

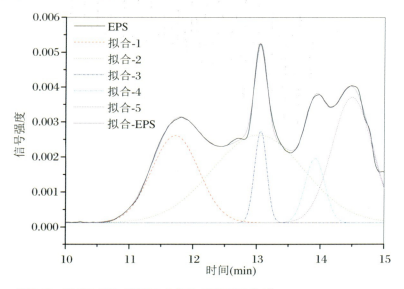

图 4.5　EPS 和 EPS-SMZ 复合物的 GPC 测定结果

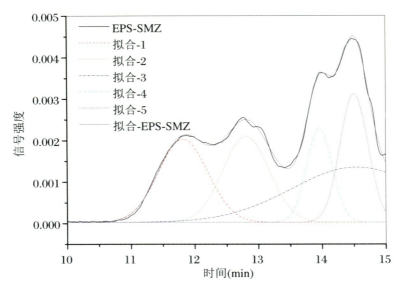

续图 4.5　EPS 和 EPS-SMZ 复合物的 GPC 测定结果

ITC 的结果能够反映 EPS 结合 SMZ 的热力学特性和相应的驱动力。由于背景的稀释热量已经被扣除,整个反应过程释放出的热量主要由结合作用引起,相关的热力学参数通过热量和 SMZ 投加量非线性拟合获得。如图 4.6 所示,EPS 和 SMZ 的结合容量 N、结合常数 K 和结合焓变 ΔH 分别为 4.83×10^{-2} mmol/g、1.07×10^{5} L/mol 和 -8.29 kJ/mol。

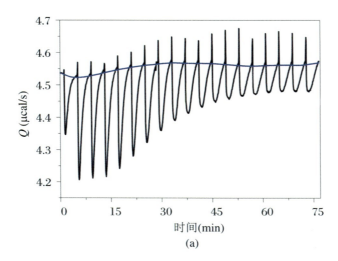

图 4.6　EPS 结合 SMZ:(a) 原始放热图谱;(b) 非线性拟合结果

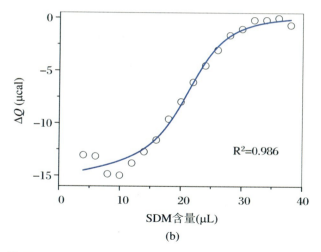

续图 4.6 EPS 结合 SMZ：(a) 原始放热图谱；(b) 非线性拟合结果

通过方程 $\Delta G = -RT\ln K$ 获得吉布斯自由能变为 -28.70 kJ/mol，这表明结合反应在热力学上是有利的，可以形成稳定的 EPS-SMZ 复合物。如果焓变为负，则表明结合为放热过程。根据 $\Delta S = (\Delta H - \Delta G)/T$，可计算出结合熵变为 68.50 kJ/mol。这一结果表明 EPS 结合了 SMZ 后，体系的无序度提高了。Ross 和 Subramanian[29] 提出了蛋白质亲和过程的概念模型，包括两个步骤：疏水层的互相渗透导致溶剂无序度增加，此后发生短程的相互作用。整个反应中，负的吉布斯自由能变主要由第一个步骤正熵变和第二个步骤负焓变贡献。由于 $|\Delta H|<|T\Delta S|$，EPS 结合 SMZ 这一过程主要由熵变引起，即第一步的疏水作用是反应的主要驱动力。而第二步中，低介电大分子内部氢键强化和范德瓦耳斯力引发负的 ΔH 和 ΔS。SMZ 中包含两个可离子化的官能团，苯胺基($pK_a = 2.30$)部分和酰胺基($pK_a = 7.40$)部分[5]，试验中 pH 控制在 7.0，SMZ 以阴离子态和中性形态为主。阴离子态的 SMZ 与带负电荷的 EPS 间的静电排斥引发负值焓变，而疏水性相互作用是反应进行的主要驱动力。

本章所有密度泛函理论的计算中，规定收敛能为 10^{-5} eV。相互作用能的定义为 $E_{int} = E_{SMZ\text{-}Try} - (E_{SMZ} + E_{Try})$。在对 SMZ 和色氨酸残基的不同作用位点进行了分别计算后，图 4.7 模拟出了 SMZ 与 EPS 中色氨酸残基最有可能的结合模式，此时系统能量最低，SMZ 中的苯环与色氨酸残基中的苯环有明显的 π-π 堆叠。

为了验证计算结果，我们将计算获得的 SMZ 在结合前后的电子云密度变化(见图 4.8)与核磁滴定氢谱结果(见图 4.9)进行比较。由于氨基和磺酸基上的氢为活泼氢，当用重水做溶剂时，氢谱上不出峰。实验结果显示，化学位移变化为 H2>H1>H3>H4。这与计算结果当中的电子云密度变化导致的化学位移变化顺序一致，表明该计算结果是可靠的，SMZ 中的苯环结构与 EPS 发生了明显的 π-π 相互作用。

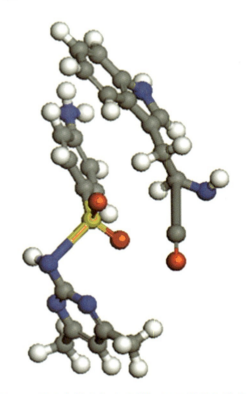

图 4.7　EPS 中的色氨酸残基与 SMZ 的结合模式

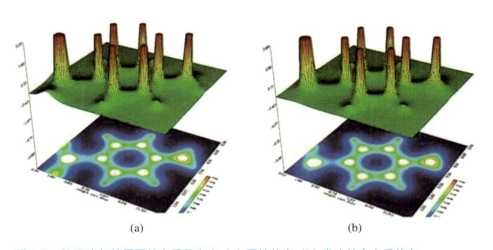

图 4.8　SMZ 中氢核周围的电子云密度：(a) 原始状态；(b) 发生结合之后状态

我们利用多种分析技术研究了活性污泥过程中 EPS 与磺胺类抗生素 SMZ 的相互作用机制。结果表明，EPS 主要通过蛋白质组分的疏水作用结合 SMZ，

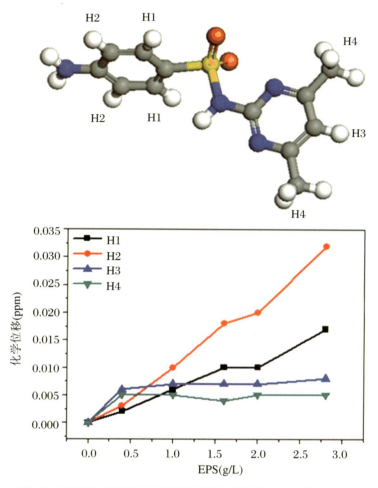

图 4.9 SMZ 与 EPS 发生相互作用后的氢核化学位移变化

其相对较高的结合常数表明水相中的 SMZ 能够被活性污泥分泌的 EPS 有效富集起来。发生结合后，EPS 蛋白质组分二级结构发生显著变化，肽链伸展导致结构膨胀，变得更加疏松，这有利于传质和污染物的俘获。同时，SMZ 中的苯环结构与 EPS 发生了明显的 π-π 相互作用。

4.1.2
EPS 结合磺胺甲恶唑

磺胺类药物(Sulfonamides,SA)广泛用于治疗各种人类和动物疾病[30],由于体内 SA 代谢不完全,30%～90%的 SA 残留物被排泄并释放到废水中。由于其固有的抗生素特性,SA 难以被生物降解[31-32],并且可能会有引发抗生素抗性基因出现的高风险。研究表明,活性污泥 EPS 对 SA 的结合能力影响废水生物处理过程中 SA 的传质和迁移[32-33]。研究主要从两个方面探究了 EPS 与 SA 之间的结合相互作用,即结合亲和力和热力学机制。然而,由于缺乏合适的研究方法,结合的动力学过程一直未能被探究。

生物传感器的发展为探测分子间相互作用提供了有效的工具。生物膜干涉技术(Bio-Layer Interferometry,BLI)是一种快速、无标记且实时的光学传感技术,近年来被开发用于研究分子间的相互作用。BLI 研究过程中,配体会首先被固定在光纤生物传感器的光学层上,当分析物与配体相互作用形成一个整合的分子层时,光学层和内部参考层之间的反射光束的干涉光谱会发生波长位移。BLI 实时监测该波长位移,以反映结合相互作用的动力学过程。BLI 已被应用于生物学领域,如抗原-抗体结合、药物设计筛选等。BLI 可以同时实施多通道操作,大大缩短了实验时间。因此,该方法也可用于表征 SA 与污泥 EPS 的结合动力学。

在本研究中,磺胺甲恶唑(3-对氨基苯磺酰胺基-5-甲基恶唑,Sulfamethoxazole,SMX)这一在环境中广泛检测到的典型 SA 被选为目标污染物,建立了 BLI 方法以探测 SMX 和污泥 EPS 之间的结合相互作用的动力学,同时评估了环境因素(包括 pH、离子强度和温度)对结合相互作用的影响。本方法可以准确、快速地确定 SMX 与污泥 EPS 结合的动力学参数,阐明环境条件对结合过程的影响作用。本研究中建立的 BLI 方法为探测复杂环境样品之间结合相互作用提供了一种的新的方式。

本实验所用试剂与耗材有:黑色 96 孔板、胺反应第二代传感器(Amine Reactive 2nd Generation,AR2G)、1-(3-二甲氨基丙基)-3-乙基碳二亚胺盐酸盐(EDC)、N-羟基硫代琥珀酰亚胺(sulfo-NHS,sNHS)和乙醇胺(ETA),上述试剂与耗材均采购自 ForteBio 公司(美国)。SMX 单克隆抗体购自 Aviva 公司(美国),SMX 购自 Sigma-Aldrich 试剂公司(美国)。其他试剂均来自国药集团化学试剂有限公司,纯度为分析纯。所有试剂均使用超纯水配制。

本章所使用的分子相互作用分析仪为 FortBio Octet Red 96,来自 FortBio 公司(美国)。

SMX 在 AR2G 传感器上的固定:AR2G 传感器的光学层表面覆盖有高密度羧基(—COOH)[34]。通过 EDC/sNHS 活化方法将 SMX 的伯胺基团(—NH$_2$)与 AR2G 的—COOH 进行共价偶联,从而将 SMX 固定在 AR2G 生物传感器上[35-36]。

偶联过程的示意图如图 4.10(a)所示。在偶联序之前,将生物传感器浸入超纯水中 15 min,以去除传感器表面的蔗糖保护层。然后,仪器将自动移动传感器至第 1 列孔(50 mmol/L 磷酸盐缓冲溶液,PBS)中水合 180 s,以平衡基线。随后,传感器被浸入第 2 列孔(100 mmol/L EDC 和 50 mmol/L sNHS 的混合物)

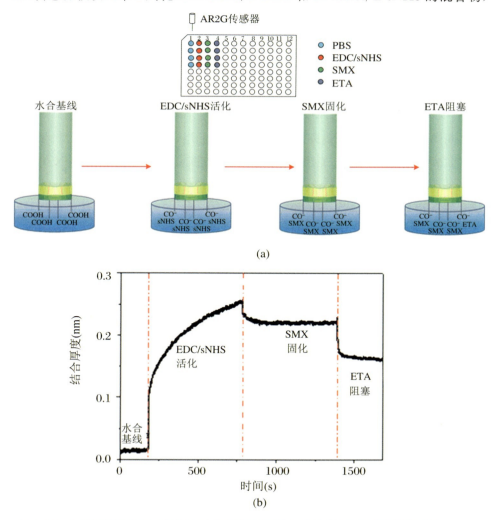

图 4.10 (a)固定 SMX 于 AR2G 生物传感器的过程示意图;(b)实时传感器信号图

中 600 s，以活化—COOH。接着，生物传感器进入第 3 列孔（SMX 溶液，600 mg/L，溶解于 50 mmol/L PBS 中，pH 为 5.0）中孵育 600 s，以充分偶联 SMX。最后，将生物传感器浸入第 4 列孔中（ETA 溶液，1 mol/L，pH 为 8.5），以封闭剩余的未偶联的—COOH。

为了确认 SMX 在 AR2G 生物传感器上的偶联有效性，采用衰减全反射红外光谱（ATR-IR）（Nicolet iS5，Thermo Co.，美国）来检测在 AR2G 生物传感器上固定的 SMX 的 S=O 和 C=N 官能团。通过比较未处理的 AR2G 生物传感器和未经 ETA 闭合的 SMX 固定生物传感器的 ATR-IR 光谱，可以明显识别官能团的改变。

BLI 分析：SMX 与 EPS 结合的动力学分析在 BLI 配套 Octet-96 平台上进行。首先，将固定了 SMX 的生物传感器在 PBS 溶液中平衡 3 min。然后，将生物传感器浸入 EPS 的孔中，EPS 的梯度浓度为 6～12 g/L，该过程持续 7 min，以使 EPS 与固定在生物传感器上的 SMX 充分结合。随后，将生物传感器返回 PBS 孔中解离 3 min。最后，使用 2 mmol/L 的 NaOH 溶液对传感器进行再生，在 NaOH 溶液中浸泡 10 min，以除去结合的 EPS。每个动力学测量实验重复三次循环，以确保其重现性和可靠性。为了校正背景偏移，设置一组参比传感器。该传感器同样固定 SMX 于表面，并浸入 PBS 作为参照组，其他程序与 EPS 分析相同。

实验分别在 30 ℃、35 ℃ 和 40 ℃ 下进行，以探究温度对 EPS 和 SMX 的结合动力学的影响。并使用不同 pH（3、5、7 和 9）、离子强度（50 mmol/L、250 mmol/L、500 mmol/L 和 1000 mmol/L）的 PBS 制备 EPS 溶液，以评价溶液环境条件对结合动力学的影响。

在实验之前，首先，进行了 SMX 抗原-抗体测试，以验证 SMX 已固定在 AR2G 生物传感器上。将原始抗 SMX 溶液（1 mg/L）用 50 mmol/L PBS（pH 为 7）以 1∶2、1∶5 和 1∶10 的比例稀释。另外，将 1∶2 稀释的抗 SMX 溶液与 200 mg/L SMX 预先混合，作为淬灭参照组。

结合层厚度（nm）作为实时监测的 BLI 信号，其数据使用 Data Analysis 7.0（ForteBio Co.，Menlo Park，CA）进行分析。在扣除参照组生物传感器的信号后，将信号曲线与 y 轴对齐，然后通过 Savitzky-Golay 过滤处理数据，以进行模型拟合。拟合基于 1∶1 分子结合模型。拟合结果包括解离速率常数（k_d）和结合速率常数（k_a）。

对于解离阶段，其拟合公式为

$$R_t = R_0 e^{-k_d(t-t_b)} \tag{4.4}$$

其中，R_t 是时间 t 时的 BLI 信号；R_0 是解离阶段的初始信号；t_b 是解离阶段的开始时间。

对于结合阶段，其拟合公式为

$$R_t = R_{eq}[1 - e^{-(k_a[A]+k_d)(t-t_a)}] \quad (4.5)$$

式中，R_{eq} 是结合阶段在无限长时间后的平衡信号强度；[A] 是 EPS 的表观摩尔浓度；t_a 是结合阶段的开始时间。

结合亲和力（K_A），可以计算：

$$K_A = k_a/k_d \quad (4.6)$$

鉴于 k_a、k_d 和 K_A 均与 EPS 浓度无关，因此这些参数的最终结果以梯度浓度 EPS 的曲线测定的平均值表示。

本研究中使用的 EPS 主要由蛋白质和多糖组成，具有 865 kDa 的平均分子量（见表 4.2）。EEM 荧光光谱也证实了 EPS 中存在蛋白质和 HA 成分（见图 4.11）。

表 4.2　EPS 的化学组分

	多糖 （mg/g）	蛋白质 （mg/g）	腐殖质 （mg/g）	TOC （mg C/g）	M_w （kDa）
EPS	178.34±20.73	341.85±16.12	57.29±6.31	233.74±1.84	865

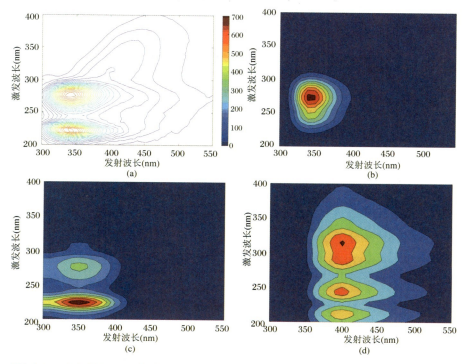

图 4.11　(a) EPS-SMX 复合物的 EEM 荧光光谱，PARAFAC 分析所得各单组分 EEM 图谱：(b) SMX；(c) EPS 中蛋白质类物质；(d) EPS 中 HA 类物质

EPS 中的主要官能团如图 4.12 所示，3420 cm^{-1} 处的峰对应于 O—H 伸缩振动，2950 cm^{-1} 处的峰值由甲基中的 C—H 伸缩引起[37]。2360 cm^{-1} 处附近的两个小峰与亚硫酸盐中的 O—H 伸缩振动有关[37]。1640 cm^{-1} 处的峰主要由蛋白质类物质中 C=O 和 C=C 伸缩振动引起[38]。靠近 1400 cm^{-1} 处的峰，被认为是来自—COO—官能团中的 C=O 的对称伸缩振动[39]。1540 cm^{-1} 处附近的峰与蛋白质中的 N—H 弯曲振动有关[40]。1075 cm^{-1} 处和 671 cm^{-1} 处附近的小峰与多糖中 C—O—C 和—CH—的伸缩振动相关[41]。

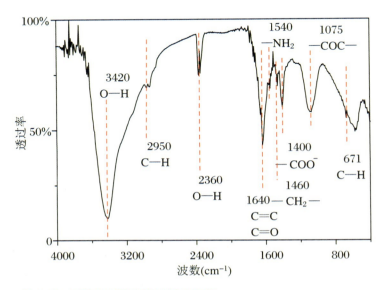

图 4.12　EPS 的傅里叶变换红外光谱

BLI 方法的可靠性评价：在 AR2G 生物传感器上固定 SMX 的实时信号如图 4.10(b)所示。信号在 PBS 中的水合阶段基本保持恒定。随着 EDC/sNHS 活化混合液在生物传感器上激活—COOH，信号开始迅速上升。然而，在 SMX 固定阶段和 ETA 闭合阶段，信号均呈现下降的趋势。其原因如图 4.13 所示，AR2G 传感器上的—COOH 被活化后形成活泼酯，SMX 或 ETA 末端的伯氨（—NH$_2$）能够与其发生酰胺缩合反应。该过程将取代 sNHS 结构，从而形成酰胺键。由于 SMX 分子量与 sNHS 近似，故在偶联 SMX 阶段呈现略微下降的趋势，而 ETA 较 sNHS 分子量小，因此 ETA 闭合阶段则呈现大幅下降趋势。

SMX 固定前后 AR2G 生物传感器的 ATR-IR 光谱如图 4.14 所示。两个样品中出现 990 cm^{-1} 处显著峰，这归因于生物传感器中主要的光纤的化学组分 SiO$_2$ 中的 Si—O 伸缩振动[42]。红外光谱中新出现的部分峰位表明 SMX 已固定于 AR2G 传感器上。在 1260 cm^{-1} 处和 1120 cm^{-1} 处的峰对应于 SMX 中的不对称和对称 S=O 伸缩振动[43-44]。位于 2930 cm^{-1} 处的较微弱的峰源自 SMX

中的—CH_3的伸缩振动[43]。在1370 cm^{-1}处的峰是由SMX中异恶唑的C=N伸展引起[43]。3300 cm^{-1}处附近的较宽的峰对应于N—H伸展[45]。酰胺Ⅰ带(C=O伸展,1650 cm^{-1})和酰胺Ⅱ带峰(N—H弯曲,1540 cm^{-1})可以证明SMX已通过形成稳定的酰胺键的方式被固定在AR2G传感器上[46]。

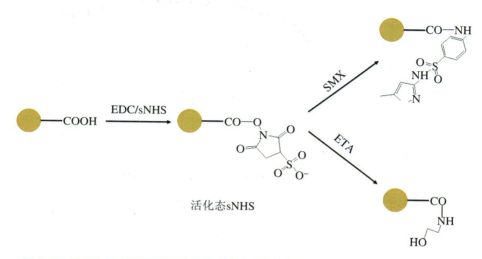

图4.13　EDC/sNHS活化羧基并偶联SMX形成酰胺键过程示意图

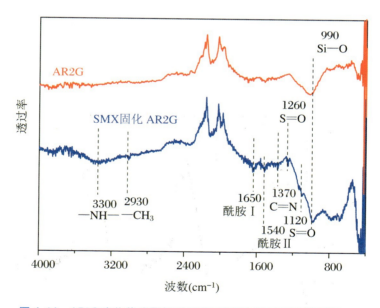

图4.14　AR2G生物传感器偶联SMX前后的ATR-IR图谱对比

SMX抗原-抗体相互作用同样可以证实SMX在生物传感器上的固定(见图4.15)。由图4.15可知,SMX抗体与固定在传感器表面的SMX发生特异性结合,产生了信号,且随着SMX抗体浓度的降低,BLI信号也相应地降低。其中,将0.5 mg/L抗SMX抗体与200 mg/L SMX预先混合,由于SMX抗体的结合位点已被加入的 SMX 占据；因此，在结合实验中，固定在 AR2G 传感器上的 SMX 无法与其结合，BLI 信号几乎被淬灭至基线（小于 0.02 nm）。

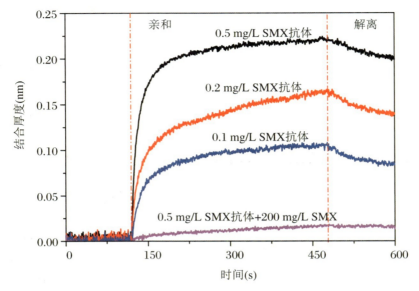

图 4.15　SMX 抗原-抗体检测实时传感信号图（pH=7，离子强度为 50 mmol/L，T=30 ℃）

为了评估传感器的稳定性和重复性，每次实验过后，该传感器均用 2 mmol/L NaOH 溶液再生 10 min 以洗脱结合的 EPS。同时，进行循环重复实验以证明 BLI 方法所得结果的可靠性。图 4.16 显示了梯度浓度的 EPS 与 SMX 之间三个连续循环的结合实验的传感图。由曲线可以看出，重复性较好，其最高响应值

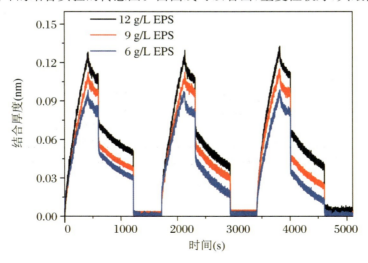

图 4.16　三个循环实验中 SMX 固化生物传感器与 EPS 结合的实时传感信号图

较为稳定,即(0.13±0.0023) nm(12 g/L EPS)、(0.11±0.0011) nm(9 g/L EPS)和(0.093±0.0026) nm(6 g/L EPS)。该结果表明,2 mmol/L NaOH 溶液能够有效地除去结合的 EPS 而不破坏固定在生物传感器上的 SMX。结合实验的良好重现性也表明 BLI 方法可以有效地探测 EPS 和 SMX 之间的结合相互作用。其余环境条件实验的可重复性可由三次平衡信号的平均值及标准偏差来说明,如图 4.17 所示。

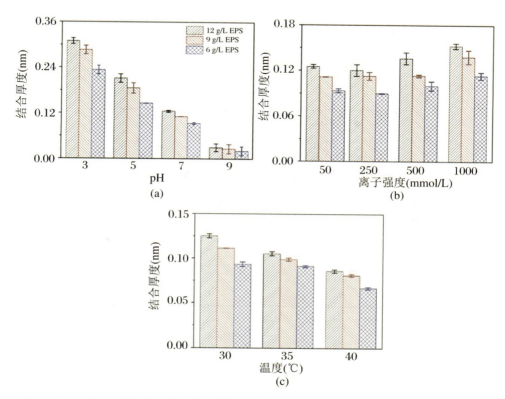

图 4.17 不同环境条件下三次循环实验的平均 R_{eq}:(a) 不同 pH 条件下;(b) 不同离子强度条件下;(c) 不同温度条件下

由于本方法是为了解决 EPS 和 SMX 之间相互作用的动力学参数方法缺乏的问题而设置的,因此很难找到其他方法来验证 BLI 动力学参数的准确性。但是,BLI 所得动力学参数 k_a/k_d 的值(K_A)则可通过与传统的 EEM 荧光光谱法的结果进行比较来验证。如 PARAFAC 分析结果所示(见图 4.11),从原始光谱中可分离出三种成分,即 SMX、蛋白质类物质和 HA 类物质。SMX 可以显著淬灭蛋白质的荧光,而 HA 的荧光几乎保持不变。这种现象与先前的研究一致,即 EPS 中的蛋白质对疏水性污染物的亲和力远远大于 EPS 中的 HA[32]对疏水性污染物的亲和力(超过 3 个数量级)。图 4.18 为 SMX 与 EPS 中蛋白类物质结合常数的拟合结果。通过改进的双对数方程拟合的 K 为 2.09×10^5($\log K =$

5.32),其与 pH=7 的 BLI 的 K_A 非常接近,如表 4.3 所示。尽管 EPS 的成分较为复杂,但该拟合 K 值仍可代表 EPS 与 SMX 之间的结合亲和力。如表 4.2 所示,蛋白质、HA 和多糖在 EPS 中占多数。相关研究表明,EPS 的亲水性主要取决于多糖,疏水性主要由蛋白质决定[47],而之前的研究也表明 EPS 与 SAs 之间的相互作用主要是由疏水相互作用驱动的[32]。考虑到具有比多糖疏水性强的腐殖质类组分与 SMX 几乎没有相互作用,因此推断多糖与 SMX 相互作用强度很低。而脂类和核酸等其他成分含量较少,对相互作用影响可以忽略。因此,荧光光谱分析所得结合常数为 2.09×10^5 mol/L 是合理的,可以反映 EPS 和 SMX 之间的结合亲和力。因此,BLI 分析的 K_A 与荧光光谱分析的 K 之间的相似性可以验证 BLI 结果的可靠性。

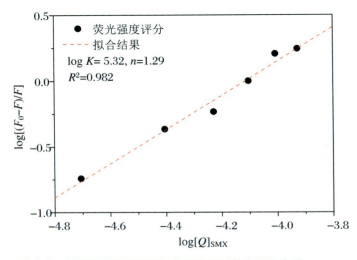

图 4.18　PARAFAC 分析结果的改进双对数方程拟合图

pH 对 SMX 与 EPS 结合影响:图 4.19 中的传感信号图反映了 pH 对 EPS 和 SMX 之间的结合过程的影响。可以看出,EPS 与 SMZ 的结合/解离曲线随溶液 pH 有着明显的变化。实验所得的对应动力学参数列于表 4.3 中。随着 pH 的增加,k_a 的值明显降低,显然酸性环境有利于 EPS 与固定在生物传感器上的 SMX 发生结合。中性 pH 阻碍 EPS 与 SMX 的结合,因为 pH=7 时的 k_a 相对于 pH=3 时低了一个数量级。不同 pH 水平下 k_d 的轻微波动,表明溶液 pH 对 EPS 与 SMX 的解离有轻微影响。因此,EPS 和 SMX 之间的结合亲和力也高度依赖于溶液 pH。

在酸性条件下(pH=3),EPS 与 SMX 的相互作用有着最高的 K_A。而在 pH=9 时,由于结合信号相当弱(小于 0.03 nm),导致三次循环实验的结果偏差明显(图 4.19(d))。由于在碱性条件下,EPS 与 SMX 相互作用程度过低,无法获得在 pH=9 条件下的 k_a 值和 k_d 值。

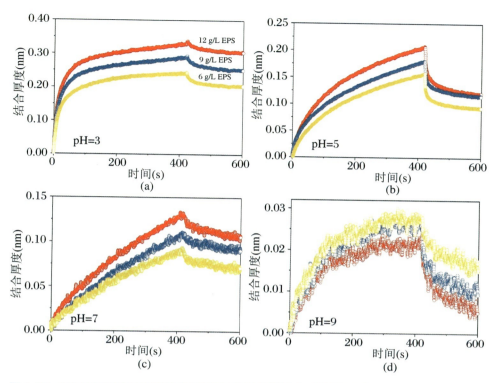

图 4.19 不同 pH 条件下 EPS 结合 SMX 固化传感器的实时信号图(离子强度为 50 mmol/L,$T=30\ ℃$):(a) pH=3;(b) pH=5;(c) pH=7;(d) pH=9

表 4.3 不同 pH、离子强度、温度下反应动力学参数

影响因素		$k_a(\times 10^2\ \text{L/mol/s})$	$k_d(\times 10^{-3}\ \text{1/s})$	$K_A(\times 10^5\ \text{L/mol})$
pH (离子强度 50 mmol/L,30 ℃)	3	14.12±1.25	1.50±0.09	9.41±1.40
	5	5.33±0.20	3.20±0.04	1.67±0.08
	7	3.14±0.28	1.59±0.15	1.97±0.37
	9	NA*	NA	NA
离子强度 (pH=7, 30 ℃)	50 mmol/L	3.14±0.28	1.59±0.15	1.97±0.37
	250 mmol/L	3.08±0.30	1.03±0.02	2.99±0.34
	500 mmol/L	3.42±0.08	0.97±0.03	3.53±0.19
	1000 mmol/L	3.86±0.27	0.83±0.01	4.65±0.38
温度 (pH=7,离子强度 50 mmol/L)	30 ℃	3.14±0.28	1.59±0.15	1.97±0.37
	35 ℃	1.87±0.11	2.16±0.67	0.87±0.35
	40 ℃	1.83±0.30	2.59±0.91	0.71±0.27

NA* 指信号过低且偏差过大,结果误差较大。

溶液 pH 引起 EPS 和 SMX 之间结合亲和力的变化与静电作用高度相关。

在不同的 pH 条件下，SMX 在溶液中可能呈现分子态、阳离子态或阴离子态[48]。在结合实验中，不存在阳离子态的 SMX，因为 SMX 中的伯胺基团通过酰胺键与生物传感器结合，无法形成—NH_3^+。带负电荷的 SMX(SMX^-)的比例随着 pH 的降低而降低，而分子态 SMX(SMX^0)的比例增加。EPS 胶体在 pH＝9 时携带大量负电荷，Zeta 电位为 －22.40 mV(见表 4.4)。因此，带负电的 EPS 和 SMX 之间的静电排斥阻碍了结合，使得结合信号过低。随着 pH 的降低，EPS 的电负性迅速下降。在 pH＝3 时，EPS 的 Zeta 电位接近等电点，为一个较小的正值。考虑到 SMX^- 的比例随着 pH 的下降而减少，EPS 和 SMX^- 之间的静电排斥在中性和酸性 pH 下会显著减弱。pH＝3 时，k_a 的值比 pH＝5 和 pH＝7 时的高一个数量级，也因此导致了在 pH＝3 时产生了更高的 K_A。但尽管静电排斥力降低，K_A 在 pH＝5 时仍比 pH＝7 时的要略低一些，这一现象可归因于 pH＝5 时 EPS 胶体的构型变化：pH＝5 时 EPS 有着较大的 R_h(见表 4.4)，此时 EPS 胶体颗粒聚集，EPS 上可用与 SMX 结合的位点变少[37]，导致在 pH＝5 时的 K_A 比在 pH＝7 时的低。

因此，由于静电排斥力的显著降低，EPS 和 SMX 之间的结合相互作用在相对酸性条件下显著增强。同时，因为 EPS 构型与 pH 相关，所以也对结合过程产生一定影响。

离子强度对 SMX 与 EPS 结合影响：不同离子强度下 EPS 和 SMX 之间结合作用的实时传感图如图 4.20 所示。相应的 k_a 在 500 mmol/L 和 1000 mmol/L 的高离子强度下增加(见表 4.3)，而 k_d 随着离子强度的增加而单调下降。结果表明，较高的离子强度促进了 EPS 与固定在生物传感器上的 SMX 的结合，同时阻碍了 EPS 与 SMX 的分离。因此，K_A 随着离子强度的增加而显著增加，表明 EPS 和 SMX 在高离子强度下具有更强的结合亲和力。三种机制可能是加强二者之间结合相互作用的原因。

表 4.4　EPS 在不同 pH、离子强度下 Zeta 电位与 R_h

影响因素		Zeta 电位(mV)	水力学半径 R_h(nm)
pH (离子强度 50 mmol/L，30 ℃)	3	1.04±0.97	132.83±11.08
	5	－4.28±0.52	212.60±12.01
	7	－8.43±1.05	159.21±11.65
	9	－22.40±1.08	150.42±13.46
离子强度 (pH＝7，30 ℃)	50 mmol/L	－8.43±1.05	159.20±11.65
	250 mmol/L	－5.69±0.39	147.33±2.23
	500 mmol/L	－5.06±1.54	140.56±1.38
	1000 mmol/L	－2.94±0.35	138.37±2.47

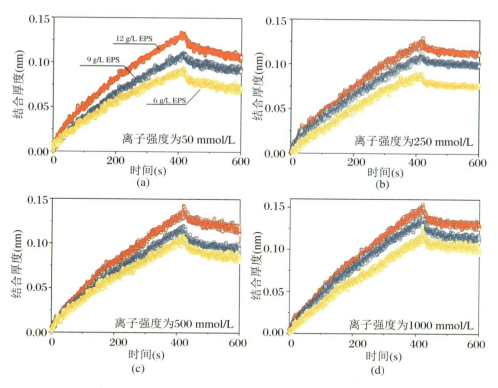

图4.20 不同离子强度下EPS结合SMX固化传感器的实时信号图(pH=7,30 ℃):
(a) 50 mmol/L;(b) 250 mmol/L;(c) 500 mmol/L;(d) 1000 mmol/L

首先,当pH=7时,由于EPS整体带负电(见表4.4),EPS和SMX⁻之间存在静电排斥力。根据DLVO理论,EPS胶体的双电层可以通过高离子强度压缩,使EPS的Zeta电位的绝对值降低。因此,EPS和SMX之间的静电排斥在高离子强度下减弱,可以促进EPS与SMX的结合过程[49]。其次,大量阳离子进入EPS胶体内部,改变胶体内的静电引力和氢键,从而破坏EPS的稳定结构[22]。随着离子强度的增加,EPS胶体会发生解离,成为更小的胶粒,这一点可以由R_h降低得到证实(见表4.4)。因此,高离子强度下EPS能够暴露出更多的结合位点以供与SMX进行结合相互作用。第三,疏水相互作用在较高的离子强度下能够得到增强。盐析效果能够降低SMX和EPS的溶解度,即同时增强EPS和SMX的疏水性[50]。SMX和EPS之间的疏水相互作用也因此得到加强,从而促进疏水结合作用。因此,较高的离子强度能够增强二者之间的结合亲和力。

温度对SMX与EPS结合影响:图4.21为EPS和SMX在不同温度下的结合相互作用的实时传感信号图。显然,较高的温度会显著抑制EPS与SMX的结合过程,呈现出较小的K_A值,如表4.3所示。由于之前的研究已经证明了

SA 和 EPS 之间相互作用为放热反应,因此较低的温度有利于结合相互作用的进行[32]。动力学参数 k_a 和 k_d 提供了关于温度对相互作用影响的更详细的信息。k_a 值随着温度的升高而降低,而 k_d 则随着温度的升高而升高。这个结果可能与氢键的形成高度相关,因为温度的增加阻碍了氢键的形成[51],而氢键也是 EPS 和 SMX 之间结合相互作用的驱动力之一。此外,较高的温度将为分子运动提供更多的能量,使其运动加剧,使 EPS 更容易从 EPS-SMX 复合物中分离出来,因此造成了随温度升高而升高的 k_d 值[52]。综上所述,EPS-SMX 复合物在较高温度下稳定性降低,k_a 的升高和 k_d 的降低使高温下整体 K_A 下降,EPS 与 SMX 之间亲和力降低。

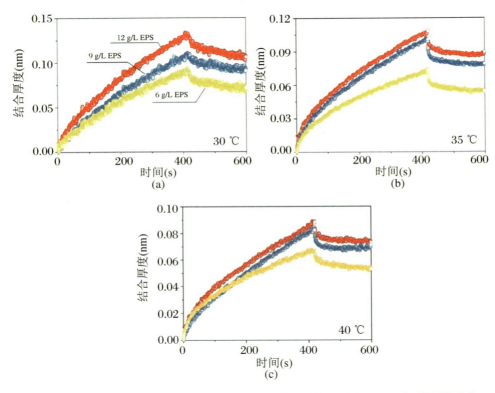

图 4.21 不同温度下 EPS 结合 SMX 固化传感器的实时信号图 (pH=7 时,离子强度为 50 mmol/L):(a) 30 ℃;(b) 35 ℃;(c) 40 ℃

本研究中建立的 BLI 方法可用于探究 SMX 与活性污泥 EPS 之间的非特异性相互作用、表征结合过程的动力学信息,并评估环境因素对该过程结合动力学的影响。BLI 允许多通道操作,大大减少了测试时间,可以实现样品的高通量筛选和测试。因此,BLI 可作为一种潜在的方法应用于环境领域的相关研究。

4.1.3
EPS 结合双酚 A

双酚 A(Bisphend A,BPA)是一种典型的内分泌干扰物,能够干扰生物体内分泌系统和天然激素功能[53]。当前,BPA 在塑料工业中有着广泛的应用,全球 BPA 的年使用量已达到了百万吨,并仍在以惊人的速度增长[54]。由于污水处理厂不能完全处理 BPA,导致其在自然环境中的水体、土壤和沉积物中被广泛检测到,严重威胁着公众的健康[55]。一般来自工业生产的 BPA 最终会进入污水处理厂,使得污水处理厂成为 BPA 进入自然环境中的最主要源头。BPA 已成为中国污水处理厂中浓度最高(288.71 ng/L)的有机污染物之一[56]。

研究发现,污水处理厂可通过常规活性污泥法去除 80% 以上的 BPA[57]。BPA 辛醇/水分配系数较高($\log K_{ow}$ = 3.32),因此具有很强的疏水性。有研究表明,残留在活性污泥中的 BPA 质量高达 343 ng/g[58]。由于废水中的大部分 BPA 被吸附并保留在污泥中,故吸附是去除 BPA 的关键途径。然而,目前仍然缺少对活性污泥中 BPA 积累机制的深入研究。

以往关于活性污泥去除 BPA 的研究一般着眼于总去除效率,且通常将污泥视为一个整体进行研究[59]。最近的研究表明,活性污泥的不同组分对 BPA 去除贡献有所差异。作为活性污泥最重要的组分之一,胞外聚合物有很强的与有机污染物结合的能力。考虑到 BPA 的疏水特征,BPA 将易于与 EPS 结合。由于 EPS 覆盖活性污泥的外表面,EPS 中吸附的 BPA 可能会在不同的环境条件下被重新释放到周围环境中[60]。EPS 的存在将显著影响 BPA 在活性污泥系统中的分布和迁移。因此,需要明晰 BPA 与 EPS 之间的结合相互作用,并确定控制该过程的关键因素。

因此,我们对不同环境条件下 EPS 与 BPA 之间的相互作用进行了研究,包括不同的 pH、离子强度和温度。结合荧光光谱、凝胶渗透色谱(Gel Permeation Chromatography,GPC)、傅立叶变换红外光谱、动态光散射来探测 EPS 和 BPA 之间的相互作用,并应用等温滴定量热法获得结合作用的热力学参数,包括结合作用的熵变(ΔS)、焓变(ΔH)和吉布斯自由能变化(ΔG)。这项工作旨在阐明污泥 EPS 在不同环境条件下对 BPA 的结合行为,以及解释驱动 BPA 与污泥 EPS 结合的热力学机制,研究结果为活性污泥系统中 BPA 的迁移机制提供新的见解。

首先,将 EPS 粉末溶解在 50 mmol/L 磷酸盐缓冲液(PBS)中,使其浓度为 500 mg/L。再以 50 mmol/L PBS 溶液配制 48 mg/L 的 BPA 溶液。之后,每一组实验均在 8 支比色管中分别加入 2 mL EPS 溶液,然后将梯度体积的 BPA 溶液加入管中,再向每个管中加入 50 mmol/L PBS,以保持总体积为 10 mL,使 BPA 的最终浓度控制在 0~24 mg/L。实验前,在恒温振荡培养箱中将溶液震荡平衡 4 h,使 EPS 与 BPA 充分结合。实验分别在 4 ℃、25 ℃和 37 ℃温度下进行。pH 和离子强度的调节则通过使用不同的 PBS 来实现,以探究环境条件对结合相互作用的影响。

本研究中,结合了荧光光谱、傅里叶红外光谱和紫外-可见吸收光谱技术来探究 EPS 和 BPA 之间的相互作用。首先,在荧光分光光度计上扫描所配溶液的三维激发-发射矩阵荧光光谱(EEM):Em 设置为 300~550 nm,以 0.5 nm 为增量进行扫描;Ex 则设置为以 5 nm 为增量,从 200 nm 至 400 nm 进行扫描。激发和发射狭缝设定为 5 nm,扫描速度设置为 1200 nm/min。为了消除二次 Raleigh 光散射,在测量过程中加入 290 nm 滤光片去除散射。所得 EEM 光谱数据用 DOMFluor v1.7 工具箱的平行因子算法进行分析,以得到 EPS 组分的荧光强度评分变化[61-62]。

同步荧光光谱也用荧光分光光度计获得,该组实验的 EPS 浓度为 500 mg/L,BPA 浓度梯度为 0~12 mg/L,缓冲液为 pH = 7 的 50 mmol/L PBS。二维同步荧光光谱设置激发波长为 250~350 nm,且在激发和发射波长之间设定 60 nm($\Delta\lambda$)的恒定差异,其余设置同三维荧光光谱。同步荧光光谱通过 2D Shige 软件(日本关西学院大学)中的二维相关分析进行处理。EPS 不同组分与 BPA 结合过程中的荧光强度变化的相对方向和顺序等信息可以从 2D-COS 的同步谱和异步谱中的自相关峰和交叉相关峰中分析得出[63-64]。

紫外-可见吸收光谱则在紫外-可见分光光度计上测得,该组实验中对 EPS 溶液(500 mg/L)、梯度浓度 BPA 溶液(0~15 mg/L)和梯度浓度 EPS-BPA 复合物溶液分别进行测量。

傅里叶红外光谱则用来表征 EPS 中所含官能团。将冻干的 EPS 粉末样品直接与光谱级 KBr 粉末混合压片后进行测试。

驱动 BPA 与 EPS 结合的热力学机制用 ITC-200 等温滴定微量热系统进行研究。首先,在缓冲液中制备 BPA 和 EPS 溶液,使其最终浓度分别为 380 mg/L 和 5 g/L。由于相互作用的热力学参数与 BPA 和 EPS 的浓度无关[65],因此使用高浓度的 BPA 和 EPS 来提高热变化中信号的分辨率。实验中,选择两种 pH (9.32 和 10.89)的 50 mmol/L Na_2HPO_4-NaOH 缓冲液进行溶液配制。所有溶液在实验前先在真空下脱气 15 min,以去除气泡。ITC 测试过程中,初始热平衡时间为 60 s,然后进行 19 次注射。每次注射期分别在 4 s 内向样品池中的 EPS 溶液注射 2 μL BPA 样品。空白对照实验中,EPS 溶液被替换为 PBS 缓冲液。实验在 25 ℃ 下进行,搅动速率为 750 r/min。

ITC 数据处理基于之前的工作[32],并进行了部分改进。其中两次相邻注射的总的热值差异($Q_i - Q_{i-1}$)表示该滴注射后所引起的热量变化(ΔQ_i)。但同时还应考虑在每次注射期间从样品池中溢出的液体所带来的热量变化。由于反应和混合速率都非常快,因此假设溢出液体的体积(v)和样品池中相同体积的液体对 ΔQ_i 的贡献是相等的,如此则可通过添加一个校正项来修正 ΔQ_i:

$$\Delta Q_i^* = Q_i - Q_{i-1} + \frac{\Delta V}{V_0}\left(\frac{Q_i + Q_{i-1}}{2}\right) \tag{4.7}$$

其中,V_0 是样品池的工作体积。通过公式(3.6)的非线性拟合获得 EPS 和 BPA 之间的结合相互作用的热力学参数,包括 ΔG、ΔH 和 ΔS。

通过纳米粒度分析仪,在 25 ℃ 下测定不同 pH 和离子强度下 EPS 的 Zeta 电位和水力学半径(R_h),每个样品重复三次。

在配备有 7.8×300 mm 的水相凝胶色谱柱的凝胶渗透色谱测试相互作用前后 EPS 的平均分子量(M_w)分布变化,每种样品均在 25 ℃ 下测量三次。

经测试,EPS 的主要化学组分表征如表 4.5 所示。

表 4.5 EPS 的主要化学组分

	多糖 (mg/g)	蛋白质 (mg/g)	腐殖质 (mg/g)	TOC (mg C/g)	TN (mg N/g)
EPS	288.34±39.90	271.85±12.36	86.49±4.94	228.74±1.05	41.85±1.35

由于 EPS 中含有较为丰富的官能团,因此傅里叶红外光谱是有效表征其官能团种类的手段,结果如图 4.22 所示。

3430 cm^{-1} 处的峰对应于 O—H 伸缩,而 2940 cm^{-1} 处的峰对应于 C—H 伸缩[66]。1640 cm^{-1} 处的峰主要归因于蛋白质中的 C=O 和 C=C 伸缩[38]。在 1400 cm^{-1} 处附近,能够观察到一个属于羧基的 C=O 对称伸缩振动[39]。1540 cm^{-1} 处附近的峰与蛋白质中的 N—H 弯曲相关[40]。1070 cm^{-1} 处附近的数个小峰是多糖中 C—O—C 的伸缩振动[66]。

结合 BPA 对 EPS 的三维荧光光谱(EEM)的荧光淬灭实验与 PARAFAC 进行分析,表征 EPS 和 BPA 之间的相互作用。EPS 和 BPA 的 EEM 荧光光谱如图 4.23(a)所示。EEM 图谱随着 BPA 浓度的增加而变化。经 PARAFAC 分析,其中三种组分被识别出来,分别是在图 4.23(b)中的 BPA(Ex/Em =

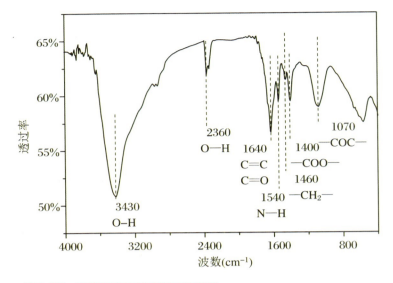

图 4.22 EPS 的傅里叶变换红外光谱

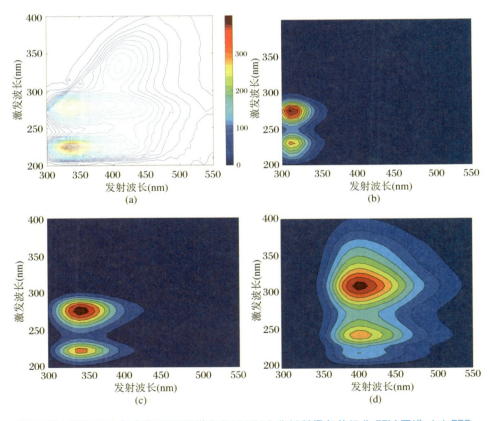

图 4.23 EPS-BPA 复合物 EEM 图谱和 PARAFAC 分析所得各单组分 EEM 图谱:(a) EPS-BPA 复合物 EEM 图谱;PARAFAC 分析所得各单组分 EEM 图谱;(b) BPA;(c) EPS 中蛋白质类物质;(d) EPS 中 HA 类物质

275 nm/310 nm)、图 4.23（c）中的 EPS 中蛋白质类组分(Ex/Em = 280 nm/340 nm)以及图 4.23(d)中的 EPS 中 HA 类组分(Ex/Em = 310 nm/410 nm)[32]。其中，通过 PARAFAC 分析得到的 BPA 组分光谱与实际测得的 BPA 溶液的荧光光谱相同(图 4.24)，证明了 PARAFAC 分析的可靠性。由于 EPS 的 HA 组分没有被观察到明显的淬灭，因此 BPA 主要与 EPS 中的蛋白质类组分结合。

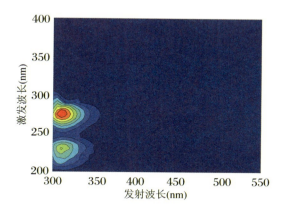

图 4.24　BPA 的 EEM 图谱

BPA 对 EPS 荧光的淬灭可能涉及两种类型的淬灭：荧光团和淬灭剂之间形成非荧光复合物发生静态淬灭，以及荧光团和淬灭剂之间的碰撞发生动态淬灭[67]。紫外-可见光谱是一种有效确定淬灭机制的方法。如果 EPS-BPA 复合物(S1)的吸收光谱等于 EPS(S2)和 BPA(S3)的吸收光谱的叠加，则证明该淬灭为动态淬灭(S1 = S2 + S3)。然而，如图 4.25 所示，EPS-BPA 复合物的吸收光谱明显不同于 EPS 和 BPA 光谱的总和(S2 + S3 − S1 ≠ 0)，表明静态淬灭的发生以

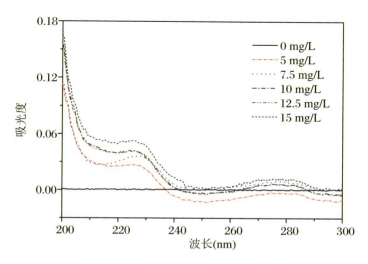

图 4.25　EPS、BPA 与 EPS-BPA 复合物之间的紫外-可见差谱

及 EPS-BPA 复合物的形成。

EPS-BPA 复合物的同步荧光光谱的 2D-COS 分析也可以验证上述结论。如图 4.26(a)所示,在同步谱中,对角线上存在以 265 nm 和 283 nm 为中心的两个主要自相关峰,分别属于 BPA 和 EPS 中的蛋白类物质。340 nm 处应该还有一个自相关峰,虽然未直接显示在图上,但由于存在(265 nm,340 nm)和(283 nm,340 nm)两处交叉相关峰,因此可以推断出对角线 340 nm 处存在一个属于 EPS 中 HA 类物质的自相关峰。340 nm 处的自相关峰不明显,也表明了 EPS 中 HA 类物质与 BPA 之间的相互作用较弱,同 PARAFAC 分析结果一致。同步谱中的两个交叉相关峰(265 nm,283 nm)和(265 nm,340 nm)均为负值,这表明 265 nm

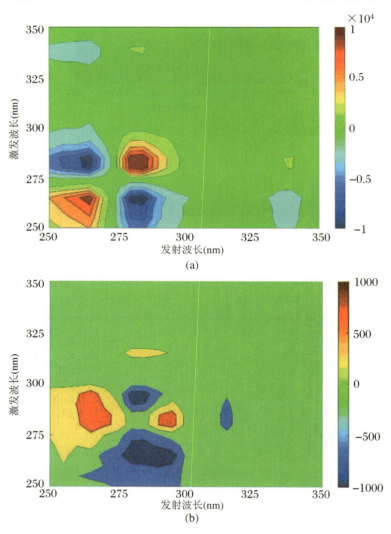

图 4.26　2D-COS 分析 EPS 与 BPA 相互作用的同步荧光光谱图:
(a) 同步谱;(b) 异步谱

处的物质(BPA)的变化方向与283 nm、340 nm处的物质(蛋白质类物质、HA类物质)相反[63]。类似地,(283 nm,340 nm)处的正值表明蛋白质和HA的荧光强度在相同方向上变化(即减少)。同步谱的结果表明,BPA的荧光随着BPA的加入而增强,而EPS中两种组分的荧光随着BPA的加入而减小(被淬灭)。

此外,异步谱(见图4.26(b))提供了有关EPS组分和BPA之间的结合顺序的相关信息。HA类物质的峰在异步谱中移至315 nm,与(283 nm,315 nm)处的蛋白质具有正交叉相关峰。根据Noda法则[68],若在同步图和异步图中由蛋白质和HA形成的交叉相关峰均为正值,则表明了蛋白质类物质与BPA结合要优先于HA类物质。因此,2D-COS的结果表明,对于EPS中的两个主要成分,蛋白质类物质对BPA具有更强的亲和力,并且与BPA结合的优先级高于HA。

表4.6中列出了EPS胶体颗粒与BPA结合前后Zeta电位的变化。EPS的Zeta电位的绝对值随着BPA的加入而降低,表明EPS胶体颗粒与BPA相互作用后的表面负电荷减少。由于BPA在pH=7下均为分子形式(见图4.27),因此EPS Zeta电位的绝对值降低主要是由形态变化而非电荷中和引起的。EPS的R_h降低,表明EPS的随机卷曲结构在与BPA结合后收缩成相对较紧密的核状结构[22]。这也与图4.28中的GPC结果一致。GPC是基于物质的分子体积大小来进行分离的,其中较长的保留时间表明该物质的R_h较小[69]。EPS在与12 mg/L BPA结合后,EPS的RI和UV信号峰出峰时间均向后移动,表明在相互作用后,EPS胶体的分子体积下降。因此,可以推断是由于EPS与BPA相互作用后形成了较致密的结构,带负电的基团暴露相对减少,导致Zeta电位的绝对值下降。

表4.6 EPS与BPA结合前后Zeta电位和形态变化(pH=7,离子强度为50 mmol/L,25 ℃)

	Zeta电位(mV)	水力学半径R_h(nm)
EPS	−8.43±0.86	159.2±16.6
EPS+12 mg/L BPA	−3.53±0.81	120.6±9.72
EPS+24 mg/L BPA	−2.40±1.43	110.0±3.73

图4.25已经证明了EPS可与BPA形成复合物,且荧光淬灭为静态淬灭,因此可以使用双对数方程通过荧光变化计算EPS中每种组分与BPA的结合常数(K)和结合位点数(n):

$$\log[(F_0-F)/F] = \log K + n\log[Q]_{BPA} \quad (4.8)$$

其中,$[Q]_{BPA}$是BPA的浓度;F_0是初始荧光强度得分;F是PARAFAC分析得到的加入 BPA 后的荧光强度得分。

表 4.7 列出了不同 pH 下 log K 和 n 的参数。

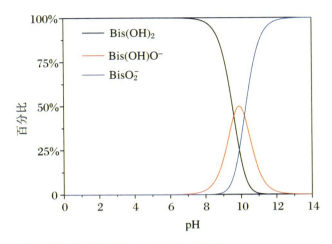

图 4.27　BPA 形态分布与 pH 的关系图

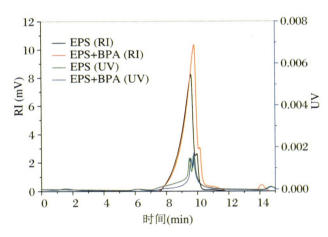

图 4.28　EPS 与 BPA 结合前后的 GPC 图谱(pH=7, 离子强度为 50 mmol/L, 25 ℃)

表 4.7　不同 pH 条件下 EPS 和 BPA 之间相互作用结合常数(log K)和结合位点(n) (离子强度为 50 mmol/L, 25 ℃)

pH	log K	n
3	3.82±0.015	1.03±0.007
5	4.29±0.030	1.08±0.010
7	4.49±0.110	1.14±0.040
9	3.39±0.015	0.99±0.006
11	3.81±0.040	1.02±0.015

结果表明,中性条件(pH=7)对于 BPA 与 EPS 的结合比酸性和碱性条件更有利。不同 pH 下 EPS 和 BPA 的性质发生变化,影响着二者的结合相互作用。EPS 在不同 pH 下的 Zeta 电位和 R_h 反映了 EPS 胶体颗粒的表面电荷和构型的变化。如图 4.29(a)所示,EPS 在 pH=3 时带正电,接近于等电点。随着 pH 的增加,EPS 表面的负电荷逐渐增加,直至 pH=9 时达到 -22 mV,随后保持相对稳定。该过程与 EPS 中—OH、—NH$_2$ 和—COOH 等官能团随着 pH 升高发生去质子化有关[70]。R_h 反映了 EPS 胶体颗粒形态的变化。在 pH=5 条件下,EPS 达到最大的 R_h(212 nm),这与先前的研究一致。该研究发现:EPS 的 R_h 在弱酸性条件下达到最大值;而当酸性继续增强时,由于 EPS 收缩为更加紧密的核心结构,其 R_h 会相对减小;而在强碱性条件下,EPS 的大胶体颗粒结构将会被破坏,形成更多的小颗粒,从而降低 R_h[66]。与 R_h 在 pH=9 时相比,R_h 在 pH=11 时略微上升,这可能意味着 EPS 链状结构在强碱性下被稍微拉伸了。能够验证这一结果的另一个证据是在 pH=11 下的 EEM 光谱中蛋白质峰的红移,如图 4.30 所示。红移往往是由暴露在外的官能团的增加导致的[71],故 pH=11

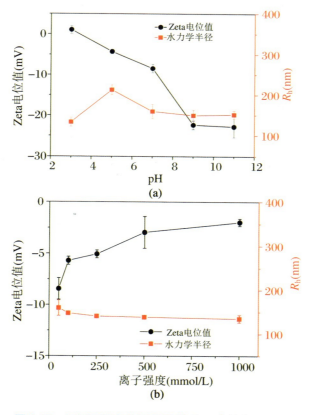

图 4.29 不同环境条件下 EPS 的 Zeta 电位和 R_h:
(a) 不同 pH 条件下;(b) 不同离子强度条件下

下更多的官能团的出现是链状结构被拉伸的另一佐证。

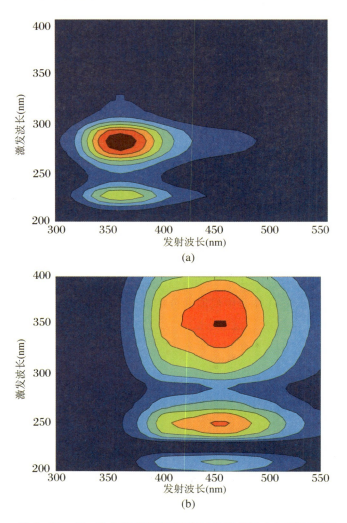

图 4.30　pH＝11 条件下 EPS 的 EEM 荧光光谱：(a) 蛋白质类物质；(b) HA 类物质

BPA 的形态也同样随 pH 变化而变化，如图 4.27 所示。当 pH＜7 时，所有 BPA 都以分子态的 Bis(OH)$_2$ 存在。随着 pH 增加，BPA 中的酚羟基(—OH)去质子化，解离出 H$^+$。BPA 在 pH＝9 时，Bis(OH)$_2$ ∶ Bis(OH)O$^-$ ∶ BisO$_2^{2-}$ ≈ 4.5 ∶ 4.5 ∶ 1，而在 pH＝11 时几乎全部以 BisO$_2^{2-}$ 形式存在。当 pH＜7 时，由于 BPA 基本以 Bis(OH)$_2$ 形式存在，EPS 与 BPA 间的相互作用应当是以疏水力和氢键为主导，而静电作用力不参与结合过程。弱酸性条件下，EPS 胶体聚拢，导致几何比表面积(GSSA)降低[66]，因此 EPS 可与 BPA 通过疏水作用进行结合的区域相对减少。所以，酸性条件下，BPA 对 EPS 的结合常数下降主要是由于 EPS 的构型变化引起的。此外，EPS 中部分氨基(—NH$_2$)随着 pH 的降低发生质子化(—NH$_3^+$),这会导致原 N 原子中的孤对电子被使用,使得 BPA 中的酚羟基(—OH)与 EPS 中的—NH$_2$ 之间不能形成氢键[72]。结合位点的减少和氢键形成受阻导致了强酸性条件下 BPA 不易与 EPS 结合,故结合常数随着 pH 的降低而下降。

当 pH>7 时,结合过程受到 EPS 和 BPA 的形态变化的共同影响,同时 BPA 发生去质子化,引发荷电改变。当 pH 从 7 增加到 9 时,结合常数显著降低,主要归因于 BPA 电离后亲水性的上升[73]。同时,当酚羟基离子化为—O$^-$ 时,BPA 的酚羟基和 EPS 的—COOH 之间的氢键消失[74]。更重要的是,BPA 电离后携带负电荷,会与同样携带负电荷的 EPS 之间产生较强的静电排斥。上述三种机制的共同作用严重抑制了结合过程,导致在 pH=9 下结合常数的降低。然而,与 pH=9 相比,pH=11 的结合常数略微增加。我们在前一部分已讨论过了 EPS 在 pH=11 下存在链状伸展情况,故该条件下参与相互作用的官能团、疏水区域会相应增加,因此结合常数相比 pH=9 略微上升。

如图 4.29(b)所示,离子强度的增加会引起 EPS 的 Zeta 电位的绝对值持续降低。根据 DLVO 理论,离子会压缩 EPS 胶体双电层的厚度,从而降低 Zeta 电位的绝对值,使其更接近等电点[49]。随着 Na$^+$ 进入带负电的 EPS 胶体内部,胶体内静电吸引力和氢键将被破坏,使 EPS 胶体形态发生改变,因此 EPS 的 R_h 也略有下降[75]。

如表 4.8 所示,BPA 与 EPS 的结合常数随着离子强度的增加而单调增加,主要原因有:首先,高离子强度可以增强 BPA 和 EPS 之间的疏水相互作用,这也是疏水层析的基本原理[76]。其次,如图 4.29(b)所示,高离子强度显著降低了 EPS 胶体的电负性,因此 EPS 与 BPA 之间静电排斥效应减弱,有利于结合相互作用[77]。最后,高离子强度会破坏 EPS 的胶体内部的相互作用,形成具有更高 GSSA 和更多结合位点的松散结构[75],这有利于疏水相互作用的进行。因此,BPA 和 EPS 之间的相互作用在高离子强度下显著增强。

表 4.8 不同离子强度下 EPS 和 BPA 间相互作用的结合常数($\log K$)和结合位点(n)(pH=7,25 ℃)

离子强度 (mmol/L)	$\log K$	n
50	4.49±0.110	1.14±0.040
100	4.52±0.050	1.08±0.015
250	4.70±0.070	1.12±0.023
500	5.42±0.055	1.28±0.012
1000	5.78±0.091	1.32±0.040

温度 EPS 对和 BPA 之间相互作用的影响如表 4.9 所示。很明显,低温抑制了结合相互作用,这是吸热反应的典型特征[78]。

表 4.9　不同温度下 EPS 和 BPA 间相互作用的结合常数($\log K$)和结合位点(n)(pH=7,离子强度为 50 mmol/L)

T(℃)	$\log K$	n
4	3.70±0.052	0.99±0.019
25	4.49±0.110	1.14±0.040
37	5.21±0.085	1.22±0.015

对于大分子胶体(EPS)和疏水性分子(BPA)之间的相互作用,疏水作用、静电作用和氢键被认为是主要的驱动力。然而,驱动结合过程的热力学机制在不同的环境条件下有所差异,可以通过 ITC 方法来识别。如图 4.31(a)和(c)所示,当 BPA 滴定到 EPS 中时,可以观察到向上的正峰,表明该结合过程为吸热反应。随着 BPA 对 EPS 中结合位点的逐渐占据,EPS 与 BPA 之间相互作用的热变化逐渐衰减,最后达到相对稳定状态。与 EPS 和 BPA 之间的结合过程相关的热力学参数拟合如图 4.31(b)和(d)所示。由 ITC 方法拟合的结合常数在 pH=9 时为 $\log K=3.19$,在 pH=11 时为 $\log K=3.48$(见表 2.8),这与表 4.7 中的结果基本一致。而相互作用的热力学参数 ΔG 和 ΔS 可以经以下公式计算:

$$\Delta G = -RT\ln K \tag{4.9}$$

$$\Delta G = \Delta H - T\Delta S \tag{4.10}$$

之前关于 BPA 和蛋白质类化合物,例如人血清白蛋白[79]、胃蛋白酶[80]和 α-淀粉酶[81]之间相互作用的研究同样观察到了正值的 ΔH 和 ΔS,研究表明,BPA 和蛋白质类化合物之间疏水作用主要是由于在大分子蛋白质的色氨酸残基和 BPA 的苯环之间形成疏水口袋。因此,类似的机制可用于解释 EPS 和 BPA 之间疏水作用的产生,因为 EPS 的 EEM 光谱中 Ex/Em=280 nm/340~360 nm 处的峰正是由色氨酸残基产生的[32]。

因此,Ross 和 Subramanian 提出的蛋白质类物质相互作用的两步结合模型同样适用于描述 BPA 和 EPS 分子之间的相互作用:第一步是 BPA 和 EPS 的疏水缔合,导致水分子混乱度减小(正 ΔH,负 $-T\Delta S$);第二步是通过静电相互作用和氢键形成稳定的复合物(负 ΔH,正 $-T\Delta S$)[29]。

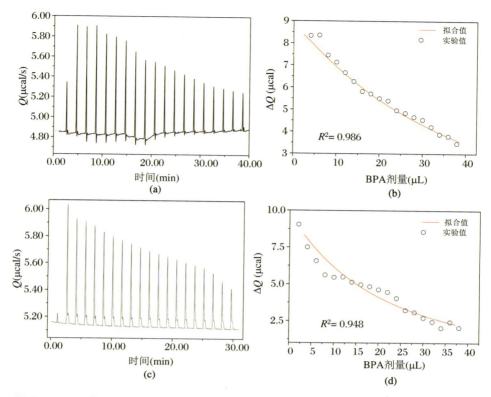

图 4.31 ITC 谱图和非线性回归拟合曲线:(a) pH=9 条件下 BPA 与 EPS 相互作用的 ITC 谱图;(b) pH=9 条件下相应的非线性回归拟合曲线;(c) pH=11 条件下 BPA 与 EPS 相互作用的 ITC 谱图;(d) pH=11 条件下相应的非线性回归拟合曲线

基于图 4.32 中显示的正 ΔH 和负 $-T\Delta S$,第一步的疏水相互作用明显对于 EPS 与 BPA 的结合过程更为重要。负值 ΔG 表明 BPA 与 EPS 的结合相互作用是自发的,并且可以形成稳定的 EPS-BPA 复合物。ΔG 及其两个分量 ΔH

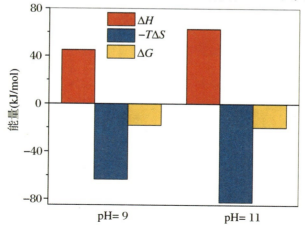

图 4.32 BPA 与 EPS 相互作用热力学参数示意图

和 $-T\Delta S$ 的变化能够反应在不同环境条件下相互作用的具体机制。ΔG 越小，则表明该过程自发进行的可能性越高。由于正 ΔH 对结合过程产生负面贡献，因此相互作用仅由 $-T\Delta S$ 驱动。ΔH 和 $-T\Delta S$ 的变化相互作用中的驱动力高度相关。例如，pH 从 9 增加到 11 会导致氢键的破坏和静电排斥的增加，这促进了正 ΔH 的数值上升；同时由于 EPS 的分子伸展，在 pH=11 下疏水相互作用增强，又导致 $-T\Delta S$ 的绝对值增加。尽管在两个 pH 下 ΔG 值保持在相似的水平，但其驱动力并不相同，与 pH=9 相比，在 pH=11 下疏水相互作用和静电排斥力增加而氢键作用力相对减弱。

多糖作为 EPS 的另一个主要成分，前文一直没有提及其在相互作用系统中的作用。如上所述，BPA 是一种整体疏水性大分子胶体，主要通过疏水力与 EPS 的蛋白质相互作用。相关研究表明，EPS 的亲水性主要取决于多糖，疏水性主要由蛋白质决定[47]。考虑到 HA 比多糖具有更强的疏水性，但在荧光光谱分析中，显示其与 BPA 几乎不发生相互作用，因此我们推断多糖不易与 BPA 发生结合相互作用。ITC 分析（包括 HA 和多糖）和 PARAFAC 分析（仅蛋白质）获得的接近的结合常数也证明蛋白质在结合过程中的作用远远超过 HA 和多糖。

因此，驱动 BPA 与 EPS 结合的机制随着环境条件的变化而变化。如图 4.33 所示，EPS 胶体在低 pH 下聚集，导致 BPA 与之结合的疏水性空腔变少。高 pH 则导致 EPS 胶体溶胀并分散，增加了 BPA 的结合位点。然而，在碱

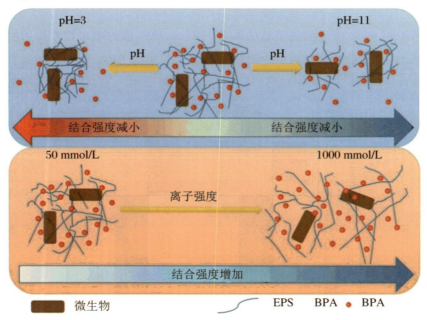

图 4.33　不同环境条件下 EPS 与 BPA 相互作用示意图

性条件下,BPA 的疏水性下降和静电排斥力的增强导致结合亲和力降低。高离子强度有助于形成具有更多结合位点的 EPS 的松散结构,并增强疏水相互作用和减弱静电排斥力。因此,结合亲和力随着离子强度的增加而单调增加。由于吸热反应的特性,提高温度可以显著促进相互作用过程。

由于中性 pH、高离子强度和高温可以促进 EPS 与 BPA 之间的结合相互作用,因此通过控制这些关键因素可以强化结合吸附过程,BPA 可以被更加稳定地控制在污泥系统中。虽然活性污泥 EPS 中蛋白质、HA 和多糖的含量和比例在不同的污水处理厂测得的有所不同,甚至在同一污水处理厂的不同时间段测得的也会有所差别,但上述讨论仍然能提供一些理论参考。更重要的是,结合上述讨论和 EPS 中蛋白质的含量和比例,还可以给出一些具体的预测信息,如蛋白质的比例和含量越高,污泥 EPS 对 BPA 的结合能力越强。

这项工作研究了不同的环境条件下 BPA 与污泥 EPS 的结合相互作用。BPA 主要与 EPS 蛋白结合,通过疏水作用力、静电相互作用和氢键结合驱动。在与 BPA 结合后,EPS 的随机卷曲结构收缩成相对紧密的核状。中性 pH、高离子强度和高温有利于促进 BPA 与污泥 EPS 的结合过程。本研究突出了污泥 EPS 在 BPA 吸附去除中的关键作用,有助于深入理解 BPA 在活性污泥系统中的分布和迁移规律。

4.1.4

生物膜 EPS 结合酞酸酯

酞酸酯(Phthalic Acid Esters,PAEs)能够增加聚合物硬度、软化温度和脆性,被广泛应用于塑料制品、建筑材料、油漆等产品[82-83]。全球每年 PAEs 产量约为 500 万吨,约占各种类型塑化剂的 84 % 以上。研究表明,PAEs 会干扰内分泌系统、破坏免疫系统、影响儿童智力发育,且具有致癌、致畸作用,对人类健康和生态安全构成巨大的威胁,因此欧美有些国家已将其列为优先控制污染物[84]。

河流生物膜可用于评估污染物对生态环境的早期影响,虽然已有一些研究探究了痕量有机污染物在实验室培养生物膜上的积累过程,但天然河流生物膜对 PAEs 等污染物的吸附行为还未得到充分解析。本研究选择了 3 种典型 PAEs,分别为邻苯二甲酸二甲酯(DMP)、邻苯二甲酸二丁酯(DBP)和邻苯二甲酸二异辛酯(DEHP),研究代表性河流不同点位下原位培养河流生物膜对典型

PAEs 的吸附特性,并探究生物膜对 PAEs 的吸附机制,研究内容将有助于人们理解自然河流系统中痕量有机污染物的迁移转化过程。

4.1.4.1 河流生物膜样品原位培养与采集

分别于 2017 年 11 月 1 日和 2018 年 6 月 6 日在南京市金川河培养河流生物膜,培养周期为 28 天。金川河是南京市北部的长江支流,全长 9317 m,总汇水面积达 23.539 km^2。南京城北污水处理厂位于南京长江大桥南岸东侧、金川河入江口附近,设计日处理水量为 36.94 万吨/天,污水经处理后直接排入金川河。根据河流水质污染程度的不同,我们共选取了 3 个典型的河段作为生物膜的培养点位,分别是南京城北污水处理厂入河排污口上游 200 m 处和下游 150 m 处,以及金川河严重黑臭的东瓜圃桥段,具体位置坐标见表 4.10,详细点位分布如图 4.34 所示。采用不锈钢网片作为生物膜附着的基质,将培养装置放置于目标点位进行培养,生物膜培养装置如图 4.35 所示。

表 4.10　生物膜培养点位地理坐标表

序号	培养点位	纬度	经度
1	污水处理厂上游点位	32°110′N	118°762′E
2	污水处理厂下游点位	32°112′N	118°758′E
3	东瓜圃桥段点位	32°088′N	118°773′E

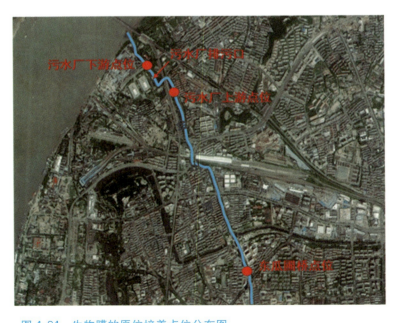

图 4.34　生物膜的原位培养点位分布图

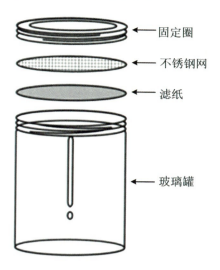

图 4.35　生物膜的原位培养装置示意图[85]

将不锈钢网在使用前进行全面清洗，即先用体积分数为 15% 的稀硝酸溶液浸泡不锈钢网 24 h，超声 30 min，然后用 Milli-Q 超纯水将其冲洗干净，将清洗干净的不锈钢网置于恒温干燥箱中烘干备用。对干燥恒重后的不锈钢网编号，并在投入试验前使用电子天平称重、记录，以评估后续培养成熟生物膜的负载量。将不锈钢网固定于定制的玻璃瓶口，然后将培养装置放入金川河水面以下 30 cm 处培养，每个培养位点放置 25 个不锈钢网。培养期间，定期对河流水质进行采样监测，连续培养 28 天。本研究所用原位培养河流生物膜为在南京市金川河培养的生物膜，待生物膜培养完成后，将载有生物膜的培养装置转移到实验室中，并确保转移过程中生物膜保持湿润，避免脱水变干。在将生物膜培养装置取回实验室后，立即用 Milli-Q 超纯水润洗不锈钢网，去除不锈钢网表面沉积的泥沙，一部分用于生物膜成分分析试验，另一部分用于吸附试验。

4.1.4.2　原位培养生物膜有机质分数的测定

待附着生物膜的不锈钢网做完吸附实验后，将不锈钢网放入烘箱中，于 105 ℃ 条件下烘干 2 h，取出称量总重，并减去不锈钢网初重，最后除以不锈钢网 100 dm^2 的面积，得到单位面积不锈钢网上生物膜量。将烘干后的不锈钢网置于 605 ℃ 的马弗炉中燃烧，4 h 后取出称量总重，用烘干称重减去燃烧后的质量，最后除以面积 100 dm^2，得到单位面积不锈钢网上生物膜的有机质量。

4.1.4.3　吸附热力学、动力学试验

(1) 吸附前预试验

为了评估混合溶液中目标化合物间潜在的竞争吸附效应，分别用 80 μg/L、200 μg/L、400 μg/L、600 μg/L 和 800 μg/L 的 DMP、DBP 和 DEHP 标准溶液单独进行吸附预试验，同时用 5 种 DMP、DBP 和 DEHP 混合溶液进行吸附预试

验,每种混合溶液中 DMP、DBP 和 DEHP 的浓度分别为 80 μg/L、200 μg/L、400 μg/L、600 μg/L 和 800 μg/L。两个预试验的等温吸附试验结果表明:生物膜对单种污染物和混合污染物的吸附效果不存在显著的差异性。因此,混合溶液中目标化合物间潜在的竞争吸附效应可忽略不计,在后续吸附试验中均使用目标化合物的混合溶液。

在吸附试验中,将生物膜及其载体不锈钢网一起放入试验装置中,为评估不锈钢网对目标化合物的吸附效果,设置空白预试验。将干净的不锈钢网暴露于目标化合物混合溶液中 4 h 后,水相中目标化合物的残留比例分别为 DMP(89%)、DBP(97%)和 DEHP(99%)。与干净的不锈钢网相比,附着生物膜的不锈钢网吸附的痕量有机污染物质量分数更低。因此,本试验中可忽略不锈钢网对目标化合物的吸附贡献。

(2) 吸附平衡时间的确定

每组取 3 片附着成熟生物膜的不锈钢网,使用 Milli-Q 超纯水润洗后置于 250 mL 的烧杯中,浸入 50 mL 浓度为 400 μg/L 的 DMP、DBP 和 DEHP 的混合吸附液中,然后用浓度为 10^{-2} mol/L 的 HNO_3 和 NaOH 的缓冲溶液调节 pH 至 (7.0±0.1)。将烧杯置于摇床上摇晃 4 h,摇床转速 200 r/min。实验开始后,每 15 min 取吸附液 2.5 mL 于离心管中,直至吸附实验结束。对于所取样品,按照体积比为 1∶1 的比例向各吸附样品中加入 2.5 mL 的正己烷/二氯甲烷的有机萃取液(体积比为 1∶1)。将加入有机萃取液的离心管置于振荡器上震荡 30 s,静置后用注射器抽取上层有机相。上层有机相经 0.22 μm 有机纤维滤膜过滤,滤液移入液相小瓶中,放入冰箱中于 -4 ℃条件下保存,每份样品设 2 个平行样,待测。

用气相色谱-质谱联用仪分别测定水相中 DMP、DBP 和 DEHP 的残余浓度,目标化合物在水相中的初始浓度与检测浓度之差即为生物膜的吸附量,从而确定生物膜吸附的平衡时间。

(3) 等温吸附试验

用乙腈配制 250 mL 浓度为 4 mg/L 的 DMP、DBP 和 DEHP 的混标母液,之后用缓冲溶液(10^{-3} mol/L 的 NaCl 和 $NaHCO_3$ 的混合溶液)将 4 mg/L 的混标母液逐级稀释至 80 μg/L、200 μg/L、400 μg/L、600 μg/L 和 800 μg/L,备用。

取 15 个 250 mL 的烧杯,平均分成 3 组(污水处理厂上游组、污水处理厂下游组和东瓜圃桥组)。分别向每组的 5 个烧杯中各加入 50 mL 上述经逐级稀释的 DMP、DBP、DEHP 混合溶液。将各组附着生物膜的不锈钢网分别对应放入 5 种浓度的溶液中,不锈钢网需完全浸没于 DMP、DBP、DEHP 混合溶液,用

10^{-2} mol/L 的 HNO$_3$ 和 NaOH 调节溶液 pH 为(7.0±0.1)。室温下(25 ℃)将所有烧杯放置于摇床上,调节转速为 200 r/min。待达到吸附平衡时,取吸附液 2.5 mL 并移入 5 mL 离心管中。

(4)吸附动力学试验

取 3 个 250 mL 的烧杯,平均分成 3 组(污水处理厂上游组、污水处理厂下游组和东瓜圃桥组)。每个烧杯中均加入 50 mL 经 10^{-3} mol/L 的 NaCl 和 NaHCO$_3$ 的缓冲液稀释的浓度为 400 μg/L 的 DMP、DBP 和 DEHP 的混合溶液,每组各取 1 片附着生物膜的不锈钢网放入对应的烧杯中。用 10^{-2} mol/L 的 HNO$_3$ 和 NaOH 调节溶液 pH 至(7.0±0.1)。室温下(25 ℃)将所有烧杯放置于摇床上,摇床转速为 200 r/min。此后分别于 0、5 min、10 min、15 min、20 min、30 min、40 min、60 min 和 240 min 时取 2.5 mL 样液并移入 5 mL 的离心管中。

对于吸附热力学和吸附动力学实验中采集的样品,按照体积比为 1:1 的比例向各离心管中加入 2.5 mL 的正己烷和二氯甲烷的混合萃取液。将加入有机萃取液的离心管置于振荡器上震荡 30 s,静置后用注射器抽取上层有机相,上层有机相经 0.22 μm 有机纤维滤膜过滤,滤液移入液相小瓶中,每份样品设 2 个平行样,放入冰箱中(-4 ℃)保存,待测。用气相色谱-质谱联用仪分别测定吸附液中 DMP、DBP 和 DEHP 的残余浓度,目标化合物在吸附液中的初始浓度与检测浓度之差即为生物膜的吸附量。

4.1.4.4 PAEs 的检测方法

(1)标准曲线的绘制

分别准确称取 1.0000 g 的 DMP、DBP 和 DEHP 标准样品,溶于乙腈中,并用容量瓶定容至 250 mL,配制成质量浓度为 4 mg/L 的 DMP、DBP 和 DEHP 的混标母液。用乙腈将混标母液逐级稀释成 50 μg/L、100 μg/L、200 μg/L、400 μg/L 和 800 μg/L 的混合吸附液;采用气相色谱-质谱联用仪(GC-MS)直接进行测定,样品进样体积为 1.0 μL。根据实验数据绘制峰面积-浓度的标准曲线。

(2)GS-MS 测定条件

采用 GS-MS(6890/5975)对吸附试验样品进行分析测定。

气相条件:使用 HP-5MS 型毛细色谱柱(30 m ×0.25 mm ×2.5 μm);载气为高纯氮气,载气流速为 1.0 mL/min;进样口温度为 250 ℃。

升温程序:初始温度为 70 ℃,保持 1 min;之后以 30 ℃/min 升温至 180 ℃,保持 2 min;再以 8 ℃/min 升温至 280 ℃,保持 5 min。高压不分流方式进样,进样体积为 1.0 μL。

质谱条件:采用电子轰击电离(Electron Impact Ionization,EI),离子源温

度为 280 ℃,电子轰击电压为 70 eV,离子源温度为 300 ℃,四级杆温度为 150 ℃。吸附样品的定性分析选择全扫描方式,全扫描范围 m/z 为 45～750;定量分析选择离子扫描方式。

4.1.4.5 统计分析方法

所有试验数据均以平均值±标准差表示,并提供重复试验次数。采用 95%显著性水平的双尾 t 检验($p<0.05$),采用 SPSS 20.0 进行数据比较,利用 R 3.4.1软件的"pheatmap"包中的欧式距离和层次聚类进行皮尔森相关性分析(Pearson 相关分析)。

结果发现,原位培养河流生物膜 EPS 是由微生物分泌的多糖、蛋白质等大分子有机质构成的,有机质的数量和组成结构对于生物膜吸附降解有机污染物起到至关重要的作用。本研究测得 2017 年 11 月和 2018 年 6 月不同点位原位培养河流生物膜的生物膜量、膜上有机质量和有机质分数(f_{om}),以单位面积不锈钢网上的质量表示,结果如表 4.11 所示。

表 4.11 原位培养河流生物膜量、有机质量和有机质分数表

培养时间	生物膜类型	生物膜量*（mg/dm²）	有机质量*（mg/dm²）	f_{om}
2017 年 11 月	污水处理厂上游	51.68 ± 15.92	11.26 ± 4.88	29%
	污水处理厂下游	20.69 ± 4.09	9.50 ± 1.81	42%
	东瓜圃桥	34.55 ± 17.10	12.01 ± 6.37	37%
2018 年 6 月	污水处理厂上游	138.88 ± 20.24	34.78 ± 16.81	25%
	污水处理厂下游	94.78 ± 16.81	36.30 ± 7.29	38%
	东瓜圃桥	150.45 ± 46.27	26.51 ± 18.02	17%

* 表示平均值($n=3$)±标准偏差。

由表 4.11 可知,污水处理厂下游生物膜的生物膜量明显小于污水处理厂上游和东瓜圃桥生物膜的生物膜量,而 f_{om} 值明显高于污水处理厂上游和东瓜圃桥生物膜的生物膜量。这表明污水处理厂下游生物膜有机质含量较高。东瓜圃桥和污水处理厂上游点位水体浑浊,底泥上浮,导致生物膜培养过程中聚集大量细颗粒泥沙等无机质,使其生物膜 f_{om} 值偏低。相较冬季培养的生物膜,同一点位夏季培养的生物膜量更高,较高的 f_{om} 值一般表示生物膜样品具有较高的有机质分配系数(K_{om})。周岩梅[86]等人的研究表明,生物膜的吸附特性与 f_{om} 值有着强烈的相关性,生物膜有机质中非极性脂肪族和全部芳香族类物质含量的对数与吸附容量的对数线性相关,自然水体中的痕量有机污染物以分配作用的方式进入生物膜,因此 f_{om} 值有助于理解生物膜对于痕量有机污染物的吸附过程。因此,有着较高 f_{om} 值的污水处理厂下游培养的生物膜可能有着对痕量有机污染物

更强的吸附能力。

4.1.4.6　原位培养河流生物膜对典型酞酸酯的吸附特性

为了更好地探究不同点位河流生物膜的吸附热力学特征，本研究选定2017年11月在污水处理厂上游、污水处理厂下游以及东瓜圃桥3个点位培养的河流生物膜，分别测定了初始浓度为80~800 μg/L的DMP、DBP和DEHP在吸附试验结束时的吸附量，如图4.36所示。3个点位的河流生物膜均可以对PAEs产生吸附作用，随着PAEs初始浓度的增加，生物膜对PAEs的吸附量也逐渐增加。刘萍[87]等人的研究发现，生物膜可以通过静电吸附、离子交换和表面络合等物化作用实现对污染物的吸附。结果表明，污水处理厂下游生物膜对于DMP、DBP和DEHP的吸附量明显高于污水处理厂上游和东瓜圃桥生物膜，对于初始浓度为400 μg/L的DMP吸附量甚至是污水处理厂上游和东瓜圃桥生物膜吸附量的4.3倍和14.1倍。东瓜圃桥生物膜对于DBP和DEHP均表现出较强的吸附能力，然而对于DMP的吸附量却很低，对于初始浓度为800 μg/L的DMP吸附率仅为6.4%，而对于800 μg/L的DBP和DEHP的吸附率则为31.0%和24.4%。污水处理厂上游生物膜也出现了相似的现象。这表明与DBP和DEHP相比，河流生物膜可能对于DMP的吸附能力有限。

为了进一步探究生物膜的吸附热力学特征，利用Freundlich吸附等温模型对吸附热力学过程进行非线性拟合[88]，吸附等温模型的公式及参数如下所示。

Langmuir吸附等温模型：

$$\Gamma = \Gamma_{max} KC_e/(1 + KC_e) \tag{4.9}$$

Freundlich吸附等温模型：

$$\Gamma = KC_e^{1/n} \tag{4.10}$$

其中，Γ表示生物膜对目标化合物的吸附量(mg/g)；Γ_{max}是生物膜对目标化合物的最大吸附量(mg/g)；K是平衡常数(L/mg)，K可反映等温吸附曲线的弯曲情况；C_e是溶液中目标化合物的吸附平衡浓度(mg/mL)；$1/n$表示吸附常数，可以衡量生物膜的吸附强度。

运用Origin对经验模型拟合数据进行了分析，通过参数误差的比较，发现使用Langmuir方程拟合效果要好于Freundlich方程，且拟合结果更具有统计学意义(相关系数$r^2>0.94$)。这表明生物膜表面的吸附位点和活性基团分布不均匀，生物膜的吸附过程近似于单分子层吸附[89]。表4.12是利用Langmuir模型对生物膜吸附热力学过程的拟合结果。Γ_{max}为最大吸附量，表征生物膜的吸附能力的最大值；K为吸附平衡常数。结果表明，污水处理厂下游点位培养的河流生物膜对DMP、DBP和DEHP的吸附量最大，分别是50.88 mg/g、

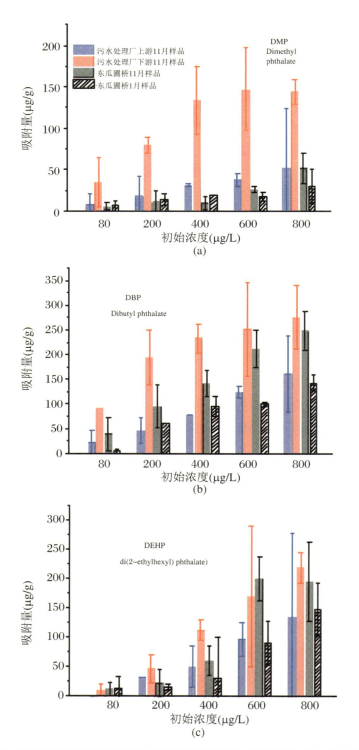

图 4.36 原位培养河流生物膜对不同初始浓度 PAEs 的吸附图:(a) 污水处理厂上游点位;(b) 污水处理厂下游点位;(c) 东瓜圃桥点位

168.91 mg/g 和 281.01 mg/g，东瓜圃桥点位次之，污水处理厂上游点位生物膜的吸附量最小。其中，DMP 在污水处理厂下游生物膜上的最大吸附量分别是其在污水处理厂上游、东瓜圃桥生物膜最大吸附量的 2.16 倍和 1.43 倍；DBP 在污水处理厂下游点生物膜上的最大吸附量分别是其在污水处理厂上游、东瓜圃桥生物膜最大吸附量的 1.82 倍和 1.32 倍；DEHP 在污水处理厂下游生物膜上的最大吸附量分别是其在污水处理厂上游、东瓜圃桥生物膜上最大吸附量的 5.53 倍和 2.23 倍。该培养时期，污水处理厂下游点位水体的 TN 为 9.08 mg/L，TP 为 0.47 mg/L，TOC 为 6.57 mg/L，均高于污水处理厂上游点位和东瓜圃桥点位水体的 TN。这可初步判断更高的营养水平有助于生成有机质含量更高的生物膜，从而促进对 PAEs 类污染物的吸附。

表 4.12　Langmuir 模型对原位培养河流生物膜吸附等温线的拟合参数

目标化合物	污水处理厂上游生物膜			污水处理厂下游生物膜			东瓜圃桥生物膜		
	Γ_{max}	K	R^2	Γ_{max}	K	R^2	Γ_{max}	K	R^2
DMP	23.57	0.0355	0.98	50.88	0.0867	0.95	35.55	0.0867	0.98
DBP	92.96	0.0321	0.98	168.91	0.0505	0.93	128.06	0.0117	0.94
DEHP	50.77	0.0201	0.95	281.01	0.0131	0.96	125.87	0.0622	0.96

为了更好地探究原位培养河流生物膜对 PAEs 的吸附动力学特征，实验检测了吸附过程中前 240 min 的目标化合物浓度，生物膜对 PAEs 的吸附动力学曲线如图 4.37 所示。河流生物膜对 3 种目标化合物的吸附经历了 3 个明显的阶段：快速吸附阶段（0～30 min）、慢速吸附阶段（30～50 min）和平衡阶段（50～240 min）。在吸附开始的前 30 min 内，生物膜对目标化合物的吸附量快速增加，吸附速率很快，在 30 min 时已达到最大吸附量的 67%～86%；30 min 之后，吸附速率放慢，进入慢速吸附阶段，吸附曲线上升缓慢并逐渐趋于平缓，进入平衡阶段。就整个吸附过程而言，在 PAEs 的吸附中起主导作用的是快速吸附阶段。由于目标化合物仅是被吸附到生物膜表面或分配到生物膜有机质中，因此该过程时间相对较短；慢吸附阶段则是目标化合物在生物膜微孔中的逐渐扩散，所以消耗时间相对较长。在自然河流中，水体时刻处于流动状态，因此目标化合物和生物膜在河床上的接触时间十分有限，而生物膜依然可以快速地吸附 PAEs 类塑化剂，甚至可能会进一步降解与转化，所以生物膜是自然河流中控制污染物迁移转化的重要基质。

分别利用 Elovich、准一级动力学方程和双常数速率方程对吸附动力学过程进行非线性拟合，3 种方程的公式及参数如下所示。

Elovich 方程：

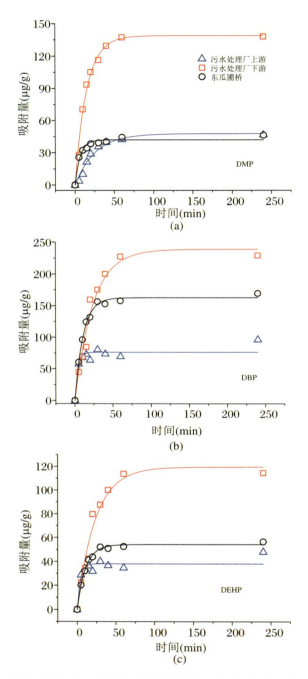

图 4.37 PAEs 的吸附动力学曲线:(a)污水处理厂上游点位;(b)污水处理厂下游点位;(c)东瓜圃桥点位

$$\Gamma_t = a + b \ln t \tag{4.11}$$

准一级动力学方程:

$$\Gamma_t = \Gamma_e (1 - e^{-Kt}) \tag{4.12}$$

双常数速率方程:

$$\ln \Gamma_t = a + b\ln t \tag{4.13}$$

其中，Γ_t 为 t 时刻生物膜样品对痕量有机污染物的吸附量(mg/g)；t 为吸附时间(min)；Γ_e 为平衡时的吸附量(mg/g)；K 为准一级吸附速率常数(1/min)；a 为与痕量有机污染物初始浓度相关的实验常数；b 为与吸附活化能力相关的吸附速率常数。

运用 Origin 对经验模型拟合数据进行分析，通过参数误差的比较，发现本研究的目标化合物吸附动力学与准一级动力学方程拟合良好，由动力学方程拟合出的最大吸附量也接近实际最大吸附量，R^2 在 0.87 到 0.99 之间，优于 Elovich 方程和双常数速率方程拟合结果。吸附动力学模型结果表明，原位培养河流生物膜对于 PAEs 的吸附属于化学吸附过程[90]，相应的动力学拟合参数如表 4.13 所示。污水处理厂下游生物膜对 DMP、DBP 和 DEHP 具有最强的吸附能力，这与吸附热力学拟合结果相一致，分别为 138.8 mg/g、239.0 mg/g 和 119.5 mg/g，DEHP 的吸附量甚至是污水处理厂上游和东瓜圃桥生物膜吸附量的 3.1 倍和 2.2 倍。东瓜圃桥生物膜对于 DBP 和 DEHP 均表现出较强的吸附能力，然而对于 DMP 的吸附量却很少，这与吸附热力学过程拟合结果基本一致。

表 4.13　准一级动力学方程对生物膜吸附等温线的拟合参数

目标化合物	污水处理厂上游生物膜			污水处理厂下游生物膜			东瓜圃桥生物膜		
	Γ_e	K	R^2	Γ_e	K	R^2	Γ_e	K	R^2
DMP	47.8	0.040	0.96	138.8	0.067	0.98	41.9	0.15	0.96
DBP	76.4	0.25	0.87	239.0	0.042	0.97	162.5	0.091	0.99
DEHP	38.2	0.25	0.87	119.5	0.042	0.96	54.2	0.09	0.99

Chiou[91]等提出的分配理论认为，有机污染物在生物膜或表层沉积物上的吸附行为类似于有机化合物在亲水相和疏水相之间的分配过程。人们常用分配系数 K_d 来衡量有机物在生物膜或水底沉积物与水相间的分配程度，而 K_{om} 则是有机物标准化分配系数，计算如下所示：

K_d 的计算公式：

$$K_d = C_s/C_w \tag{4.14}$$

K_{om} 的计算公式：

$$K_{om} = 100K_d/f_{om} \tag{4.15}$$

其中，C_s 为吸附相中痕量有机污染物的平衡浓度(ng/kg)；C_w 为水相中痕量有机污染物的平衡浓度(ng/L)；f_{om} 为吸附相中的有机质分数(%)。通过生物膜吸附试验分别测得 DMP、DBP 和 DEHP 在两相中的平衡浓度，经计算可得到目标化

合物在两相中的 $\log K_d$ 和 $\log K_{om}$，结果见表 4.14。DMP 在生物膜相和水相中 $\log K_d$ 的范围是 0.76~0.86，$\log K_{om}$ 的范围是 1.81~2.69；DBP 在两相中 $\log K_d$ 的范围是 0.81~0.90，$\log K_{om}$ 的范围是 2.02~2.79；而 DEHP 在两相中 $\log K_d$ 的范围是 0.92~1.31，$\log K_{om}$ 的范围是 3.12~3.51。

表 4.14 生物膜吸附 PAEs 的分配系数表

目标化合物	污水处理厂上游生物膜			污水处理厂下游生物膜			东瓜圃桥生物膜		
	$\log K_d$	$\log K_{om}$	R^2	$\log K_d$	$\log K_{om}$	R^2	$\log K_d$	$\log K_{om}$	R^2
DMP	0.78	2.69	0.99	0.76	1.81	0.96	0.86	2.32	0.80
DBP	0.81	2.79	0.99	0.85	2.02	0.70	0.90	2.43	0.91
DEHP	0.92	3.17	0.96	1.31	3.12	0.98	1.30	3.51	0.90

4.1.4.7 原位培养河流生物膜对典型酞酸酯的吸附机理

f_{om} 值与痕量有机污染物在生物膜和水相中的分配高度相关，非极性脂肪族和芳香族成分也与生物膜的吸附能力呈线性相关。图 4.38 描述了本研究中生物膜样品 K_{om} 和 K_{ow} 之间的关系以及其他环境基质对内分泌干扰物和塑化剂的吸附关系。前人研究表明，非特异性疏水分配模式是包括 PAEs 类塑化剂在内的痕量有机污染物进入生物膜的主要吸附机制，主要受溶解有机质、盐度和矿物质含量影响[92-93]。通过图 4.38，我们发现多个可能影响生物膜吸附行为的因

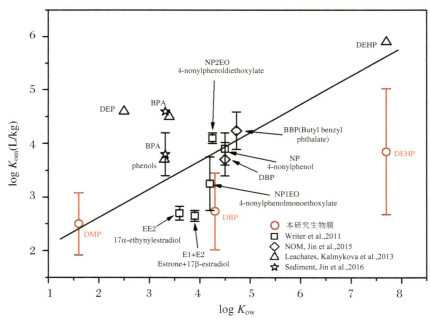

图 4.38 多种痕量有机污染物 $\log K_{ow}$ 和 $\log K_{om}$ 相互关系图[85,95-97]

素。这表明痕量有机污染物在生物膜中的分配除了依靠非特异性疏水分配模式外，还可以通过其他机制进行相互作用。已有研究表明，PAEs能够通过C═O间的氢键与矿物质相互作用，然后吸附H_2O[93]。本研究的数据与之前报道的数据存在一定差异，这表明在生物膜吸附过程中可能存在其他机制，如生物膜的分子大小和有机质组分分布等。河流生物膜主要由蛋白质、脂类和多糖等不稳定的低分子量有机质组成，土壤或河湖沉积物则包含从植物碎屑的生物降解中获得的疏水和亲水性有机质组分，因此河流生物膜中有机质的芳香性较差，这可能是由K_{ow}值相对较低[94]造成的。

为了更好地探究PAEs类塑化剂与生物膜之间的分子相互作用，实验对目标化合物被吸附前后的生物膜进行了FTIR光谱分析，如图4.39所示。在吸附目标化合物DEHP后，波数范围为1635～1648 cm^{-1}的C═C键发生改变，这表明π-π相互作用在生物膜对DEHP的吸附过程中起到极为重要的作用[98-99]。与原始生物膜相比，波数1118 cm^{-1}处的相对峰强度有所增加，说明多糖中的C—O键、C—O—C键和C—O—P键是与目标化合物相互作用的重要官能团。这些结果进一步证明了EPS中的多糖或复合糖在分子水平上参与了目标化合物的黏附和积累。在对DEHP的吸附作用中，在波数1538 cm^{-1}处的不对称拉伸峰（—NO_2官能团）向1545 cm^{-1}处蓝移，这表明其N—O键的增强有利于生物膜对目标化合物吸附和作用。

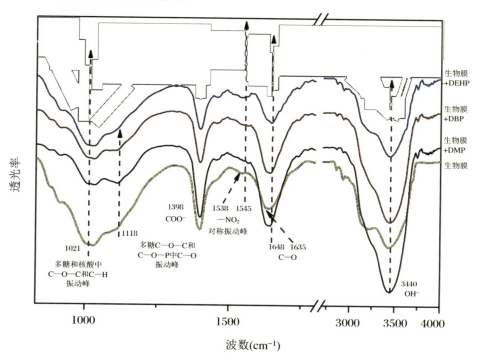

图4.39　PAEs被吸附前后生物膜的FTIR光谱图

我们发现河流生物膜对 PAEs 的吸附热力学过程符合 Langmuir 等温吸附方程，为非线性吸附。吸附热力学过程符合准一级动力学方程，研究确定了 Γ_e、$\log K_d$ 和 $\log K_{om}$ 等重要吸附参数，结果均表明污水处理厂下游生物膜对 PAEs 的吸附性能强于污水处理厂上游和东瓜圃桥生物膜。这说明有机质含量更高的生物膜对 PAEs 具有更好的吸附性能。非特异性疏水分配模式是包括 PAEs 类塑化剂在内的痕量有机污染物进入生物膜的主要吸附机制。通过 FTIR 光谱分析发现，多糖中的 C—O 键、C—O—C 键和 C—O—P 键是与 PAEs 相互作用的重要官能团，EPS 中的多糖或复合糖在分子水平上参与了 PAEs 的黏附和积累。相关机理研究可以促进理解自然河流系统中痕量有机污染物在生物膜中的迁移转化过程。

4.2 NOM 对典型有机污染物的结合

4.2.1 腐殖酸结合磺胺二甲基嘧啶

目前，全世界范围内抗生素药物的大量使用导致了严重的环境残留问题，如各地的污水处理厂出水中都有磺胺类抗生素被检出[4-6]。最终这些磺胺残留将会进入土壤和天然水环境中。

腐殖质是广泛存在于环境中的天然有机质，是一类具有高分子量和丰富官能团的混合有机物[100-101]，也是活性污泥的主要成分之一。很多针对污染物在腐殖质上的分配研究[102-103]都表明腐殖质对有机污染物在环境中迁移、持久性的存在和生物获得都有显著影响[104-105]。对微污染物与腐殖质之间相互作用的研究对于评价该污染物向环境中渗透和传输乃至生物降解都有重要的意义，然而对于这类相互作用的动力学及热力学的研究却很少。

传统的分析方法，包括增溶法[104,106]、反相分离[107-108]和平衡透析[109]，常用于测定腐殖质的结合容量,从而研究它的结合特性。然而这些方法耗时且不灵敏,因此需要开发新的方法去研究相互作用的特性。表面等离子共振(Surface Plasmon Resonance,SPR)技术是一项被广泛用于研究分子间亲和作用的生物传感技术。通常将配体固定在金属传感器表面,将分析物溶解在缓冲液中流过该表面[110]。与其他方法相比,SPR 是一种非常灵敏且能用于定量的生物物理技术,可以同时研究结合作用的热力学和动力学[111]。等温滴定微量热技术(ITC)是一项重要的微量热技术,被广泛用于研究恒定温度下生物化学结合过程的热力学特性[112-113]。这种定量方法与其他非量热的方法(例如 van't Hoff 法)的区别在于,它直接对反应的热量进行精确的测量。这种热力学的分析可以表征伴随结合反应的能量过程。

本章研究中,我们用 SPR 结合 ITC 技术研究磺胺二甲基嘧啶(SMZ)与腐殖质的相互作用,研究结果有助于深入理解有机污染物在环境中的迁移和转化规律。

HA 购自中国华北特种试剂厂,在使用前进行纯化[114]。粗 HA 溶解在 0.1 mol/L 的 NaOH 中,过滤,用 37% 的盐酸将 pH 调至 1.0 左右。溶液过滤,沉淀用 0.1 mol/L 的盐酸清洗三次。将纯化的 HA 收集起来,冷冻干燥待用。SMZ 购自 Sigma-Aldrich。

SPR 测试在 SPR 分析仪(Biacore3000,GE,美国)上进行。首先将 CM5(羧甲基葡聚糖)芯片用氨基偶联试剂活化,以 0.4 mol/L 1-乙基-3-(3-二甲氨基)碳二亚胺盐酸盐(EDC)和 0.1 mol/L N-羟基琥珀酰亚胺(NHS)活化 12 min,流速为 5 μL/min。SMZ 用 PBS 缓冲液(50 mmol/L,pH=7.0)稀释至 0.5 mg/mL,以 5 μL/min 的流速在 CM5 芯片的样品池通道上偶联反应 20 min,固定在芯片表面,然后注射乙醇胺(pH=8.5,10 μL/min)2 min 封闭芯片表面,使未结合的羧基结合完毕。将不同浓度的 HA(11~240 μmol/L,以 TOC 计,Vario TOC 仪测定,德国)溶解在缓冲液中分别流过固定了 SMZ 的芯片表面(10 μL/min,30 μL),然后解离 7 min。每次进样品前,表面用 50 mmol/L NaOH + 0.05% SDS 和 50 mmol/L NaOH 再生(50 μL,10 μL/min)。

SPR 传感图用 BiaEvaluation 4.1 软件进行分析。传感图首先使用基线校正。动力学参数亲和速率常数(k_a)、解离速率常数(k_d)使用 1:1 的分子结合模型拟合。

解离速率常数由以下方程得出:

$$R = R_0 e^{-k_d(t-t_0)} + \mathit{offset} \tag{4.16}$$

其中,R 是时间 t 的响应值;R_0 是拟合初始时间 t_0 的响应值;offset 是无穷时间的响应值。

亲和速率常数由以下方程得出：

$$R = \frac{k_a C R_{max}}{k_a C + k_d}[1 - e^{-(k_a C + k_d)(t - t_0)}] + RI \quad (4.17)$$

其中，R_{max} 是最大分析物结合容量；C 是分析物摩尔浓度；t_0 是注射开始时间；RI 是溶液折射率效应。结合作用的平衡亲和常数（K_A）通过动力学常数比值 k_a/k_d 获得。

为研究环境条件对结合作用的影响，实验分别研究了不同 pH（6.0、7.0、8.0）、离子强度（10 mmol/L、50 mmol/L、100 mmol/L）和温度（25 ℃、30 ℃、35 ℃）对 SMZ 和 HA 结合的影响。

HA 和 SMZ 的相互作用使用 VP-ITC 量热仪进行分析（MicroCal，Northampton，MA）。溶液使用 PBS 缓冲液配制（50 mmol/L，pH = 7.0），HA 浓度为 595.2 mg C/L，SMZ 浓度为 500 mg/L。所有溶液在滴定前预先真空脱气 15 min。工作池体积为 1468.5 μL，搅拌速度为 306 r/min，用 SMZ 分别滴定缓冲液和 HA 溶液。每次滴定 13 μL，滴定时间为 26 s，每两次滴定间隔 180 s，确保能够达到平衡。分别在 25 ℃、30 ℃、35 ℃ 下进行滴定。数据用 Origin 7.0 分析。

HA 与 SMZ 在不同条件下相互作用的 SPR 光谱的亲和-解离曲线如图 4.40 所示。在最开始的 130 s 内，当缓冲液流经 SMZ 芯片时，信号值维持稳定。当 HA 溶液流过芯片时，HA 结合到 SMZ 连接的芯片上，传感芯片的分子数量增加，导致 130～310 s 内传感图的信号值增加。随着缓冲液的流过，部分结合的 HA 开始从芯片上解离下来，310～730 s 内，信号呈下降趋势。在不同环境条件下，例如不同 pH、离子强度或温度下，信号增加和下降的趋势也不同。这表明 SMZ 与 HA 之间的相互作用受不同溶液化学条件影响程度不同。

图 4.41 显示了不同 pH（6.0、7.0 和 8.0）条件下，HA 流经 SMZ 芯片的传感图。结果显示，亲和-解离的过程均受到溶液 pH 的影响。亲和速率在 pH = 6 时较慢，而解离速率在 pH = 8 时则较快，导致亲和常数在 pH = 8 时较低，说明 SMZ 与 HA 的结合作用在高 pH 下会受到抑制。SMZ 包含两种可离子化的官能团，苯胺基团（$pK_a = 2.65 \pm 0.20$）和酰胺（$pK_a = 7.40 \pm 0.20$）部分。SMZ 在不同 pH 下的存在形态如图 4.41 所示。在碱性条件下，阴离子态的 SMZ 为主要部分；中性和弱酸性条件下，非离子形态的 SMZ 为主要部分。阴离子态的 SMZ 在 pH = 6、pH = 7 和 pH = 8 时分别占据 3.8%、28.5% 和 79.9%[115]，而当 pH 增加时，HA 中更多的酸性官能团解离，使之带更多的负电荷[116]。阴离子态的 SMZ 与 HA 间强烈的静电排斥可能是 pH = 8 时结合强度较低的主要原因。

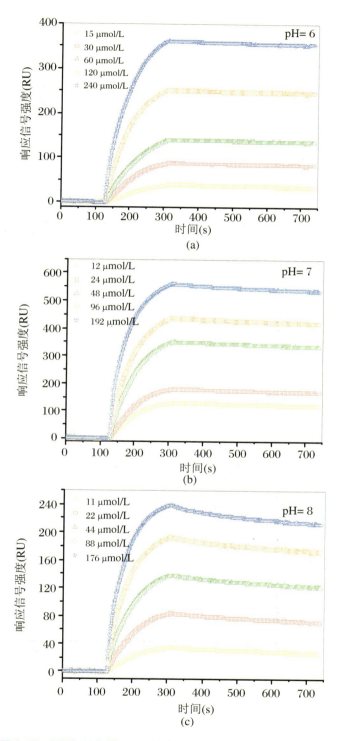

图 4.40 不同 pH 条件下 HA 结合 SMZ 的动力学分析：(a) pH=6；
(b) pH=7；(c) pH=8

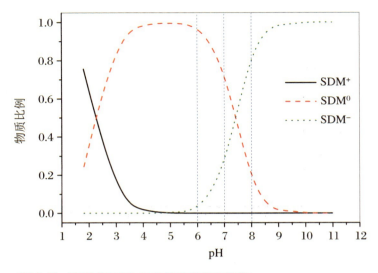

图 4.41　SMZ 在不同 pH 条件下的形态分布

我们也研究了不同离子强度条件下 HA 与 SMZ 间的相互作用（见图 4.42），结果表明，该结合作用受离子强度影响显著。高离子强度下亲和速率较小，而解离速率在低离子强度下较大。结果显示，结合作用随离子强度增加而增强。HA 表面电荷受溶液离子强度影响显著。阴离子态的 SMZ 与负电荷的 HA 之间的静电排斥力由于离子强度增加，压缩双电层被极大减弱，这可能直接导致 SMZ 与 HA 之间的亲和性能在高离子强度下较高。

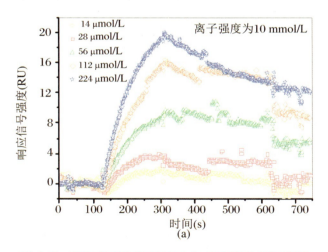

图 4.42　不同离子强度下 HA 结合 SMZ 的动力学分析：
(a) 10 mmol/L；(b) 50 mmol/L；(c) 100 mmol/L

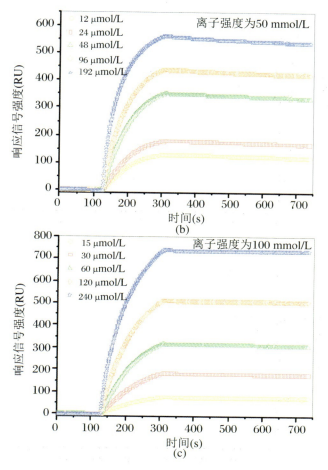

续图 4.42　不同离子强度下 HA 结合 SMZ 的动力学分析

SMZ 和 HA 的结合随温度的增加而减弱（图 4.43）。随着温度的上升，亲和速率常数和解离速率常数都有所增加。在 35 ℃ 时，结合性能最弱。这一结果与后面 ITC 的结果一致。由于该结合作用为典型的放热过程，温度升高不利于反应向正向进行。

不同条件下的 SMZ 与 HA 结合的动力学参数 k_a 和 k_d 与亲和常数 K_A 采用 1∶1 Langmuir 模型拟合得到（图 4.44）。

不同温度下 SMZ 与 HA 的相互作用的 ITC 结果如图 4.45 所示，相应的热力学参数拟合结合如表 4.15 所示。随着温度的升高，结合常数减小，吉布斯自由能变的绝对值减小，说明温度的升高不利于反应的进行，这与 SPR 的结果一致。负的焓变值表明这是一类典型的放热反应，且随着温度的升高，放热减小。熵变值为正，说明该结合作用使体系的无序度增加，且随温度的升高，熵增效应明显。比较焓变项和熵变项绝对值，可以发现随着温度的升高，焓变项绝对值减小，而熵变项绝对值增加，说明反应驱动力由以焓驱动为主变成熵焓共同驱动。

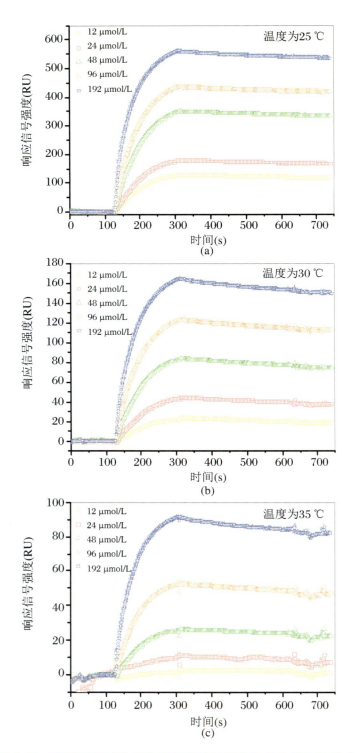

图 4.43 不同温度下 HA 结合 SMZ 的动力学分析：(a) 温度为 25 ℃；(b) 温度为 30 ℃；(c) 温度为 35 ℃

驱动力的变化反映了其相互作用的机制随着温度的升高发生了改变。由于溶液的 pH 控制在 7.0 左右，71.5%的中性 SMZ 与 HA 中疏水空腔的相互作用可能是引起熵增的主要原因，同时水分子间形成氢键会导致负的焓变，氢键会随温度的升高而弱化，焓变绝对值也会随之下降[29]。同时阴离子态的 SMZ 与 HA 间的静电排斥也会产生负的焓变。

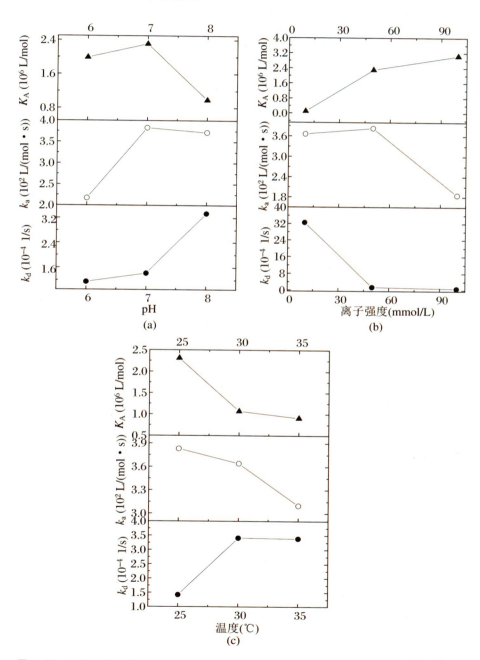

图 4.44 不同环境条件下 HA 结合 SMZ 的解离速率、亲和速率及亲和常数：(a) pH；(b) 离子强度；(c) 温度

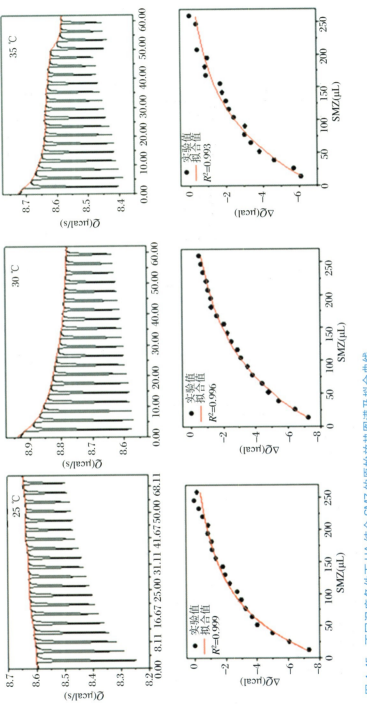

图 4.45 不同温度条件下 HA 结合 SMZ 的原始放热图谱及拟合曲线

表 4.15 不同温度条件下 HA 结合 SMZ 的热力学参数

T (℃)	ΔH (kJ/mol)	N (10^{-4} mol/mol C)	K (10^3 L/mol)	ΔG (kJ/mol)	$T\Delta S$ (kJ/mol)	ΔS (J/mol/K)
25	−19.29	3.84	3.13	−19.94	0.66	2.20
30	−10.57	9.28	2.51	−19.39	8.83	29.62
35	−10.13	8.78	2.49	−19.38	9.25	31.04

核磁共振(NMR)是定性定量研究有机分子间相互作用的有效工具。曾被用于研究环境污染物和天然有机质间的相互作用。然而,这些污染物需要被标记,以避免和有机质的信号发生重叠[117-118]。当污染物带有芳环结构,如磺胺类抗生素,这个缺点可以克服。在核磁的氢谱上,低浓度的腐殖质在芳环区域的响应值非常低,基本上不会影响芳环污染物的信号响应[119]。本节利用核磁共振氢谱研究了富里酸(FA)和磺胺二甲基嘧啶(SMZ)间的相互作用,同时利用 ITC 和 SPR 分析获得 SMZ 和 FA 之间相互作用的热力学和动力学信息。

磺胺二甲基嘧啶和氘代试剂购自 Sigma-Aldrich。富里酸购自中国科学院煤炭化学研究所。其他试剂购自上海国药试剂,均为分析纯。

分别研究不同 pH 条件下(1.81~10.98)FA 与 SMZ 的结合作用,用于解析 SMZ 的形态分布的重要性和结合机制。在结合测试前,FA 和 SMZ 用不同 pH 的缓冲溶液配制到给定浓度。每个试管中加入 3 mL 的 100 mg/L FA 溶液,然后加入不同体积的 SMZ 溶液,最后加入 PBS 缓冲液,使总体积控制在 10 mL。SMZ 的浓度控制在 0~1.26 mmol/L。溶液用振荡器混匀平衡 4 h 用于分析。

使用荧光分光光度计(LS-55,Perkin-Elmer Co.,美国)测定 FA 及其混合液荧光发射光谱。荧光发射光谱测试条件为:激发波长为 335 nm,发射波长为 300~600 nm。激发和发射狭缝宽度为 10 nm,扫描速度为 600 nm/min。双蒸水的光谱被作为背景扣除。

假设 FA 上的结合位点相互独立,表观结合常数和结合位点数可以根据双对数方程获得:

$$\log \frac{F_0 - F}{F} = \log K + n\log[Q] \tag{4.18}$$

其中,F_0 和 F 分别为 FA 中未加入和加入了 SMZ 的荧光强度,[Q]为 SMZ 浓度,K 为结合常数,n 为结合位点数。

为进一步区分不同形态的 SMZ 对相互作用的贡献大小,下述经验模型可以用于计算各个形态的 SMZ 吸附结合常数的大小:

$$K = K^+ \alpha^+ + K^0 \alpha^0 + K^- \alpha^- \tag{4.19}$$

其中,K^+、K^0 和 K^- 分别为阳离子型、中性和阴离子型 SMZ 的结合常数。α^+、

α^0 和 α^- 分别为指定 pH 下阳离子型、中性和阴离子型 SMZ 所占的比例。

液体核磁在 Bruker Avance 400 MHz 核磁共振光谱仪上进行,质子频率为 400.13 MHz,配备 5 mm 的 Bruck 反向宽频探头。所有光谱数据用 MestReNova 软件处理。SMZ(0.5 mg, Sigma-Aldrich)加入 20 μL 氘代 DMSO 保证其充分溶解,然后进一步溶解在 D_2O 中,使其浓度达到 1 mg/mL。梯度质量的 FA (0~4.4 mg)固体分别溶解于 0.5 mL 的 SMZ 溶液中,然后转移到核磁管中,平衡 4 h 进行分析。所有的核磁实验在(25.0±0.1)℃下进行,^{1}H-NMR 以溶剂化学位移定标,为 4.709 ppm。

当自由态和结合态的 SMZ 在 NMR 时间尺度上交换非常迅速时,NMR 实验所观测的化学位移是结合态和自由态 SMZ 化学位移的摩尔重均化学位移[120]。

$$\delta_{\text{obs}} = (1 - X_B)\delta_F + X_B\delta_B \tag{4.20}$$

其中,X_B 是结合态的 SMZ 的比率,公式为

$$X_B = \frac{\delta_{\text{obs}} - \delta_F}{\delta_B - \delta_F} \tag{4.21}$$

式中,δ_{obs} 为实验测得的化学位移;δ_F 为自由态 SMZ 核化学位移;δ_B 为 FA-SMZ 复合物核化学位移。

Langmuir 吸附模型被用于描述 FA 与 SMZ 间的相互作用[13],即

$$\theta = \frac{KG_F}{1 + KG_F} \tag{4.22}$$

$$G_0 = G_F + H_0 N\theta \tag{4.23}$$

其中,θ 是 FA 中的吸附位点被 SMZ 占据的覆盖率;K 是结合常数(L/mol);G_F 是自由态 SMZ 浓度(mmol/L);G_0 是已知 SMZ 总浓度(mmol/L);H_0 是已知 FA 总浓度(mg/L);N 是 FA 的结合容量(mmol/mg)。

合并式(4.22)和式(4.23),得到

$$\theta = \frac{1}{2}\left[1 + \frac{G_0}{H_0 N} + \frac{1}{H_0 NK} - \sqrt{\left(1 + \frac{G_0}{H_0 N} + \frac{1}{H_0 NK}\right)^2 - 4\frac{G_0}{H_0 N}}\right] \tag{4.24}$$

X_B 又可以表示为

$$X_B = \frac{G_B}{G_0} = \frac{H_0 N\theta}{G_0} \tag{4.25}$$

其中,G_B 为结合态的 SMZ 浓度(mmol/L)。

联立以上各式,得到

$$2(\delta_{\text{obs}} - \delta_F) = \left[1 + \frac{H_0 N}{G_0} + \frac{1}{G_0 K} - \sqrt{\left(1 + \frac{H_0 N}{G_0} + \frac{1}{G_0 K}\right)^2 - 4\frac{H_0 N}{G_0}}\right](\delta_B - \delta_F) \tag{4.26}$$

N、K 和 δ_B 通过对式(4.26)进行非线性拟合获得。

ITC-200 量热仪(MicroCal Co.，美国)用于研究 FA 与 SMZ 间的相互作用。所有溶液使用 PBS 缓冲液配(50 mmol/L, pH = 7.0)，SMZ 和 FA 的浓度分别为 1 g/L 和 10 g/L。所有的溶液在滴定前真空脱气 15 min。实验中，工作池的体积为 199.3 μL，温度恒定在 25 ℃，搅拌速度为 1000 r/min。每次滴定实验前设定 60 s 热力学平衡时间，然后加入 19 滴。SMZ 分别滴定 PBS 缓冲液和 FA 溶液。SMZ 每次滴定 2 μL，滴定时长 4 s，每两滴间隔 120 s。

FA 与 SMZ 的相互作用动力学使用 SPR 方法在 Biacore3000 系统(GE，美国)上进行。芯片活化及偶联过程同上所述。不同浓度的 FA(0.38～3.04 mmol/L-C，以 TOC 计，Vario TOC 测定，德国)，溶解在缓冲液中分别流过固定了 SMZ 的芯片表面(10 μL/min，30 μL)，然后用缓冲液解离 7 min。每次进样品前，表面用 50 mmol/L NaOH + 0.05% SDS 和 50 mmol/L NaOH 再生(50 μL，10 μL/min)。

我们用荧光淬灭的方法对不同 pH 条件下 FA 与 SMZ 的相互作用进行定量计算。其结合常数如图 4.46 所示。FA 与 SMZ 的结合随 pH 变化显著，在 pH 低于 pK_{a1} 区域，相互作用受到明显的抑制。在低 pH 条件下，SMZ 苯胺基团结合质子带正电，而 FA 的等电点约为 2.8，与 SMZ 的 pK_{a1} 值接近，当 pH 低于等电点时，FA 荷正电，SMZ 同样带正电荷，强烈的正电排斥可能是抑制其相互作用的主要原因。同理，在 pH 高于 pK_{a2} 条件下，SMZ 磺酰胺基团解离，使 SMZ 带负电，而 FA 中的酸性官能团也随 pH 升高解离，其表面负电荷也逐渐增加，负电排斥同样也抑制了高 pH 区域下 FA 与 SMZ 的相互作用。用经验模型

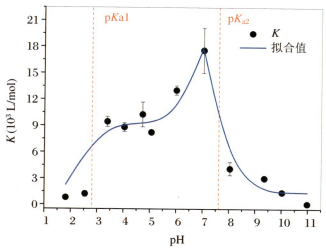

图 4.46　不同 pH 条件下 SMZ 与 FA 相互作用的结合常数

进一步定量不同形态的 SMZ 对相互作用的贡献大小,如表 4.16 所示。根据拟合结果,酸性条件下,阳离子态的 SMZ 与 FA 基本没有相互作用,阴离子态与中性 SMZ 对相互作用起主要贡献;反之,碱性条件下,阳离子态 SMZ 与 FA 的作用强度远大于其他两种形态,但由于其所占比例极小,该部分的贡献也不明显,所以与 FA 的相互作用以阴离子态和中性 SMZ 主导。

表 4.16 三种形态 SMZ 的结合常数

pH	K^+ (10^3 L/mol)	K^0 (10^3 L/mol)	K^- (10^3 L/mol)	R^2
<7	—	9.29	38.36	0.861
>7	473963.82	15.67	1.44	0.980

核磁共振氢谱的结果如图 4.47 所示。随着 FA 的加入,SMZ 的质子信号(H_A、H_B、H_C、H_D)向高场方向移动,同时其质子峰宽显著增加。这四种质子信号的移动和峰宽增加的程度有所差异。从图 4.48 中可以看到,当 SMZ 中加入 0.9 mg FA 后,H_A 和 H_B 仍然有可分辨出的偶联模式,且其化学位移变化也不明显。而同样质量 FA 的加入则显著增加了 H_C 和 H_D 的峰宽,其化学位移也分别向高场方向移动了 0.036 ppm 和 0.028 ppm(见图 4.48)。

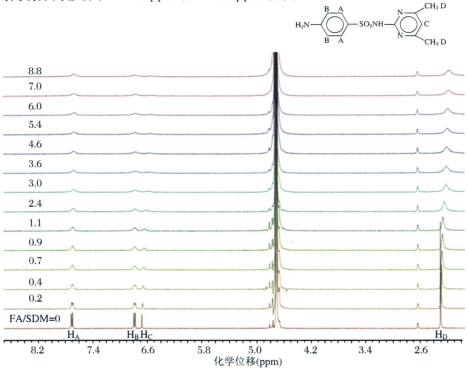

图 4.47 SMZ 中加入梯度浓度的 FA 后 ^{1}H 发生化学位移图示

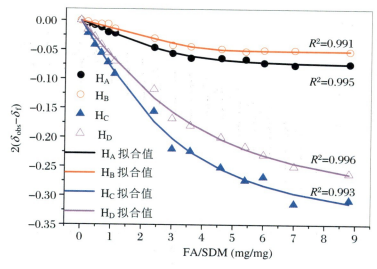

图 4.48　^{1}H-NMR 滴定曲线

表 4.17 列出了根据核磁滴定计算出的相互作用相关参数。通过比较其结合常数大小，我们发现 SMZ 芳环上的氢核与 FA 的相互作用较为明显，随着 FA 浓度的增加，峰宽也随之增加。这说明由于 SMZ 分子运动受限造成质子弛豫速率增加[119]。通过实验我们发现，芳环上质子信号向高场方向移动，这表明其氢核周围的电子屏蔽加强。这可能是由 π-π 相互作用引发的，磁各向异性中心从 SMZ 芳环平面中心移动至新生成的 π-π 复合物中心，导致所有共振氢核的电子屏蔽增加[121]。π-π 复合物可能在 SMZ 分子之间形成，也可能由 SMZ 与 FA 中的芳香组分形成。此外，一些文献中报道小分子进入疏水性空腔也会导致磁屏蔽效应增加[122]。

表 4.17　^{1}H-NMR 滴定曲线拟合结果

	K (10^4 L/mol)	N (mmol/g)	δ_b (ppm)	R^2
H_A	3.14	1.09	7.666	0.995
H_B	4.64	1.09	6.762	0.991
H_C	1.04	1.09	6.501	0.993
H_D	0.56	1.09	2.140	0.996

ITC 实验中测得放出的热量主要是由结合作用引起的，相关的热力学参数通过热量和 SMZ 量非线性拟合获得。如图 4.49 所示，FA 和 SMZ 的结合容量 N、结合常数 K 和结合焓变 ΔH 分别为 7.65×10^{-2} mmol/g、1.12×10^4 L/mol 和 -0.55 kJ/mol。

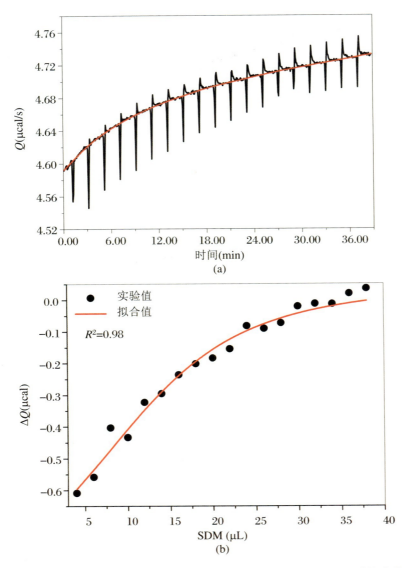

图 4.49 FA 结合 SMZ 的原始放热曲线和非线性拟合结果：(a) 原始放热曲线；(b) 非线性拟合结果

通过方程 $\Delta G = -RT\ln K$ 获得吉布斯自由能变为 -23.10 kJ/mol，这表明结合反应在热力学上是有利的，可以形成稳定的 EPS-SMZ 复合物。若焓变为负，则表明结合为放热过程。根据 $\Delta S = (\Delta H - \Delta G)/T$，可计算出结合熵变为 75.6 J/mol/K。这一结果表明 EPS 结合了 SMZ 后，体系的无序度提高了。由于 $|\Delta H| < |T\Delta S|$，FA 结合 SMZ 这一过程主要由熵变引起。

我们用 SPR 方法表征 FA 结合 SMZ 的微观动力学（见图 4.50）。通过模型拟合获得其相关的动力学常数，包括亲和速率常数 k_a [(29.42±16.78) L/mol/s]，解离速率常数 k_d [(6.64±0.61) 1/s]。

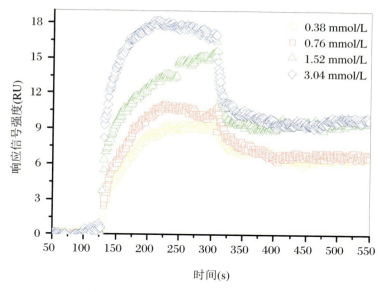

图 4.50　FA 结合 SMZ 的 SPR 动力学分析

本章利用 SPR 结合 ITC 作为快速有效的方法用于研究 SMZ 与腐殖质（HA 和 FA）之间的结合动力学和热力学特性。结果表明，SMZ 可以有效地和 HA 结合，该相互作用受溶液化学条件影响，随离子强度的增加而增强，随温度的升高而减弱。同时，随着温度的上升，相互作用由焓驱动为主转为熵焓共同驱动，疏水作用逐渐强化。

我们利用核磁滴定结合光谱方法、SPR 及 ITC 技术研究了 SMZ 与 FA 的相互作用。结果表明，这一相互作用以阴离子态和中性 SMZ 主导；SMZ 芳环上的氢核与 FA 的相互作用较强，存在明显的 π-π 相互作用；FA 结合 SMZ 过程主要由熵变驱动。

4.2.2

腐殖酸结合双酚 A

内分泌干扰化学物质（Endocrine Disrupting Chemicals，EDCs）通过诱导激素或阻断受体部位破坏基本生理功能，对人类健康产生不利影响[123-124]。双酚 A 是一种典型的 EDCs。即使微量摄入双酚 A，也会对雄性生殖功能产生毒性作用[125]。BPA 在工业生产中的广泛应用导致了天然水体中存在 BPA 残留物，对人类健康产生潜在威胁[126-127]。

水环境中的 HA 是可溶性有机物(Dissolved Organic Matter,DOM)的主要成分之一。溶解性有机物普遍存在于水生环境中,含有芳香族和脂肪烃结构[128]。DOM 能够与水体中污染物进行结合反应,例如与疏水性有机物的结合[129]。这种结合反应可以显著增加疏水性有机污染物在水体中的溶解度[130]。BPA 具有中度疏水性。经研究发现,在天然水体中的 DOM 能与 BPA 结合[131]。DOM 与 BPA 之间的结合作用显著影响环境中 BPA 的迁移和转化[132]。

HA 和 BPA 的结合过程有几种不同的结合力起作用,例如氢键、芳香作用、疏水力和静电力作用[129]。含有官能团如羟基和羧基的 HA,可以跟有机物之间以氢键的形式结合,并且含有苯环结构的 HA 能够与有机物发生芳香作用[133]。通过高斯计算,朱[129]等人发现 DOM 和 BPA 之间的结合作用,氢键的作用比芳香作用更显著。Chelli 等人[134]发现,BPA 能够被包含在环糊精的空腔中,这一研究表明 BPA 和 HA 之间能够发生疏水性结合。因为氢键、芳香作用和疏水相互作用在不同的 pH、离子强度和温度下对 HA 和 BPA 的影响程度不同,所以 BPA 和 HA 的结合过程受溶液环境条件变化的影响。以前的研究主要集中于指定条件下 DOM 与污染物之间的结合亲和力研究,但是缺乏对溶液条件影响的结合机制的深入探索。

在该研究中,BPA 和 HA 的结合作用通过荧光淬灭、动态光散射和微量热法来探究,阐明 HA 与 BPA 的结合亲和力在不同温度、pH、离子强度条件下的变化。本研究旨在探讨 BPA 与 HA 的结合过程,并从热力学角度解释结合过程的驱动机制,有助于深入了解天然水生环境中 BPA 的转化和迁移行为。

将 BPA、HA 和 PBS 加入 8 个容量瓶中,使 HA 的最终浓度为 5 mg C/L。烧瓶中 BPA 的浓度范围为 0~28 mg/L,增量为 4 mg/L。在荧光测量之前,将所有溶液完全混合并平衡 4 h。在不同温度(15 ℃、25 ℃、35 ℃)、pH(3.0~12.0)和离子强度(50~1000 mmol/L)下研究 HA 和 BPA 之间的结合作用。使用 50 mmol/L NaOH 和 50 mmol/L H_3PO_4 调节溶液 pH,同时用 1 mol/L NaCl 调节离子强度。

在荧光光谱仪上获得 HA-BPA 混合物的荧光光谱。激发波长设定为 270 nm,发射波长范围为 300~550 nm,增量为 0.2 nm。激发/发射狭缝均为 5 nm,扫描速度为 240 nm/min。在分光光度计上测试得到 HA-BPA 的 UV-Vis 光谱。傅立叶变换红外光谱用于分析结合作用前后 HA 的官能团变化。

使用等温滴定微量热获得 HA 和 BPA 之间结合作用的热力学参数。为了在等温滴定微量热信号中获得更好的分辨率,用 50 mmol/L PBS(pH=9.5)

制备高浓度的 HA(476.60 mg C/L)和 BPA(423.03 mg/L),并在真空下脱气 15 min。滴定池的工作体积为 199.3 μL。在 19 次加样之前需要 90 s 的初始平衡时间。在 4 s 内将 2 μL 等分样品注入滴定池中,以完成每次滴定。并且,在每次注射之间设定 120 s 的间隔时间,将 BPA 分别对缓冲液和 HA 溶液进行滴定。实验在 25 ℃下进行,搅拌速率为 750 r/min。最后,通过 Origin 8.0 软件来分析数据。

通过 DLS 方法测量结合作用前后 HA 的 Zeta 电位和流体动力学半径(R_h)。在 25 ℃下重复三次实验,测量每个样品。

应用荧光淬灭法来量化 HA 和 BPA 之间的结合亲和力(见图 4.51)。荧光淬灭的两种淬灭机制为:① 在基态形成 HA-BPA 络合物引起的静态淬灭;② 在激发态下由分子碰撞引起的动态淬灭[135]。通过 Sterne-Vomer 方程的计算,可以分辨 BPA 淬灭 HA 荧光的机制[136]。

$$\frac{F_0}{F} = 1 + K_q \tau_0 [Q] \tag{4.17}$$

其中,F_0 和 F 分别是 BPA 浓度为 0 mg/L 和 BPA 浓度为 4~28 mg/L 时 HA 的荧光强度;τ_0 是 HA 在没有淬灭剂存在时的平均分子寿命,其值为 10^{-8} s[50];[Q]是 BPA 浓度;K_q 是淬灭速率常数。

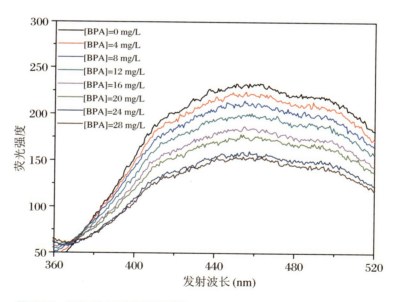

图 4.51　BPA 对 HA 荧光淬灭图

如表 4.18 所示,K_q 值远大于最大扩散碰撞速率常数 2.0×10^{10} L/mol/s[50,137]。这表明 BPA 对 HA 荧光淬灭的机制不是由碰撞淬灭引起的,而是由静态猝灭主导的,形成 HA-BPA 复合物。

表 4.18　不同 pH 下 HA 和 BPA 的结合常数、结合位点和淬灭速率常数

pH	K (10^3 L/mol)	n	R_1^2	K_q (10^{11} L/(mol·s))	R_2^2
3	15.09±0.51	1.19±0.008	0.997	2.63±0.08	0.982
4	5.76±1.98	1.03±0.04	0.955	4.03±0.36	0.980
5	41.78±7.44	1.20±0.06	0.993	3.05±0.12	0.968
6	30.63±6.23	1.23±0.03	0.965	3.29±0.17	0.972
6.5	11.89±1.45	1.12±0.01	0.995	3.52±0.13	0.991
7	361.51±3.33	1.49±0.004	0.998	4.68±0.13	0.985
7.5	242.92±14.47	1.47±0.01	0.949	2.68±0.02	0.974
8	94.47±3.86	1.39±0.003	0.992	2.44±0.04	0.971
8.5	37.63±7.89	1.27±0.02	0.995	3.06±0.13	0.984
9	10.24±4.19	0.97±0.23	0.960	3.01±0.19	0.962
9.5	4.57±0.26	1.04±0.006	0.975	3.06±0.07	0.972
10	2.80±0.58	0.99±0.02	0.960	2.91±0.15	0.975
10.5	1.69±0.56	0.93±0.04	0.952	3.02±0.04	0.967
11	1.04±0.34	0.91±0.03	0.953	2.10±0.11	0.967
11.5	1.32±0.17	0.89±0.02	0.958	3.56±0.31	0.955
12	1.08±0.05	0.87±0.006	0.953	3.42±0.12	0.963

紫外-可见吸收光谱可以进一步证实 HA 和 BPA 之间形成了 HA-BPA 复合物[138]。如图 4.52 所示，HA-BPA 混合物的吸收光谱不同于 HA 和 BPA 的光谱加和，表明 HA-BPA 复合物的形成[135]。

HA 的 FTIR 光谱的变化也证明了 HA-BPA 复合物的形成（见图 4.53）。初始 HA 在 3692 cm^{-1} 处和 3385 cm^{-1} 处的峰对应酚基团的 O—H 伸缩键[139]。在 2926 cm^{-1} 处和 2850 cm^{-1} 处的两个峰属于脂肪族 C—H 键[140]。1585 cm^{-1} 处的尖峰对应了芳环中的 C═C 伸展键[141]。1374 cm^{-1} 处的峰对应的是酚键 O—H 的拉伸和变形。1032 cm^{-1} 处的峰是因为多糖相关物质的 C—O 键伸缩。对比 HA-BPA 复合物的光谱，HA 中存在的一些峰消失了，并且出现一些新的峰。1585 cm^{-1}、2926 cm^{-1} 和 2850 cm^{-1} 这三处的峰消失了，与 HA 的芳环和烷基相对应。观察到 1714 cm^{-1} 处出现了新峰，这是因为羧酸基团的 C═O 伸缩[63]。傅里叶红外光谱的结果反映了 HA 与 BPA 结合后的构型变化：疏水结

构(如芳环和烷基)被 BPA 占据,而亲水基团(如羧酸基团)被释放和暴露。因此,疏水相互作用在 HA 和 BPA 之间的结合过程中起重要作用。此外,1264 cm^{-1}处的峰强度明显增大,这个峰对应的是羧基中的 C—O,表明HA-BPA 复合物中氢键的增强[142]。

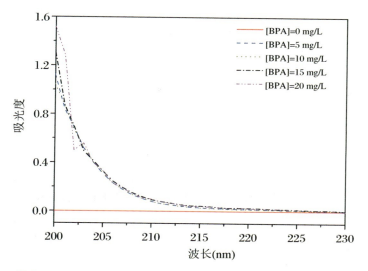

图 4.52　HA+BPA(HA-BPA)紫外-可见光光谱

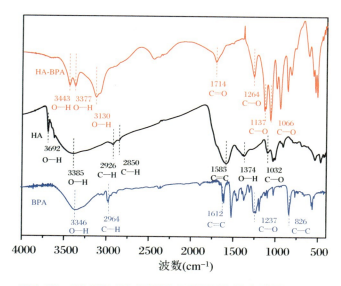

图 4.53　HA-BPA、HA 和 BPA 的傅里叶红外光谱图

HA 与 BPA 之间结合作用结合常数(K)和结合位点数(n)通过下述公式获得[143]:

$$\log \frac{F_0 - F}{F} = \log K + n\log[Q] \qquad (4.18)$$

结合常数随 pH 变化,可分为三个区域(见图 4.54):① pH 为 3～6.5,结合常数略有波动(区域 1);② pH 为 7～9,结合常数在 pH=7 时突然增加至 3.6×10^5 L/mol,然后一直下降(区域 2);③ pH 为 9.5～12,结合常数逐渐降低并保持稳定(区域 3)。

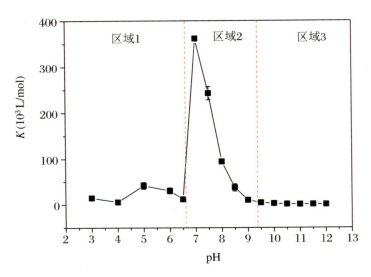

图 4.54 不同 pH 下 HA 和 BPA 结合作用的结合常数

在区域 1 中,结合常数相对较低,结合常数为 5.76×10^3～4.18×10^4 L/mol(见表 4.19)。在酸性条件下,弱结合亲和力与 HA 和 BPA 的性质有关。pH 是影响 HA 分子构型的关键因素。在酸性条件下,分子间氢键很强,能够将 HA 分子紧密连接在一起,形成了紧密的 HA 分子构型[144]。随着 pH 降低,HA 的 R_h 变小,表明 HA 分子的聚集(见图 4.55(a))。HA 分子的致密构型使其难以与 BPA 结合,通过疏水作用将 BPA 包含在 HA 中。从图 4.55(a)中看出,与 BPA 结合后,HA-BPA 的 R_h 显著下降,证明了在酸性条件下 HA 构型的压缩。同时,HA-BPA 的 Zeta 电位在与 BPA 结合后增加(见图 4.55(b)),表明 HA 的负电荷减少。考虑到 BPA 在区域 1 中处于分子形态,HA 负电荷的减少主要是因为它与 BPA 结合后的构型变化而不是电荷中和。

在区域 2 中,结合常数显著上升,并且在 pH 为 7 时达到顶峰(见图 4.54),比在酸性条件下高出 1～2 个数量级(见表 4.18)。HA 的 Zeta 电位在 pH 为 7 时下降至 -27 mV,并在较高的 pH 值下保持稳定不变(见图 4.55(b))。导致 HA 的 Zeta 电位降低的原因有两个:① 酸性基团(如—OH、—COOH)的解离,② HA 分子中内部氢键的断裂[145]。这两种机制都会使 HA 分子构型扩展[146],暴露出更多的可以与 BPA 反应的结合位点。因此,HA 和 BPA 之间的结合作用在 pH 为 7 时显著增强。随着 pH 的增加,结合常数降低(见图 4.54)。

这是因为带有负电荷的 HA 和阴离子形式的 BPA 之间的静电排斥力增大,阻碍了结合过程。

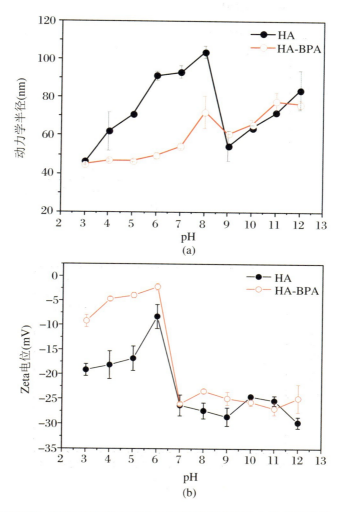

图 4.55 不同 pH 条件下 HA 与 BPA 结合前后动力学半径和 Zeta 电位:(a) 动力学半径;(b) Zeta 电位

在区域 3 中,BPA 以分子、单阴离子和双阴离子的形式共同存在(见图 4.56)。在区域 3 中,使用经验模型来对不同形式的 BPA 在 pH 为 9.5~12 时的结合作用做出的贡献进行量化。

$$K = K^0 \alpha^0 + K^- \alpha^- + K^{2-} \alpha^{2-} \tag{4.19}$$

其中,K^0、K^-、K^{2-} 是 BPA 分别以分子、单阴离子和双阴离子的形式与 HA 结合的结合常数;α^0、α^-、α^{2-} 是在给定 pH 下分子、单阴离子和双阴离子形式的 BPA 含量百分比。如图 4.57 所示,不同 BPA 种类与 HA 的结合常数拟合为 K^0(7.09×10³ L/mol)、K^-(2.11×10³ L/mol)和 K^{2-}(1.03×10³ L/mol)。结

果表明，BPA 分子和阴离子都对区域 3 中 HA 和 BPA 的结合作用有贡献。

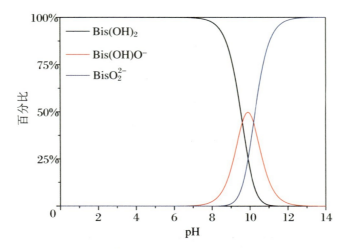

图 4.56　不同种类的 BPA 在不同 pH 条件下的分布图

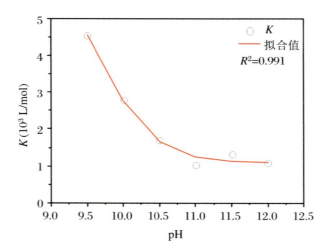

图 4.57　pH 为 9.5~12 时不同种类 BPA 与 HA 结合常数拟合图

我们在 pH 为 5 和 7 的条件下进行了温度影响实验，结果如表 4.19 所示。在 pH 为 5 和 7 的条件下，结合常数随温度的升高而增强，表明 HA 和 BPA 相互作用的结合反应是吸热反应，并形成了对温度变化敏感的 HA-BPA 复合物。

热力学参数包括吉布斯自由能变化（ΔG）、焓变（ΔH）和熵变（ΔS），这些参数能够反映驱动 HA 和 BPA 之间的结合作用的机制。通过 Van't Hoff 方程拟合 pH 为 5 和 7 条件下的 ΔH 和 ΔS[50]。

$$\ln K = -\frac{\Delta H}{RT} + \frac{\Delta S}{R} \tag{4.20}$$

其中，R 是通用气体常数（8.314 J/mol/K），T 是绝对温度。

ΔG 计算如下：

$$\Delta G = \Delta H - T\Delta S \tag{4.21}$$

ITC 测试获得 pH=9.5 的热力学参数(图 4.58)。如表 4.19 所示，热力学参数在酸性、中性和碱性下是不同的，证明了上述三个 pH 区域中 HA 和 BPA 之间的不同结合作用机制。氢键、疏水力和静电作用是 HA 和 BPA 之间的主要相互作用力[129]。这三种作用力引发的热力学参数变化有所不同：① 疏水作用力诱导的结合反应对应的是 $\Delta H>0$, $-T\Delta S<0$；② 氢键诱导的结合反应对应的是 $\Delta H<0$, $-T\Delta S>0$；③ 静电相互作用诱导的结合反应对应的是 $\Delta H\approx 0$, $-T\Delta S<0$[29]。

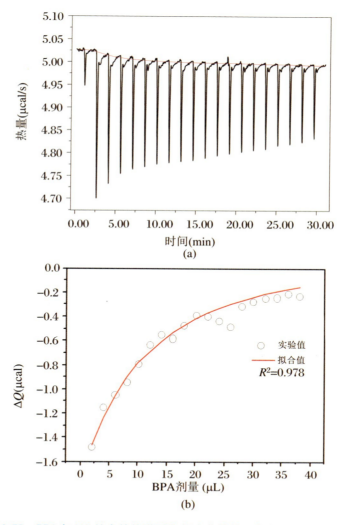

图 4.58　BPA 与 HA 结合的热谱图和相应非线性回归(pH=5)：(a) 热谱图；(b) 相应非线性回归

表 4.19　不同 pH 和温度下 HA 和 BPA 结合作用的热力学参数

pH	T (℃)	K ($\times 10^3$ L/mol)	n	R^2	ΔG (kJ/mol)	ΔH (kJ/mol)	ΔS (J/mol/K)	$-T\Delta S$ (kJ/mol)
5[①]	15	0.58±0.04	0.80±0.007	0.974	−16.67			−191.27
	25	41.78±7.44	1.20±0.06	0.993	−23.31	174.60	663.78	−197.91
	35	63.05±6.06	1.31±0.02	0.957	−29.95			−204.54
7[①]	15	45.96±4.34	1.28±0.01	0.960	−25.84			−162.34
	25	361.51±3.33	1.49±0.004	0.998	−31.47	136.50	563.39	−167.97
	35	1849.11±14.69	1.71±0.002	0.983	−37.11			−173.61
9.5[②]	25	4.09	/	0.975	−20.60	−10.40	34.29	−10.39

注：① 指标是通过荧光淬灭获取的数据。

② 指标是通过等温滴定微量热获得的数据。

R 是回归系数。

因此,可以从图 4.59 中的热力学参数判断 HA 和 BPA 在不同 pH 水平下的结合作用的机制。在 pH 为 5、正 ΔH 和负 $-T\Delta S$ 表明疏水力为主要起作用的作用力。因为 BPA 在 pH 为 5 的条件下不带电荷,排除了静电相互作用。因此,疏水力是主要驱动 HA 和 BPA 在酸性条件下结合的作用力。在 pH 为 9.5 时,负 ΔH 表明在碱性条件下氢键的存在。负电荷的 HA 和阴离子形式的 BPA 之间的静电排斥使得 $-T\Delta S$ 为负[147]。ΔH 的绝对值接近于零,表明疏水力的存在抵消了由氢键产生的负 ΔH。

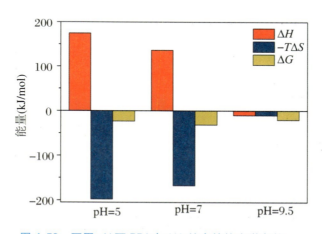

图 4.59　不同 pH 下 BPA 与 HA 结合的热力学参数

在 pH 为 7 时,HA 和 BPA 表现出最强的结合作用力。正 ΔH 和负 $-T\Delta S$ 表明疏水作用力发挥主要作用,与 pH 为 5 时的情况相似。但是,与 pH 为 5 条件下相比,ΔH 和 $-T\Delta S$ 的绝对值降低,ΔG 的负值更大。这是由于在 pH 为 7 时 HA 和 BPA 之间形成氢键。该现象也在 FTIR 光谱中体现。由于 BPA 的分子态在 pH 为 7 条件下占 99%以上,静电相互作用对结合过程的影响是可以忽略的。

表 4.20　不同离子强度下 HA 和 BPA 结合作用的热力学参数

离子强度(mmol/L)	$K(10^3 \text{ L/mol})$	n	R^2
50	361.51±3.33	1.49±0.003	0.998
250	56.67±0.74	1.29±0.02	0.996
500	6.53±0.66	1.05±0.02	0.994
1000	6.0±2.8	1.04±0.05	0.998

离子强度对 BPA 与 HA 结合过程的影响可以进一步阐明 pH 为 7 条件下二者的结合机制。研究发现,当离子强度从 50 mmol/L 增加到 500 mmol/L 时,结合常数下降了两个数量级(见表 4.20)。很明显,高离子强度阻碍了 BPA 与 HA 的结合过程。结合力与 HA 分子的构型高度相关,如图 4.60 所示。当离子强度为 50 mmol/L 时,HA 分子的构型松散,R_h 值很高,达到 93.4 nm。HA 暴露更多结合位点使 BPA 与之结合,所以结合常数相对较大。离子强度从 50 mmol/L 增加到 500 mmol/L,压缩了 HA 胶体的双电层,HA 的 Zeta 电位的上升可以被证明(图 4.60(b))。因为高浓度的离子强度使 HA 的构型变得紧缩,R_h 值减小,不利于结合作用。因为对于 BPA 而言,HA 的结合位点变少了。进一步提高离子强度至 1000 mmol/L,没有显著改变结合常数(见表 4.21)。然而,由于 HA 的 Zeta 电位在 1000 mmol/L 的离子强度下是正的,因此 BPA 与 HA 的结合机制发生了改变。HA 的结构因极高的离子强度而改变,多个 Na^+ 进入 HA 的内部并与带负电荷的羧基和羟基结合[148],破坏了 HA 的原本结构。在 1000 mmol/L 的离子强度下,HA 的 R_h 值高于在 500 mmol/L 的离子强度,反映出重构的 HA 分子以舒展的状态存在。尽管 HA 从带负电变为带正电,离子强度为 500 mmol/L 时的结合常数与离子强度为 1000 mmol/L 时的结合常数相似。该结果证实,静电作用力对于 pH 为 7 时的 HA 和 BPA 之间的结合作用是不明显的。疏水力和氢键的协同作用促进了结合过程,所以在中性条件下得到最大的结合亲和力。

本章结合荧光淬灭、动态光散射和等温滴定微量热方法,从热力学角度解析 HA 与 BPA 之间的结合作用机制。结果表明,pH 影响 HA 的构型、BPA 的形态,从而影响 HA 与 BPA 的结合过程。HA 和 BPA 之间结合作用的热力学机制随着 pH 的增加,从熵驱动转变为熵焓协同驱动。在酸性条件下,疏水力主导结合过程;在中性条件下,疏水力和氢键的协同作用增加了结合强度;在碱性条件下,疏水力、氢键和静电排斥的共同作用降低了结合强度。中性 pH 明显有利于 HA-BPA 复合物的形成,从而提高 BPA 在天然水环境中的溶解性。

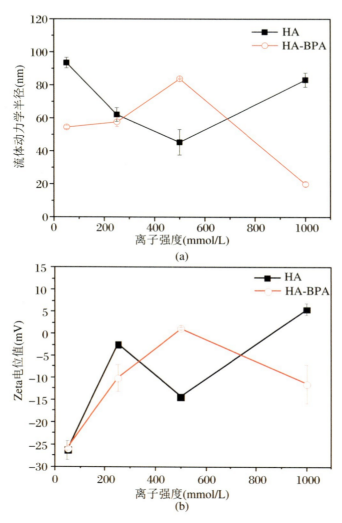

图 4.60　不同离子强度下 HA 与 BPA 结合前后流体动力学半径和 Zeta 电位:(a) 流体动力学半径;(b) Zeta 电位

小结

SMZ 主要与 EPS 中的蛋白质相结合,SMZ 中的苯环结构与 EPS 发生了明显的 π-π 相互作用,较高的结合常数表明 SMZ 能够被活性污泥 EPS 有效富集,进而影响其后续生物降解过程;等温滴定微量热结果表明,该相互作用在热力学上可自发进行,且主要由疏水作用驱动;光散射和凝胶渗透色谱结果表明,发生结合后 EPS 的结构膨胀,变得更加疏松,有利于污染物在活性污泥絮体中的传质,强化了污泥对污染物的富集。

BLI 是一种高效的动力学研究方法,可以很好地表征 EPS 对 SMX 的结合动力学过程,获得了可靠的结合动力学参数。环境条件对 EPS 与 SMX 的结合过程有显著影响,酸性 pH、高离子强度和低温有利于 EPS 对 SMX 的结合作用。该方法适用于复杂的环境样品间相互作用的研究。

BPA 主要与 EPS 中的蛋白组分结合,该结合过程主要由疏水力、静电相互作用和氢键驱动。在与 BPA 发生结合后,EPS 的随机卷曲结构收缩成相对紧密的核状。中性 pH、高离子强度和高温有利于污泥 EPS 对 BPA 进行结合。

河流生物膜对酞酸酯的吸附符合 Langmuir 等温吸附方程,吸附容量为 $38.2 \sim 162.5 \mu g/g$,吸附过程符合准一级动力学;污水处理厂下游点位生物膜对酞酸酯的吸附性能强于污水处理厂上游点位,说明有机质含量是影响生物膜吸附性能的重要因素,非特异性疏水分配是原位培养生物膜吸附酞酸酯的主要机制;生物膜中多糖的 C—O 键、C—O—C 键和 C—O—P 键是与酞酸酯相互作用的主要官能团。

SMZ 与 HA 的结合受溶液化学环境的影响,随着离子强度的增加而增强,随着温度的升高而减弱;随着温度的上升,相互作用由焓驱动为主转为熵焓协同驱动,疏水作用逐渐强化;SMZ 与 FA 的相互作用受 pH 影响,FA 主要和阴离子态、中性态 SMZ 发生相互作用;核磁滴定结果表明,SMZ 芳环上的氢核与 FA 的相互作用较强,存在明显的 π-π 作用,SMZ 与 FA 的结合主要由熵驱动主导。

随着 pH 的增加,HA 和 BPA 之间结合作用的热力学机制发生变化,从熵驱动变为熵焓协同驱动;在酸性条件下(pH 为 $3.0 \sim 6.5$),疏水力起主导作用;在中性条件下,疏水力和氢键的协同作用增加了结合强度;在碱性条件下(pH 为 $7.5 \sim 12.0$),疏水力、氢键和静电的共同作用降低了结合强度;中性 pH 有利于 HA 与 BPA 结合形成稳定的复合物,提高 BPA 在水环境中的溶解度。

参考文献

[1] GAO J, HEDMAN C, LIU C, et al. Transformation of sulfamethazine by manganese oxide in aqueous solution[J]. Environ. Sci. Technol., 2012, 46: 2642-2651.

[2] TEIXIDO M, PIGNATELLO J J, BELTRAN J L, et al. Speciation of the ionizable antibiotic sulfamethazine on black carbon (Biochar)[J]. Environ. Sci. Technol., 2011, 45:10020-10027.

[3] XU W H, ZHANG G, LI X D, et al. Occurrence and elimination of antibiotics at four sewage treatment plants in the Pearl River Delta (PRD), South China[J]. Water Res., 2007, 41:4526-4534.

[4] LARCHER S, YARGEAU V. Biodegradation of sulfamethoxazole by individual and mixed bacteria[J]. Appl. Microbiol. Biotechnol., 2011, 91: 211-218.

[5] GAO J A, PEDERSEN J A. Adsorption of sulfonamide antimicrobial agents to clay minerals[J]. Environ. Sci. Technol., 2005, 39:9509-9516.

[6] GARCIA-GALAN M J, DIAZ-CRUZ M S, BARCELO D. Identification and determination of metabolites and degradation products of sulfonamide antibiotics[J]. Trac-Trend Anal. Chem., 2008, 27:1008-1022.

[7] GOBEL A, THOMSEN A, MCARDELL C S, et al. Extraction and determination of sulfonamides, macrolides, and trimethoprim in sewage sludge [J]. J. Chromatogr. A, 2005, 1085:179-189.

[8] GOBEL A, THOMSEN A, MCARDELL C S, et al. Occurrence and sorption behavior of sulfonamides, macrolides, and trimethoprim in activated sludge treatment[J]. Environ. Sci. Technol., 2005, 39:3981-3989.

[9] LI B, ZHANG T, XU Z Y, et al. Rapid analysis of 21 antibiotics of multiple classes in municipal wastewater using ultra performance liquid chromatography-tandem mass spectrometry[J]. Anal. Chim. Acta., 2009, 645:64-72.

[10] LASPIDOU C S, RITTMANN B E. A unified theory for extracellular polymeric substances, soluble microbial products, and active and inert biomass[J]. Water Res., 2002, 36:2711-2720.

[11] SHENG G P, YU H Q, LI X Y. Extracellular polymeric substances (EPS) of microbial aggregates in biological wastewater treatment systems: a review [J]. Biotechnol. Adv., 2010, 28:882-894.

[12] LIU A, AHN I S, MANSFIELD C, et al. Phenanthrene desorption from soil in the presence of bacterial extracellular polymer: observations and model predictions of dynamic behavior[J]. Water Res., 2001, 35:835-843.

[13] SHENG G P, ZHANG M L, YU H Q. Characterization of adsorption properties of extracellular polymeric substances (EPS) extracted from sludge

[J]. Colloids Surf. B, 2008, 62:83-90.

[14] SHI Y, HUANG J, ZENG G, et al. Exploiting extracellular polymeric substances (EPS) controlling strategies for performance enhancement of biological wastewater treatments: an overview[J]. Chemosphere, 2017, 180:396-411.

[15] CLARA M, STRENN B, SARACEVIC E, et al. Adsorption of bisphenol-A, 17 beta-estradiole and 17 alpha-ethinylestradiole to sewage sludge[J]. Chemosphere, 2004, 56:843-851.

[16] LINDBERG R H, WENNBERG P, JOHANSSON M I, et al. Screening of human antibiotic substances and determination of weekly mass flows in five sewage treatment plants in Sweden[J]. Environ. Sci. Technol., 2005, 39:3421-3429.

[17] YANG S F, LIN C F, LIN A Y C, et al. Sorption and biodegradation of sulfonamide antibiotics by activated sludge: experimental assessment using batch data obtained under aerobic conditions[J]. Water Res., 2011, 45:3389-3397.

[18] STOOB K, SINGER H P, MUELLER S R, et al. Dissipation and transport of veterinary sulfonamide antibiotics after manure application to grassland in a small catchment[J]. Environ. Sci. Technol., 2007, 41:7349-7355.

[19] RICHTER M K, SANDER M, KRAUSS M, et al. Cation binding of antimicrobial sulfathiazole to leonardite humic acid[J]. Environ. Sci. Technol., 2009, 43:6632-6638.

[20] LI X Y, YANG S F. Influence of loosely bound extracellular polymeric substances (EPS) on the flocculation, sedimentation and dewaterability of activated sludge[J]. Water Res., 2007, 41:1022-1030.

[21] LI W H, SHENG G P, LIU X W, et al. Characterizing the extracellular and intracellular fluorescent products of activated sludge in a sequencing batch reactor[J]. Water Res., 2008, 42:3173-3181.

[22] WANG L L, WANG L F, YE X D, et al. Spatial configuration of extracellular polymeric substances of Bacillus megaterium TF10 in aqueous solution[J]. Water Res., 2012, 46:3490-3496.

[23] BAKER A. Fluorescence excitation-emission matrix characterization of some sewage-impacted rivers[J]. Environ. Sci. Technol., 2001, 35:948-953.

[24] HU Y J, LIU Y, XIAO X H. Investigation of the interaction between berberine and human serum albumin[J]. Biomacromolecules, 2009, 10: 517-521.

[25] CHEN H M, AHSAN S S, SANTIAGO-BERRIOS M B, et al. Mechanisms of quenching of alexa fluorophores by natural amino acids[J]. J Am. Chem. Soc., 2010, 132:7244.

[26] TIAN F F, JIANG F L, HAN X L, et al. Synthesis of a novel hydrazone derivative and biophysical studies of its interactions with bovine serum albumin by spectroscopic, electrochemical, and molecular docking methods [J]. J. Phys. Chem. B., 2010, 114:14842-14853.

[27] BI S Y, YAN L L, PANG B, et al. Investigation of three flavonoids binding to bovine serum albumin using molecular fluorescence technique [J]. J. Lumin., 2012, 132:132-140.

[28] HU M Y, WANG X, WANG H, et al. Fluorescence spectroscopic studies on the interaction of gemini surfactant 14-6-14 with bovine serum albumin [J]. Luminescence., 2012, 27:204-210.

[29] ROSS P D, SUBRAMANIAN S. Thermodynamics of protein association reactions: forces contributing to stability[J]. Biochemistry, 1981, 20: 3096-3102.

[30] SUN F, WU D, CHUA F D, et al. Free nitrous acid (FNA) induced transformation of sulfamethoxazole in the enriched nitrifying culture[J]. Water Res., 2019, 149:432-439.

[31] FENG M, BAUM J C, NESNAS N, et al. Oxidation of sulfonamide antibiotics of six-membered heterocyclic moiety by ferrate(Ⅵ): kinetics and mechanistic insight into SO_2 extrusion[J]. Environ. Sci. Technol., 2019, 53:2695-2704.

[32] XU J, SHENG G P, MA Y, et al. Roles of extracellular polymeric substances (EPS) in the migration and removal of sulfamethazine in activated sludge system[J]. Water Res., 2013, 47:5298-5306.

[33] RODRíGUEZ-ESCALES P, SANCHEZ-VILA X. Fate of sulfamethoxazole in groundwater: conceptualizing and modeling metabolite formation under different redox conditions[J]. Water Res., 2016, 105:540-550.

[34] GAO S, ZHENG X, HU B, et al. Enzyme-linked, aptamer-based, competitive biolayer interferometry biosensor for palytoxin[J]. Biosens. Bio-

electron., 2017, 89:952-958.

[35] CHEN Y, LU Y, ZHANG D, et al. Bimetallic chips for SMX sensing in a surface plasmon resonance instrument[J]. P. SPIE-Int. Soc. Opt. Eng., 2011, 8198.

[36] KUMARASWAMY S, TOBIAS R. Label-Free kinetic analysis of an antibody: antigen interaction using biolayer interferometry [M]//Meyerkord C L, Fu H. Protein-Protein Interactions: Methods and applications. New York: Springer, 2015: 165-182.

[37] WANG L L, WANG L F, REN X M, et al. pH dependence of structure and surface properties of microbial EPS[J]. Environ. Sci. Technol., 2012, 46: 737-744.

[38] YUAN S J, SUN M, SHENG G P, et al. Identification of key constituents and structure of the extracellular polymeric substances excreted by bacillus megaterium TF10 for their flocculation capacity[J]. Environ. Sci. Technol., 2011, 45:1152-1157.

[39] UESHIMA M, GINN B R, HAACK E A, et al. Cd adsorption onto pseudomonas putida in the presence and absence of extracellular polymeric substances[J]. Geochim. Cosmochim. Acta, 2008, 72:5885-5895.

[40] SHENG G P, XU J, LUO H W, et al. Thermodynamic analysis on the binding of heavy metals onto extracellular polymeric substances (EPS) of activated sludge[J]. Water Res., 2013, 47:607-614.

[41] XU C, ZHANG S, CHUANG C-Y, et al. Chemical composition and relative hydrophobicity of microbial exopolymeric substances (EPS) isolated by anion exchange chromatography and their actinide-binding affinities[J]. Mar. Chem., 2011, 126:27-36.

[42] KHAN M T, DE O. MANES C L, AUBRY C, et al. Kinetic study of seawater reverse osmosis membrane fouling[J]. Environ. Sci. Technol., 2013, 47:10884-10894.

[43] UNGUREAN A, OLTEAN M, DAVID L, et al. Adsorption of sulfamethoxazole molecule on silver colloids: a joint SERS and DFT study[J]. J. Mol. Struct., 2014, 1073:71-76.

[44] PAMPHILE N, XUEJIAO L, GUANGWEI Y, et al. Synthesis of a novel core-shell-structure activated carbon material and its application in sulfamethoxazole adsorption[J]. J. Hazard. Mater., 2019, 368:602-612.

[45] WANG L L, CHEN J T, WANG L F, et al. Conformations and molecular interactions of poly-γ-glutamic acid as a soluble microbial product in aqueous solutions[J]. Sci. Rep-UK., 2017, 7.

[46] SCHMIDT M P, MARTíNEZ C E. Supramolecular association impacts biomolecule adsorption onto goethite[J]. Environ. Sci. Technol., 2018, 52:4079-4089.

[47] TIAN X, SHEN Z, HAN Z, et al. The effect of extracellular polymeric substances on exogenous highly toxic compounds in biological wastewater treatment: an overview[J]. Bioresour. Technol., 2019, 5:28-42.

[48] LING C, LI X, ZHANG Z, et al. High adsorption of sulfamethoxazole by an Amine-modified polystyrene-divinylbenzene resin and its mechanistic insight[J]. Environ. Sci. Technol., 2016, 50:10015-10023.

[49] TSAPIKOUNI T S, MISSIRLIS Y F. pH and ionic strength effect on single fibri-nogen molecule adsorption on mica studied with AFM[J]. Colloids Surf. B, 2007, 57:89-96.

[50] YAN Z R, MENG H S, YANG X Y, et al. Insights into the interactions between triclosan (TCS) and extracellular polymeric substance (EPS) of activated sludge[J]. J. Environ. Manage., 2019, 232:219-225.

[51] ROSS P D, SUBRAMANIAN S. Thermodynamics of protein association reactions: forces contributing to stability[J]. Biochemistry, 1981, 20:3096-102.

[52] DAVIDOVITS P. Physics in biology and medicine[M]. 5th ed. New York: Academic Press. 2019: 119-135.

[53] MOLKENTHIN M, OLMEZ-HANCI T, JEKEL M R, et al. Photo-Fenton-like treatment of BPA: effect of UV light source and water matrix on toxicity and transformation products[J]. Water Res., 2013, 47:5052-5064.

[54] JALAL N, SURENDRANATH A R, PATHAK J L, et al. Bisphenol A (BPA) the mighty and the mutagenic[J]. Toxicol. Rep., 2018, 5:76-84.

[55] BEAUSOLEIL C, EMOND C, CRAVEDI J-P, et al. Regulatory identification of BPA as an endocrine disruptor: context and methodology[J]. Mol. Cell. Endocrinol., 2018, 475:4-9.

[56] LI Z, ZHENG T, LI M, et al. Organic contaminants in the effluent of Chinese wastewater treatment plants[J]. Environ. Sci. Pollut. Res., 2018, 25:26852-26860.

[57] SUN Q, WANG Y, LI Y, et al. Fate and mass balance of bisphenol analogues in wastewater treatment plants in Xiamen City, China[J]. Environ. Pollut., 2017, 225:542-549.

[58] HUANG R P, LIU Z H, YUAN S F, et al. Worldwide human daily intakes of bisphenol A (BPA) estimated from global urinary concentration data (2000—2016) and its risk analysis[J]. Environ. Pollut., 2017, 230:143-152.

[59] FERRO OROZCO A M, LOBO C C, CONTRERAS E M, et al. Biodegradation of bisphenol-A (BPA) in activated sludge batch reactors: analysis of the acclimation process[J]. Int. Biodeterior. Biodegrad., 2013, 85: 392-399.

[60] WINKLER G, FISCHER R, KREBS P, et al. Mass flow balances of triclosan in rural wastewater treatment plants and the impact of biomass parameters on the removal[J]. Eng. Life Sc., 2007, 7:42-51.

[61] SHENG G P, ZHANG M L, YU H Q. Characterization of adsorption properties of extracellular polymeric substances (EPS) extracted from sludge [J]. Colloid. Surf. B, 2008, 62:83-90.

[62] XU H, CAI H, YU G, et al. Insights into extracellular polymeric substances of cyanobacterium microcystis aeruginosa using fractionation procedure and parallel factor analysis[J]. Water Res., 2013, 47:2005-2014.

[63] CHEN W, HABIBUL N, LIU X Y, et al. FTIR and synchronous fluorescence heterospectral two-dimensional correlation analyses on the binding characteristics of copper onto dissolved organic matter[J]. Environ. Sci. Technol., 2015, 49:2052-2058.

[64] ZHANG X, YANG C W, LI J, et al. Spectroscopic insights into photochemical transformation of effluent organic matter from biological wastewater treatment plants[J]. Sci. Total Environ., 2019, 649: 1260-1268.

[65] PELTON A D. 2-Thermodynamics fundamentals[M]//Pelton A D. Phase diagrams and thermodynamic modeling of solutions. Amsterdam: Elsevier, 2019:9-31.

[66] WANG L L, WANG L F, REN X M, et al. pH dependence of structure and surface properties of microbial EPS[J]. Environ. Sci. Technol., 2012, 46: 737-744.

[67] CHEN H, AHSAN S S, SANTIAGO-BERRIOS M B, et al. Mechanisms of

quenching of alexa fluorophores by natural amino acids[J]. J. Am. Chem. Soc., 2010, 132:7244-7245.

[68] XU H, YAN M, LI W, et al. Dissolved organic matter binding with Pb(II) as characterized by differential spectra and 2D UV-FTIR heterospectral correlation analysis[J]. Water Res., 2018, 144:435-443.

[69] ZHANG J, HAAS R M, LEONE A M. Polydispersity characterization of lipid nanoparticles for siRNA delivery using multiple detection size-exclusion chromatography[J]. Anal. Chem., 2012, 84:6088-6096.

[70] LIN D, MA W, JIN Z, et al. Interactions of EPS with soil minerals: a combination study by ITC and CLSM[J]. Colloids Surf. B, 2016, 138:10-16.

[71] ZHU L, QI H Y, LV M L, et al. Component analysis of extracellular polymeric substances (EPS) during aerobic sludge granulation using FTIR and 3D-EEM technologies[J]. Bioresour. Technol., 2012, 124:455-459.

[72] YANG X, ZHANG X, LIU Z, et al. High-efficiency loading and controlled release of doxorubicin hydrochloride on graphene oxide[J]. J. Phys. Chem. C, 2008, 112:17554-17558.

[73] JIN Q, ZHANG S, WEN T, et al. Simultaneous adsorption and oxidative degradation of bisphenol A by zero-valent iron/iron carbide nanoparticles encapsulated in N-doped carbon matrix[J]. Environ. Pollut., 2018, 243:218-227.

[74] SUN P C, LIU Y, YI Y T, et al. Preliminary enrichment and separation of chlorogenic acid from Helianthus tuberosus L. Leaves extract by macroporous resins[J]. Food Chem., 2015, 168:55-62.

[75] WANG L L, WANG L F, YE X D, et al. Hydration interactions and stability of soluble microbial products in aqueous solutions[J]. Water Res., 2013, 47:5921-5929.

[76] LIENQUEO M E, MAHN A, SALGADO J C, et al. Current insights on protein behaviour in hydrophobic interaction chromatography [J]. J. Chromatogr. B, 2007, 849:53-68.

[77] LI X, LI Y, HUA Y, et al. Effect of concentration, ionic strength and freeze-drying on the heat-induced aggregation of soy proteins[J]. Food Chem., 2007, 104:1410-1417.

[78] ISA M H, EZECHI E H, AHMED Z, et al. Boron removal by electro-

[79] XIE X, WANG X, XU X, et al. Investigation of the interaction between endocrine disruptor bisphenol A and human serum albumin[J]. Chemosphere, 2010, 80:1075-1080.

[80] ZHANG H, CAO J, FEI Z, et al. Investigation on the interaction behavior between bisphenol A and pepsin by spectral and docking studies[J]. J. Mol. Struct., 2012, 1021:34-39.

[81] HOU G, ZHANG R, HAO X, et al. An exploration of the effect and interaction mechanism of bisphenol A on waste sludge hydrolysis with multi-spectra, isothermal titration microcalorimetry and molecule docking[J]. J. Hazard. Mater., 2017, 333:32-41.

[82] LIU H, LIANG H, LIANG Y, et al. Distribution of phthalate esters in alluvial sediment: a case study at JiangHan Plain, Central China[J]. Chemosphere, 2010, 78:382-388.

[83] LIN Z P, IKONOMOU M G, JING H W, et al. Determination of phthalate ester congeners and mixtures by LC/ESI-MS in sediments and biota of an urbanized marine inlet[J]. Environ. Sci. Technol., 2003, 37:2100-2108.

[84] 金雷,严忠雍,施慧,等. 邻苯二甲酸二丁酯 DBP 降解菌 S-3 的分离、鉴定及其代谢途径的初步研究[J].农业生物技术学报,2014,22:101-108。

[85] WRITER J H, RYAN J N, BARBER L B. Role of biofilms in sorptive removal of steroidal hormones and 4-Nonylphenol compounds from streams[J]. Environ. Sci. Technol., 2011, 45:7275-7283.

[86] 周岩梅,刘瑞霞,汤鸿霄. 溶解有机质在土壤及沉积物吸附多环芳烃类有机污染物过程中的作用研究[J].环境科学学报,2003,23:216-223.

[87] 刘萍,曾光明,黄瑾辉,等.生物吸附在含重金属废水处理中的研究进展[J].工业用水与废水,2004,5:1-5.

[88] 孙丽华,段茜,俞天敏,等.PAC 对再生水中典型有机物吸附动力学和热力学研究[J].环境工程,2016,34:26-30,73.

[89] LIU Z G, ZHANG F S. Removal of lead from water using biochars prepared from hydrothermal liquefaction of biomass[J]. J. Hazard. Mater., 2009, 167:933-939.

[90] TANG M L, CHEN J, WANG P F, et al. Highly efficient adsorption of uranium(Ⅵ) from aqueous solution by a novel adsorbent: titanium phosphate nanotubes[J]. Environ. Sci.-Nano, 2018, 5:2304-2314.

[91] CHIOU C T, PETERS L J, FREED V H. A physical concept of Soil-Water equilibria for nonionic organic compounds[J]. Sci. Total Environ., 1979, 206:831-832.

[92] XU X R, LI X Y. Adsorption behaviour of dibutyl phthalate on marine sediments[J]. Mar. Pollut. Bull., 2008, 57:403-408.

[93] LU T T, XUE C, SHAO J H, et al. Adsorption of dibutyl phthalate on Burkholderia cepacia, minerals, and their mixtures: behaviors and mechanisms[J]. Int. Biodeterior. Biodegradation, 2016, 114:1-7.

[94] NGUYEN M L, WESTERHOFF P, BAKER L, et al. Characteristics and reactivity of algae-produced dissolved organic carbon[J]. J. Environ. Eng. (New York), 2005, 131:1574-1582.

[95] JIN H, ZHU L. Occurrence and partitioning of bisphenol analogues in water and sediment from Liaohe River Basin and Taihu Lake, China[J]. Water Res., 2016, 103:343-351.

[96] KALMYKOVA Y, BJORKLUND K, STROMVALL A-M, et al. Partitioning of polycyclic aromatic hydrocarbons, alkylphenols, bisphenol A and phthalates in landfill leachates and stormwater[J]. Water Res., 2013, 47:1317-1328.

[97] JIN J, SUN K, WANG Z, et al. Characterization and phthalate esters sorption of organic matter fractions isolated from soils and sediments[J]. Environ. Pollut., 2015, 206:24-31.

[98] YANG K, XING B S. Adsorption of organic compounds by carbon nano-materials in aqueous phase: polanyi theory and its application[J]. Chem. Rev., 2010, 110:5989-6008.

[99] WANG J, CHEN Z M, CHEN B L. Adsorption of polycyclic aromatic hydrocarbons by graphene and graphene oxide nanosheets[J]. Environ. Sci. Technol., 2014, 48:4817-4825.

[100] LIPCZYNSKA-KOCHANY E. Humic substances, their microbial interactions and effects on biological transformations of organic pollutants in water and soil: a review[J]. Chemosphere, 2018, 202:420-437.

[101] GUO X X, LIU H T, WU S B. Humic substances developed during organic waste composting: Formation mechanisms, structural properties, and agronomic functions[J]. Sci. Total Environ., 2019, 662:501-510.

[102] BURKHARD L P. Estimating dissolved organic carbon partition

coefficients for nonionic organic chemicals[J]. Environ. Sci. Technol., 2000, 34:4663-4668.

[103] MOTT H V. Association of hydrophobic organic contaminants with soluble organic matter: evaluation of the database of K-doc values[J]. Adv. Environ. Res., 2002, 6:577-593.

[104] CHO H H, PARK J W, LIU C C K. Effect of molecular structures on the solubility enhancement of hydrophobic organic compounds by environmental amphiphiles[J]. Environ. Toxicol. Chem., 2002, 21:999-1003.

[105] NAM K, KIM J Y. Role of loosely bound humic substances and humin in the bioavailability of phenanthrene aged in soil[J]. Environ. Pollut., 2002, 118:427-433.

[106] LIPPOLD H, GOTTSCHALCH U, KUPSCH H. Joint influence of surfactants and humic matter on PAH solubility. Are mixed micelles formed?[J]. Chemosphere, 2008, 70:1979-1986.

[107] MAGNER J A, ALSBERG T E, BROMAN D. The ability of a novel sorptive polymer to determine the freely dissolved fraction of polar organic compounds in the presence of fulvic acid or sediment[J]. Anal. Bioanal. Chem., 2009, 395:1525-1532.

[108] WU W L, SUN H W, WANG L, et al. Comparative study on the micelle properties of synthetic and dissolved organic matters[J]. J. Hazard. Mater., 2010, 174:635-640.

[109] YAMAMOTO H, LILJESTRAND H M, SHIMIZU Y, et al. Effects of physical-chemical characteristics on the sorption of selected endocrine disruptors by dissolved organic matter surrogates[J]. Environ. Sci. Technol., 2003, 37:2646-2657.

[110] GUPTA B D, KANT R. Recent advances in surface plasmon resonance based fiber optic chemical and biosensors utilizing bulk and nanostructures[J]. Opt. Laser Technol., 2018, 101:144-161.

[111] HOA X D, KIRK A G, TABRIZIAN M. Towards integrated and sensitive surface plasmon resonance biosensors: a review of recent progress[J]. Biosens. Bioelectron., 2007, 23:151-160.

[112] PERRY T D, KLEPAC-CERAJ V, ZHANG X V, et al. Binding of harvested bacterial exopolymers to the surface of calcite[J]. Environ. Sci. Technol., 2005, 39:8770-8775.

[113] TAN W F, KOOPAL L K, NORDE W. Interaction between humic Acid and lysozyme, studied by dynamic light scattering and isothermal titration calorimetry[J]. Environ. Sci. Technol., 2009, 43:591-596.

[114] SARLAKI E, SHARIF PAGHALEH A, KIANMEHR M H, et al. Extraction and purification of humic acids from lignite wastes using alkaline treatment and membrane ultrafiltration[J]. J. Clean. Prod., 2019, 235:712-723.

[115] LERTPAITOONPAN W, ONG S K, MOORMAN T B. Effect of organic carbon and pH on soil sorption of sulfamethazine[J]. Chemosphere, 2009, 76:558-564.

[116] WANG X L, GUO X Y, YANG Y, et al. Sorption mechanisms of phenanthrene, lindane, and atrazine with various humic acid fractions from a single soil sample[J]. Environ. Sci. Technol., 2011, 45:2124-2130.

[117] NANNY M A, MAZA J P. Noncovalent interactions between mono-aromatic compounds and dissolved humic acids: a deuterium NMR T-1 relaxation study[J]. Environ. Sci. Technol., 2001, 35:379-384.

[118] SIMPSON M J, SIMPSON A J, HATCHER P G. Noncovalent interactions between aromatic compounds and dissolved humic acid examined by nuclear magnetic resonance spectroscopy[J]. Environ. Toxicol. Chem., 2004, 23:355-362.

[119] SMEJKALOVA D, PICCOLO A. Host-Guest interactions between 2,4-Dichlorophenol and humic substances as evaluated by H-1 NMR relaxation and diffusion ordered spectroscopy[J]. Environ. Sci. Technol., 2008, 42:8440-8445.

[120] FIELDING L. Determination of association constants (K-a) from solution NMR data[J]. Tetrahedron, 2000, 56:6151-6170.

[121] VIEL S, MANNINA L, SEGRE A. Detection of a pi-pi complex by diffusion-ordered spectroscopy (DOSY)[J]. Tetrahedron Lett., 2002, 43:2515-2519.

[122] PARK S J, HONG J I. The cooperative effect of electrostatic and hydrophobic forces in the complexation of cationic molecules by a water-soluble resorcin [4] arene derivative[J]. Tetrahedron Lett., 2000, 41:8311-8315.

[123] KOMESLI O T, MUZ M, AK M S, et al. Occurrence, fate and removal of endocrine disrupting compounds (EDCs) in Turkish wastewater treatment plants[J]. Chem. Eng. J., 2015, 277:202-208.

[124] OMAR T F T, AHMAD A, ARIS A Z, et al. Endocrine disrupting compounds (EDCs) in environmental matrices: Review of analytical strategies for pharmaceuticals, estrogenic hormones, and alkylphenol compounds[J]. Trends Analyt. Chem., 2016, 85:241-259.

[125] MANFO F P T, JUBENDRADASS R, NANTIA E A, et al. Adverse effects of bisphenol A on male reproductive function[M]//Whitacre D M. Reviews of environmental contamination and toxicology, New York: Springer, 2014: 57-82.

[126] HUANG Y Q, WONG C K C, ZHENG J S, et al. Bisphenol A (BPA) in China: a review of sources, environmental levels, and potential human health impacts[J]. Environ. Int., 2012, 42:91-99.

[127] SANTHI V A, SAKAI N, AHMAD E D, et al. Occurrence of bisphenol A in surface water, drinking water and plasma from Malaysia with exposure assessment from consumption of drinking water[J]. Sci. Total Environ., 2012, 427:332-338.

[128] LIU, CHEN W, QIAN C, et al. Interaction between dissolved organic matter and Long-Chain ionic liquids: a microstructural and spectroscopic correlation study[J]. Environ. Sci. Technol., 2017, 51:4812-4820.

[129] ZHU F D, CHOO K H, CHANG H S, et al. Interaction of bisphenol A with dissolved organic matter in extractive and adsorptive removal processes [J]. Chemosphere, 2012, 87:857-864.

[130] SONG G, LI Y, HU S, et al. Photobleaching of chromophoric dissolved organic matter (CDOM) in the Yangtze River estuary: kinetics and effects of temperature, pH, and salinity[J]. Environ. Sci.-Proc. IMP., 2017, 19:861-873.

[131] PETRIE B, LOPARDO L, PROCTOR K, et al. Assessment of bisphenol A in the urban water cycle[J]. Sci. Total Environ., 2019, 650:900-907.

[132] BHATNAGAR A, ANASTOPOULOS L. Adsorptive removal of bisphenol A (BPA) from aqueous solution: a review[J]. Chemosphere, 2017, 168: 885-902.

[133] TROUT C C, KUBICKI J D. Molecular modeling of Al^{3+} and benzene interactions with Suwannee fulvic acid[J]. Geochim. Cosmochim. Ac., 2007, 71:3859-3871.

[134] CHELLI S, MAJDOUB M, TRIPPE-ALLARD G, et al. Polyether-based

poly-rotaxane synthesis with controlled beta-cyclodextrin threading ratio [J]. Polymer, 2007, 48: 3612-3615.

[135] XU J, SHENG G P, MA Y, et al. Roles of extracellular polymeric substances (EPS) in the migration and removal of sulfamethazine in activated sludge system[J]. Water Res., 2013, 47: 5298-5306.

[136] YU X, JIANG B, LIAO Z, et al. Study on the interaction between besifloxacin and bovine serum albumin by spectroscopic techniques[J]. Spectrochim. Acta. A, 2015, 149: 116-121.

[137] HU Y J, LIU Y, XIAO X H. Investigation of the interaction between berberine and human serum albumin[J]. Biomacromolecules, 2009, 10: 517-521.

[138] CHI Z, LIU R, ZHANG H. Noncovalent interaction of oxytetracycline with the enzyme trypsin[J]. Biomacromolecules, 2010, 11: 2454-2459.

[139] FUKUSHIMA M, TATSUMI K, NAGAO S. Degradation characteristics of humic acid during photo-fenton processes[J]. Environ. Sci. Technol., 2001, 35: 3683-3690.

[140] ADEYINKA G C, MOODLEY B. Effect of aqueous concentration of humic acid on the sorption of polychlorinated biphenyls onto soil particle grain sizes[J]. J. Soils Sediment., 2019, 19: 1543-1553.

[141] TIAN X, TIAN C, NIE Y, et al. Controlled synthesis of dandelion-like $NiCo_2O_4$ microspheres and their catalytic performance for peroxymonosulfate activation in humic acid degradation[J]. Chem. Eng. J., 2018, 331: 144-151.

[142] WANG L L, WANG L F, REN X M, et al. pH dependence of structure and surface properties of microbial EPS[J]. Environ. Sci. Technol., 2012, 46: 737-744.

[143] ZHANG G, ZHAO N, HU X, et al. Interaction of alpinetin with bovine serum albumin: probing of the mechanism and binding site by spectroscopic methods[J]. Spectrochim. Acta. A, 2010, 76: 410-417.

[144] WANG L F, WANG L L, YE X D, et al. Coagulation kinetics of humic aggregates in mono- and di-valent electrolyte solutions[J]. Environ Sci Technol., 2013, 47: 5042-5049.

[145] KLUČÁKOVÁ M, VĚŽNÍKOVÁ K. Micro-organization of humic acids in aqueous solutions[J]. J. Mol. Struct., 2017, 1144: 33-40.

[146] ANGELICO R, CEGLIE A, HE J-Z, et al. Particle size, charge and colloidal stability of humic acids coprecipitated with ferrihydrite[J]. Chemosphere, 2014, 99:239-247.

[147] BI S, PANG B, WANG T, et al. Investigation on the interactions of clenbuterol to bovine serum albumin and lysozyme by molecular fluorescence technique[J]. Spectrochim. Acta. A, 2014, 120:456-461.

[148] BAKER H, KHAHLI F. Comparative study of binding strengths and thermodynamic aspects of Cu(Ⅱ) and Ni(Ⅱ) with humic acid by Schubert's ion-exchange method[J]. Anal. Chim. Acta, 2003, 497:235-248.

第 5 章

天然大分子与污染物互作对反应器性能的影响

5.1
EPS 对污染物去除的影响

在城市污水处理厂中,活性污泥主要通过生物吸附和生物降解去除抗生素类污染物[1-3]。然而,常规的活性污泥法对抗生素的去除效果非常有限,如各地城市污水处理厂的出水中含有 ng/L 级别到 μg/L 级别浓度范围的磺胺类抗生素[4-6],它们在污泥中的残留量大约为 μg/kg 级别[7-8]。目前,人们对这一类抗生素在污水处理厂中的降解过程和去除机制仍不十分清楚。

EPS 是活性污泥的重要组成部分,其分子结构中存在大量的疏水区域,能够吸附多种有机污染物[9-12]。同时,EPS 对活性污泥反应器的稳定运行有着重要的意义,微生物能够产生 EPS,以应对外界的不利环境[13-14]。当抗生素类污染物进入生物处理反应器中后,首先和 EPS 发生相互作用,进而影响其在废水生物处理过程中的迁移和转化。

在本章研究中,我们以间歇式和连续流废水生物处理反应器为研究对象,探讨抗生素对反应器运行及 EPS 性质的影响,以阐明 EPS 对抗生素迁移和去除的内在作用机制。

5.1.1
活性污泥 EPS 对磺胺类抗生素迁移转化的影响

活性污泥取自合肥望塘污水处理厂的好氧池。间歇实验中,分别在两个 2 L 的反应器(R Ⅰ 和 R Ⅱ)中加入 1 L 的污泥混合液,25 ℃下运行 48 h。活性污泥的初始浓度为 2.5 g/L,SMZ 的初始浓度为 500 μg/L。进水为模拟废水(以 mg/L 计,pH = 7.0):CH_3COONa 641,SMZ 0.5,KH_2PO_4 40,$MgSO_4$ 90,KCl 37,EDTA 50,$ZnSO_4 \cdot 7H_2O$ 22,$CaCl_2 \cdot 2H_2O$ 8.2,$MnCl_2 \cdot 4H_2O$ 5.1,$FeSO_4 \cdot 7H_2O$ 5.0,$(NH_4)_6Mo_7O_{24} \cdot 4H_2O$ 1.1,$CuSO_4 \cdot 5H_2O$ 1.8,$CoCl_2 \cdot 6H_2O$ 1.6。R Ⅱ 中加入叠氮化钠(1.0 g/L)作为参比,以抑制微生物的活性。由于在试验时间内 SMZ 水解和 SMZ 的挥发可以被忽略[15-16],故试验过程中只考虑生物降解和吸附作用。SMZ 被生物降解和吸附的去除效率(REs)分别表达为

$$RE_{\text{Biodegradation}} = (C_{\text{SMZ-R I}} - C_{\text{SMZ-R II}})/C_{\text{SMZ-initial}} \tag{5.1}$$

$$RE_{\text{Adsorption}} = (C_{\text{SMZ-initial}} - C_{\text{SMZ-R II}})/C_{\text{SMZ-initial}} \tag{5.2}$$

式中，$C_{\text{SMZ-initial}}$，$C_{\text{SMZ-R I}}$和$C_{\text{SMZ-R II}}$分别为SMZ的初始浓度及降解后在RⅠ和RⅡ中的浓度。

按时间顺序从反应器中分别取出25 mL的污泥悬浮液样品。悬浮液首先8000 r/min离心5 min，上清液用于SMZ的分析。EPS提取采用改进的热提方法[17]。将离心后的污泥首先重悬浮于0.05%的氯化钠溶液至原始体积，然后在60 ℃水浴30 min。之后将污泥混合液10000 r/min离心15 min。上清液过0.45 μm的醋酸纤维膜用于分析测定。

SMZ购置于Sigma-Aldrich。水相及EPS相中的SMZ使用高效液相色谱进行测定（1100，Agilent Co.，美国）。该色谱配备5 μm×4 mm×250 mm Hypersil ODS分离柱和紫外检测器，检测波长为261 nm。流动相为0.2%乙酸和乙腈，体积比为80∶20，流速为1 mL/min，柱温为30 ℃。其他分析试剂购自上海国药，均为分析纯。

EPS中的SMZ也用相同的方法测定，由EPS吸附的SMZ为吸附$_{\text{EPS}}$，由活性污泥吸附的SMZ（吸附$_{\text{AS}}$）通过总吸附量减去EPS的吸附量计算得到。

图5.1(a)显示了间歇实验中反应器中SMZ浓度随时间变化的情况。SMZ的浓度在初始的2 h内迅速下降，且在两个反应器中下降的速度近似。这一相似性表明SMZ主要由活性污泥吸附从水中去除。之后，在RⅠ反应器中SMZ浓度缓慢下降，而RⅡ中浓度基本不变，表明了SMZ可以被活性污泥进一步生物降解。所以在该试验中SMZ的去除可分为两个阶段：初始阶段约13.4%的SMZ被污泥吸附，而通过后续微生物的生物降解作用能够进一步去除大约26.5%的SMZ。然而SMZ总的去除效率仍有限。Yang等[18]报道了磺胺类抗生素（磺胺甲恶唑、磺胺间甲氧嘧啶、磺胺二甲氧嘧啶）在活性污泥系统中的去除效率，同样发现在48 h内有相当部分的抗生素未被去除，最终随出水排放。

吸附过程对于SMZ的初步去除是非常重要的，通过吸附可以将SMZ富集到活性污泥表面，有利于后续的生物降解，而EPS在该吸附过程中起着重要的作用。如图5.1(b)所示，在初始的2 h内由EPS吸附的SMZ占据了总吸附量的61.8%，这个比例在后续的生物降解阶段维持在35.3%左右。一些研究者发现，具有生物活性的污泥比抑制了生物活性的污泥对磺胺类抗生素有更好的吸附性能[16]，这源于微生物产生的EPS所具有的吸附能力[19-21]，从而强化了吸附效果。

我们构建了连续流膜反应器，研究其对SMZ的去除能力。反应器SRT为

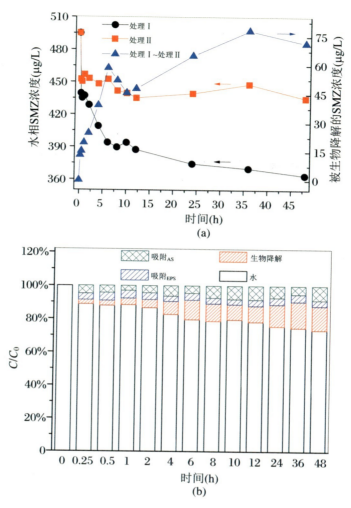

图 5.1 (a) SMZ 浓度变化;(b) SMZ 在活性污泥系统中的迁移和去除

92 d,HRT 为 13.8 h,有效体积为 2.3 L,进水 COD 为 1000 mg/L,进水(以 mg/L 计,pH = 7.0):CH_3COONa 1282,KH_2PO_4 40,$MgSO_4$ 90,KCl 37,EDTA 50,$ZnSO_4 \cdot 7H_2O$ 22,$CaCl_2 \cdot 2H_2O$ 8.2,$MnCl_2 \cdot 4H_2O$ 5.1,$FeSO_4 \cdot 7H_2O$ 5.0,$(NH_4)_6Mo_7O_{24} \cdot 4H_2O$ 1.1,$CuSO_4 \cdot 5H_2O$ 1.8,$CoCl_2 \cdot 6H_2O$ 1.6。膜组件为 400 目钢丝网。

分别在进水中加入 100 μg/L、500 μg/L、1000 μg/L、5000 μg/L SMZ,冲击 MBR 反应器一个 HRT,监测冲击时间内(短期)和冲击过后(长期)反应器运行及 EPS 的响应状况。冲击 13 h 内每隔一小时取水样及污泥样品,并提取 EPS,分析出水及 EPS 组分及含量的变化。同时,每隔 1~2 天从反应器取样,进行长期监测。EPS 中的多糖浓度用蒽酮比色法测定。蛋白和腐殖质的含量以改进的

Lowry 法测定[22]。

短时间内 SMZ 对反应器的运行影响不明显，COD 去除效果在冲击前后基本保持稳定（见图5.2）；在高浓度冲击后，出水中的溶解性 EPS(SMP)在5 h 后总量略有上升（见图5.3）；EPS 的产生没有受显著影响（见图5.4）；EPS 对 SMZ 的富集效果在 500～5000 μg/L 范围内没有明显差异（见图5.5）。

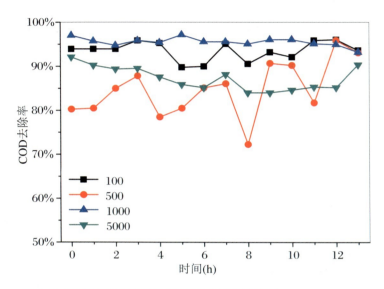

图5.2 SMZ 冲击时间段内的 COD 去除率变化图

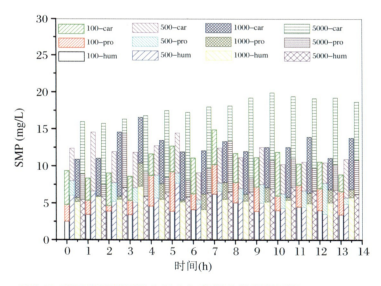

图5.3 SMZ 冲击时间段内出水中 SMP 的浓度变化图

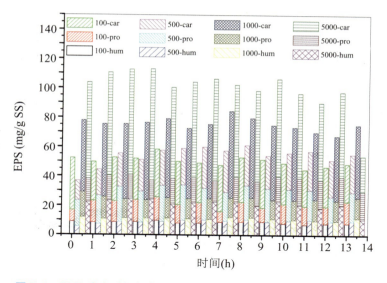

图 5.4 SMZ 冲击时间段内 EPS 的产生量变化图

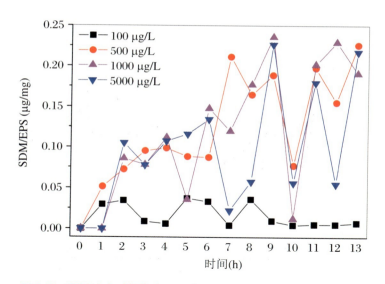

图 5.5 SMZ 冲击时间段内 EPS 中 SMZ 的浓度变化图

图 5.6 显示 SMZ 冲击对反应器的运行未造成显著影响,对 COD 的去除效果良好,稳定在 (90.20±0.07)%,出水 pH 稳定在 (8.23±0.26)(见图 5.7),污泥活性良好。在 90 天左右,由于进水 COD 浓度偏低,导致 COD 去除效率下降;在进水浓度恢复后,去除效率恢复正常。SMZ 在出水中均未被检测到。

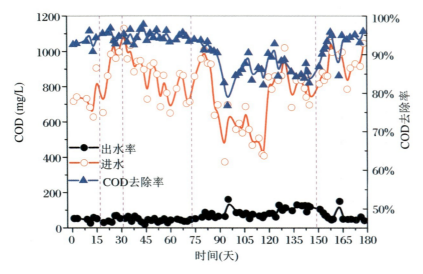

图 5.6　长期运行反应器的 COD 去除率

虚线部分为 SMZ 冲击的时间点

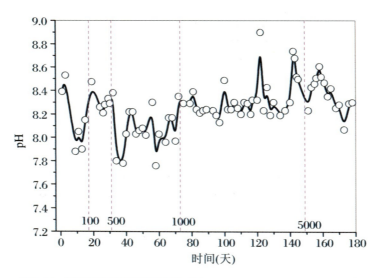

图 5.7　长期运行反应器的出水 pH

受低浓度 SMZ(100 μg/L 和 500 μg/L)冲击后,反应器出水中的 SMP 浓度呈无规律波动,未发现与 SMZ 冲击呈相关性,整体浓度都较低,出水的处理效果良好(见图 5.8)。用高浓度 SMZ(1000 μg/L 和 5000 μg/L)冲击后,SMP 各组分含量整体相应都有所增加(见图 5.8)。

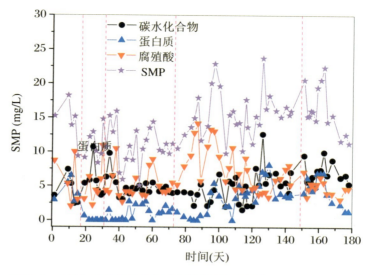

图 5.8　长期运行反应器的出水 SMP 浓度变化图

反应器受 SMZ 冲击后，微生物 EPS 的产生均有先增加后又恢复的过程（见图 5.9）。在受到冲击后，微生物产生大量的 EPS 将自身包裹其中，EPS 通过相互作用和 SMZ 结合形成复合物[1]。在低浓度冲击时，微生物通过自身的降解及 EPS 的结合作用，可减轻 SMZ 对微生物活性的不利影响；而高浓度冲击时，过高的 SMZ 浓度将影响活性污泥生物的活性，同时产生大量的 SMP，影响出水水质。

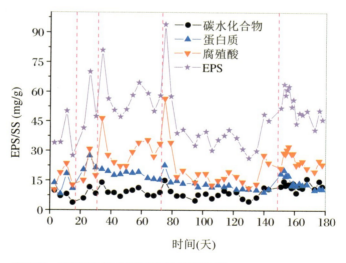

图 5.9　长期运行反应器的污泥 EPS 产量

MBR 在受到 SMZ 冲击后，EPS 对 SMZ 都有一个富集后释放的过程（见图 5.10），表明 EPS 可以减缓 SMZ 进入微生物体内的过程，减轻微生物受到的不利影响。同时，EPS 对 SMZ 具有一定的储存能力，即使长时间恢复，仍有部分 SMZ 残留在 EPS 中。在第四次冲击后，EPS 吸附的 SMZ 量显著上升，可能是由于其对 SMZ 的耐受性提升了，使 EPS 吸附效果得到了强化。

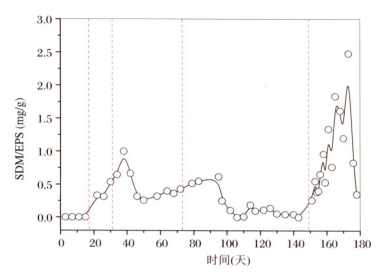

图 5.10　长期运行反应器的污泥 EPS 中 SMZ 浓度变化图

活性污泥 EPS 对磺胺类抗生素有明显的吸附和储存能力。EPS 对 SMZ 的生物吸附对 SMZ 的去除起重要贡献，将 SMZ 从水中去除，有利于后续的生物降解过程。同时，当活性污泥系统受到 SMZ 冲击时，微生物会产生更多的 EPS，将 SMZ 截留其中，随着微生物对 SMZ 的耐受能力的提升，EPS 对 SMZ 的富集效果也会强化。

5.1.2

生物膜 EPS 对不同抗生素迁移转化的影响

如 5.1.1 节所述，抗生素类污染物在城市生活污水中广泛存在，越来越多的研究开始关注抗生素在废水生物处理系统中的归趋行为。生物膜法污水处理工艺包括膜生物反应器、生物滤池和生物转盘等，各种介质或者填料上的生物膜同时含有好氧和缺氧区域，相比于悬浮生长式处理工艺，生物膜法对药物等有机污染物具有更好的去除效率[23-25]。最近的一些研究表明，移动床生物膜反应器（Moving Bed Bioreactor，MBBR）能有效去除污水中包括抗生素在内的多种微污染物[25-26]。

EPS会对生物膜系统中抗生素等污染物的迁移转化起到重要作用,由于存在丰富的官能团,生物膜EPS和抗生素之间的相互作用也会影响它们的去除效率[27-29]。已有研究表明,EPS可以提高生物膜对干燥、基质匮乏和有毒污染物冲击等环境胁迫的耐受性[28,30]。因此,我们推测EPS可以作为一层保护屏障来缓解抗生素对生物膜中微生物的负面影响。然而,目前缺乏对生物膜EPS在抗生素转运转化中的作用及其保护机制的研究。

本节研究以间歇式废水生物处理反应器为研究对象,探讨三种代表性抗生素,即磺胺甲基噻唑(Sulfamethizole,STZ)、四环素(Tetracycline,TC)和诺氟沙星(Norfloxacin,NOR),对反应器运行及MBBR填料生物膜悬浊液EPS性质的影响。三种抗生素在医疗和畜牧业中的大量排放使其在城市废水和天然水体中被广泛检出[31]。本节研究旨在阐明MBBR填料生物膜悬浊液EPS对抗生素冲击的响应以及在抗生素迁移和去除中的内在作用机制。

表5.1 研究所用抗生素理化性质

	磺胺甲基噻唑(STZ)	四环素(TC)	诺氟沙星(NOR)
分子结构			
分子式	$C_9H_{10}N_4O_2S_2$	$C_{22}H_{24}N_2O_8$	$C_{16}H_{18}FN_3O_3$
分子量(g/mol)	270.33	444.44	319.33
密度(g/cm³)	1.562±0.06(20℃)	1.63±0.1(20℃)	1.344±0.06(20℃)
pK_a	5.51	3.30,7.68,9.69	6.26,8.85
溶解度(mg/L)	1050(37℃)	231(25℃)	1.01(25℃)
辛醇-水分配比 (log K_{ow})	0.54	-1.30	-1.03

在南京盛科水处理公司的曝气池中收集生物膜。该公司采用MBBR工艺处理由生活污水和化工废水组成的混合废水。在收集曝气池中的填料后,将填料与蒸馏水混合并超声处理10 min,以获得生物膜悬浮液。将生物膜悬浮液混合均匀,测定悬浮物(Suspended Solids,SS)和挥发性悬浮物(Volatile Suspended Solids,VSS)的浓度。生物膜中VSS含量为(55±6)%。生物膜悬浮液储存于4℃的冰箱内待用。

在间歇实验中,分别在4个2 L的反应器(R1至R4)中加入1.8 L生物膜悬浊液，在 25 ℃ 下运行 144 h。SS 和初始抗生素浓度分别设定为 3500 mg/L 和 1000 μg/L。进水为模拟废水，废水组分与 5.1.1 节所述相同。每 72 h 向每个反应器中补充一定体积的 20 倍浓缩营养液。对于 1 号处理组，设置 R1 和 R2 两个平行反应器，反应器中发生生物降解、吸附和水解过程。2 号至 4 号处理组是对照实验组。R2 中添加 2.0 g/L 叠氮化钠（NaN_3）以抑制生物降解。采用改进的树脂法去除生物膜样品的 EPS，获得去除 EPS 后的生物膜悬浊液[32]。R3 反应器中添加相同浓度去除 EPS 后的生物膜悬浊液。在 R4 中加入 1000 μg/L 抗生素和 2.0 g/L NaN_3，以研究无生物作用下抗生素的水解和挥发过程。四种处理的实验设计如图 5.11 所示。在不同的时间间隔对生物膜悬浮液样品进行取样，用于 EPS 提取和抗生素浓度测定。通过生物降解和吸附去除的抗生素量可通过下式进行计算：

$$C_{生物降解量} = C_{R1} - C_{R2} \quad (5.1)$$

$$C_{吸附量} = C_{initial} - C_{R2} \quad (5.2)$$

其中，$C_{initial}$、C_{R1} 和 C_{R2} 分别为初始抗生素浓度和反应后 R1 和 R2 中的抗生素浓度。1 号和 2 号处理组分别设置 2 个平行反应器，对两个反应器采集样品中的抗生素浓度进行测定并取平均值。

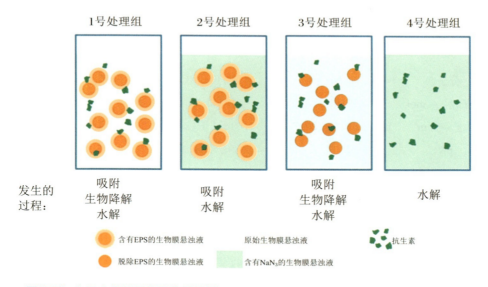

图 5.11　1 至 4 号处理组实验设计图

按照时间顺序从反应器中分别取出 25 mL 的污泥悬浮液样品。悬浮液首先用 8000 r/min 离心 5 min，上清液用于 SMZ 的分析。EPS 提取采用改进的热提方法[33]。将离心后的污泥首先重悬浮于 0.05% 的氯化钠溶液至原始体积，然后在 60 ℃ 水浴 30 min。然后将污泥混合液 10000 r/min 离心 15 min。上清液过 0.45 μm 的醋酸纤维膜用于测定。在这项工作中，采用改进的热萃取法提取 EPS 并分析生物膜 EPS 中残留的抗生素[33]。对 EPS 溶液中的抗生素也进行了测定，定义为 EPS 吸附的抗生素（$C_{EPS吸附量}$）。生物膜对抗生素的吸附量（$C_{生物膜吸附量}$）可由总吸附量（$C_{总抗生素量}$）减去 EPS 的吸附量得到：

$$C_{生物膜吸附量} = C_{总抗生素量} - C_{EPS吸附量} \tag{5.3}$$

采用改进的 CER 方法获得 EPS 提取的生物膜样品。从生物膜中提取 EPS 后，采用 5000 kDa 聚醚砜超滤膜（MSC80005，Mosu 公司）超滤装置对粗 EPS 进行浓缩，用蒸馏水反复洗涤，去除小分子和盐类，然后冻干备用。

抗生素分析、EPS 与抗生素的结合试验和光谱测量：磺胺甲基噻唑（STZ）购自 Sigma-Aldrich，四环素（TC）和诺氟沙星（NOR）购自中国阿拉丁试剂公司。采用高效液相色谱法（1260 Infinity，Agilent Co.，美国）测定抗生素含量，色谱柱为 5 μm×4 mm×150 mm Eclipse XDB-C18，柱温为 30 ℃，紫外检测器波长为 280 nm。流动相为 10 mm 草酸溶液/乙腈（体积比为 70∶30）的混合物，流速为 1 mL/min。

在结合实验进行之前，EPS 和抗生素样品均使用 50 mmol/L（pH = 7.0）的磷酸盐缓冲液配制成储备液。首先，在每个试管中加入 5 mL 的 200 mg/L EPS 溶液，再加入不同体积的抗生素溶液，之后补充 PBS 使总体积达到 10 mL；接着使用荧光分光光度计对 EPS-抗生素复合物进行三维荧光激发发射光谱（EEM）扫描，并对光谱进行平行因子框架聚类分析（PFFCA）。冷冻干燥剩余 25 mL 溶液以进行 FTIR 光谱分析。分别称取 1 mg 纯 EPS 粉末或 EPS-抗生素复合物，与 99 mg KBR 粉末混合，将冻干的 EPS-KBr 混合物研磨均匀，在 20 MPa 下压制 1 min，随后使用 FTIR 光谱仪（Tensor 27，Bruker，Bremen，德国）采集 EPS 和 EPS-抗生素复合物样品的红外光谱数据。为了获得结合抗生素后 EPS 的微观结构变化信息，根据前人工作的基础，计算了以抗生素浓度为外部扰动的差分 FTIR 光谱，并对差分 FTIR 光谱进行解析。

在整个试验过程中对生物膜悬浊液的 pH 和 DO 进行了监测，结果显示溶液 pH 值保持在 7.6~7.9，DO 保持在 7.32~8.34 mg/L。在 144 h 的操作过程中，三种抗生素没有发生水解或光解。图 5.12 显示了间歇实验反应器中三种抗生素的浓度随时间变化的情况。R2 中的 STZ 浓度保持在 668~696 μg/L，表明 STZ 在生物膜上发生了快速吸附。R1 中同时存在吸附和生物降解过程。在最初的 52 h 内，STZ 的去除主要是吸附作用，生物降解仅占 3.0%。培养 52 h 后，STZ 的降解率显著提高，运行结束时达到 60.5%。MBBR 生物膜悬浮液对 STZ 的总去除率为 75%。该研究结果与 Torresi 等人报道的数据值相当，作者观察到 MBBR 系统中 STZ 的去除效率可以达到约 60%[25]。

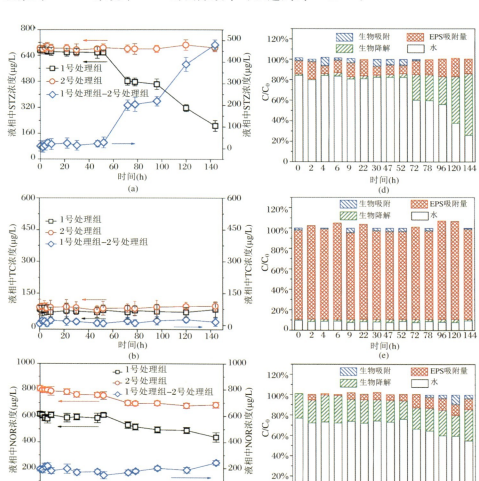

图5.12 R1 和 R2 生物膜悬浊液中的浓度分布、生物膜悬浮液中迁移和去除:(a) STC;(b) TC;(c) NOR 浓度分布;(d) STC;(e) TC;(f) NOR 在 R1 的生物膜悬浮液中迁移和去除

图 5.12(b)显示 R2 上清液中 TC 的浓度在 2 h 后保持在 85 μg/L,表明大部分 TC 被快速吸附到生物膜悬浮液上,说明 TC 的去除主要受吸附过程的影响(吸附量达 91.3%)。Li 和 Zhang[15]研究了活性污泥体系中 TC 的迁移转化过程,同样发现吸附作用是 TC 在活性污泥体系中去除的最主要过程,TC 的吸附量可占总 TC 添加量的 89.4%。2 h 后,R2 中 TC 浓度逐渐升高,这可能是由于吸附的 TC 发生了解吸作用。图 5.12(c)显示 R2 中 NOR 的浓度约为 600 μg/L,表明 MBBR 生物膜对 NOR 的吸附效果低于对 TC 的吸附量。NOR 的总去除

率在52 h时为25%,在144 h时提高到45%,其中吸附去除率约为14.4%,生物降解去除率约为45%。Li等研究了MBBR反应器中NOR的去除效率,发现MBBR生物膜反应器中NOR的去除率有限,去除率不足15%[34]。R3反应器(含脱除EPS的生物膜悬浊液)中抗生素浓度分析结果表明在生物降解后期,R3反应器中抗生素浓度较R2要高,说明EPS的赋存有助于生物膜悬浊液对抗生素的降解。

TC和NOR较之STZ具有相对较低的$\log K_{ow}$值(见表5.1),理论上STZ的吸附量要低于TC和NOR,但研究结果显示它们在生物膜上的吸附量与STZ的吸附量相当。造成这种现象的原因是当有机物的$\log K_{ow}$值小于1.7时,若继续采用$\log K_{ow}$预测,则疏水性物质在固液介质中的分配过程存在较大的不确定性[35]。对于本研究中所关注的三种相对亲水性的抗生素,它们在生物膜上的吸附作用主要由离子相互作用主导,而不是疏水相互作用[35-36]。前期的研究中也观察到活性污泥、生物膜对TC的吸附量要高于其他常用抗生素[15]。在中性pH下,TC(pK_a值为3.3、7.7和9.7)和NOR(pK_a值为6.3和8.9)中各有部分基团呈质子化状态,溶液中存在较多的两性离子。本研究中TC和NOR在生物膜中的高吸附应归因于其主要受静电力的影响的特殊吸附机理。

EPS通常分为两大类:松散结合EPS(LB-EPS)和紧密结合EPS(TB-EPS)。与LB-EPS相比,TB-EPS受环境影响较小,一般表现出较高的污染物和养分吸收能力[37]。如图5.12(d)所示,EPS吸附的STZ在2 h时占总吸附量的17.4%,后期占8.5%~18.1%。相比之下,生物膜EPS对NOR的吸附效率较低,如图5.12(f)所示。EPS吸附的NOR量占总浓度的13.1%。如图5.12(e)所示,生物膜EPS对TC具有极强的吸附能力,占TC总去除量的89.1%。

采用差分FTIR光谱结合EEM-PFFCA分析方法研究EPS与抗生素的相互作用。EPS的主要特征:红外光谱在1800~800 cm^{-1}处范围内,图5.13显示了不同抗生素浓度条件下EPS-抗生素复合物的差分红外光谱,每个条件下EPS吸附的抗生素谱图从EPS-抗生素的谱图中减去EPS谱图得到。图5.13(a)显示1340 cm^{-1}处、1408 cm^{-1}处和1600 cm^{-1}处的谱带强度随着STZ浓度的增加而降低,这表明STZ和EPS的主要相互作用位点是酰胺中的脂肪族C—H、酚类C—O和C=O的伸缩振动峰[38]。加入NOR后差分红外光谱光谱变化较小,说明NOR与EPS的相互作用较弱。随着TC浓度的升高,差分红外光谱的强度显著增强,表明TC与EPS之间产生更强的相互作用,导致了更强的EPS结构变化。在931 cm^{-1}处、1113 cm^{-1}、1259 cm^{-1}和1560 cm^{-1}处的增强峰分别与O—P—O伸缩、P=O伸缩、P=O不对称伸缩和COO对称伸缩有关。

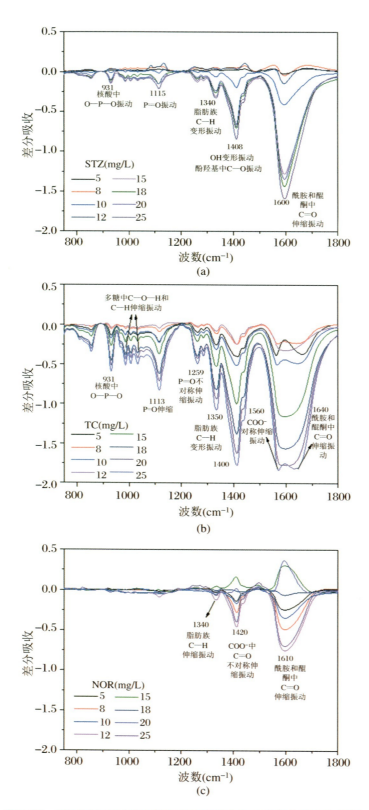

图 5.13 不同抗生素浓度条件下 EPS-抗生素复合物的差分红外光谱

EPS 的荧光强度随抗生素浓度的增加而降低,根据 PFFCA 分析,在 280 nm/340 nm 处和 320 nm/430 nm 处鉴定出两种组分,分别为蛋白质类物质和腐殖质类物质,如图 5.14(a)和 5.14(b)所示[39]。

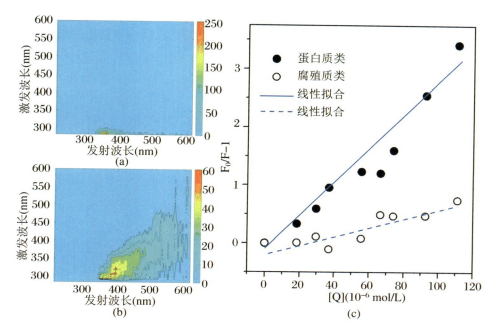

图 5.14　PFFCA 法分析生物膜 EPS 中(a)蛋白类物质和(b)腐殖质类物质的荧光 EEM 光谱;(c)两组分荧光强度的 Stern-Volmer 方程拟合结果

抗生素诱导的荧光淬灭可用 Stern-Volmer 方程表征:

$$F_0/F = 1 + K_q \tau_0 [Q] = 1 + K_{sv}[Q] \tag{5.4}$$

其中,F、K_q、τ_0、K_{sv} 和 $[Q]$ 分别是特定浓度抗生素下的荧光强度、淬灭速率常数、无淬灭剂时的平均寿命(10^{-8} s)[40]、Sterne-Volmer 淬灭常数和抗生素浓度。

根据线性回归分析,类蛋白质和类腐殖酸物质的 K_q 值分别为 2.91×10^{12} L/(mol·s)($R^2=0.923$)和 7.33×10^{11} L/(mol·s)($R^2=0.918$),具有荧光性质的蛋白组分主要由蛋白质中的类色氨酸和类酪氨酸组成。STZ 对蛋白质的淬灭常数高于对腐殖质的淬灭常数,EPS 中的蛋白类物质可能主导了其与 SMZ 间的相互作用。TC 和 NOR 诱导的荧光淬灭也观察到类似的结果。根据 PFFCA 分析获得的荧光淬灭数据进行线性拟合,蛋白质类和腐殖质类物质的淬灭常数 K_q 都远大于生物分子被各种淬灭剂淬灭的最大扩散碰撞淬灭速率常数 2.0×10^{10} L/(mol·s)[40]。这表明此三类抗生素对 EPS 荧光淬灭的机制不是由碰撞淬灭引起的,而可能是形成了基态的复合物[41-42]。

本节采用荧光和红外光谱解析了生物膜 EPS 与抗生素间相互作用的差异。

蛋白质类物质荧光的强烈淬灭表明 EPS 与抗生素之间的相互作用可能受蛋白质的控制。结果表明，抗生素的结合位点在各种 EPS 组分的亲和力方面分布不均匀[43]。差分红外分析表明 TC 与 EPS 之间的相互作用包括 931 cm^{-1}、1113 cm^{-1}、1259 cm^{-1} 和 1560 cm^{-1} 等处官能团，增强的 IR 强度主要归因于酰胺类、蛋白质类物质和多糖组分，这从另一角度证实了 TC 与蛋白质的结合强度更高的原因。

5.2 NOM 对超滤膜污染的影响

5.2.1 腐殖酸对超滤膜污染的影响

超滤（Ultrafiltration，UF）技术已发展为较经济的饮用水生产技术之一。超滤可以有效地去除浊度、胶体、微生物和 NOM[44]。虽然使用超滤获得洁净水具有广泛的应用前景，但膜污染却是该技术的主要缺陷之一。在 NOM 组分中，腐殖质占到自然水体中 80% 的有机碳组分，被认为是膜污染的主要污染物，控制着膜污染的程度和速率。由 NOM，尤其是腐殖质引起的超滤膜污染过程及其污染机理正受到水处理领域研究人员的广泛关注[45-46]。

膜与污染物的相互作用控制着膜污染的形成和发展。NOM 引起的膜污染与超滤膜表面电荷、粗糙程度、孔径和疏水性等性质密切相关[47]。研究表明，溶液化学，尤其是 pH 和多价阳离子，对 NOM 在膜表面的吸附有重要影响[48]。自然水体的酸碱度大多数处于近似中性条件，NOM 通常带负电并具有丰富的去质子化功能基团。与质子化基团的电中和、络合和桥连作用会诱导 NOM 分子的聚集行为并促进其在膜表面沉积[49]。碱土金属 Mg^{2+} 和 Ca^{2+} 是自然水体中广泛存在的多价阳离子[50]。研究 Mg^{2+} 和 Ca^{2+} 存在下 NOM 在超滤膜上的附着过程可以促进深入理解脱盐和水处理过程中由 NOM 引起的污染机理。例如，已有研究表明,当用反渗透和纳滤膜处理 HA 溶液时,Ca^{2+} 的存在会造成显著的膜污染[51]。相比于 Mg^{2+}、Ca^{2+} 在反渗透处理海藻酸钠溶液时会引起海藻酸钠分子间更强的桥连作用,形成更高的附着力以及更快的膜通量下降。然而,虽有研究考察了阳离子赋存对 NOM 诱导的膜污染行为的影响,Mg^{2+} 和 Ca^{2+} 对膜污染的不同贡献并没有得到足够的区分,也没有在分子作用角度阐述 Ca^{2+} 易引起更高超滤膜污染程度的原因。

在众多膜污染的分析手段中,QCM 可以定量解析吸附到膜材料修饰后电极表面的污染物量[52];ATR-FTIR 是一种原位研究有机污染物吸附至不同膜表面的方法[53];ITC 可以提供金属-生物大分子相互作用的热力学信息并区分 HA 和不同阳离子间的结合力[54]。耦合这三种分析方法可以对阳离子诱导的膜污染行为进行详尽地机理解释。研究旨在从分子作用和工程应用角度区分 Mg^{2+} 和 Ca^{2+} 在 HA 诱导的超滤膜污染行为中起到的不同作用。本研究首先采用死端过滤方法考察 HA 引起的膜污染和 HA 在膜表面的累积。ATR-FTIR 和 QCM 联用可以比较 HA 在两种离子存在下在膜表面的吸附。利用 ITC 方法从热力学角度探讨 Mg^{2+} 和 Ca^{2+} 与 HA 结合行为的差异。

分析纯药品($CaCl_2$、$MgCl_2 \cdot 6H_2O$、HCl、NaOH 和 Tris)购自中国国药集团化学试剂有限责任公司。用超纯水配置 10 mmol/L Tris-HCl 缓冲液。聚醚砜颗粒(Ultrason E6020 P,BASF Co.,德国)和醋酸纤维素(国药集团化学试剂有限责任公司)用作 FTIR 和 QCM 实验中的模拟膜材料。Aldrich-Sigma 腐殖酸经纯化后使用。用超纯水配置 1 g/L HA 溶液,用 0.1 mol/L NaOH 将 pH 调节为 9,溶液用磁力搅拌过夜使其完全溶解,用稀 HCl 将 pH 调节为 7.0 待用。使用 Nanosizer ZS 电位仪(Malvern Instruments Co.,英国)测量在 Ca^{2+}/Mg^{2+} 离子存在下的 5 mg/L HA 的 Zeta 电位。测量对应溶液的电导率值(DDS-307A,REX Instrument Co.,中国)。HA 的羧基酸度用直接滴定法测得,分子量分布用凝聚渗透色谱(GPC)测得。

配置二价阳离子浓度分别为 2 mmol/L、5 mmol/L 和 10 mmol/L 的 5 mg/L HA 溶液,pH 调节为(6.8 ± 0.2)。实验用超滤膜为截留分子量 100 kDa 的聚醚砜(PES)和再生纤维素(CA)膜,购买自美国 Millipore 公司,每张膜的有效面积是 28.7 cm^2。用接触角仪(JC2000A,Powereach Co.,上海,中国)测量水滴在膜上的接触角。实验在死端过滤模式中进行。每次测试前将一张干净的膜放置于搅拌过滤杯(Amicon 8200,Millipore,美国)下部。过滤杯的压力控制在 0.04 MPa。每 30 s 记录过滤液质量。每张膜在使用前用 DI 水过滤 30 min 以去除有机杂质[45-46]。

由于淡水中溶解性有机碳浓度通常可达到 mg/L, 典型浓度为 0.5～1.2 mg/L[50], 我们将实验所用 HA 浓度控制在 5 mg/L。在过滤 HA 溶液之前, 膜过滤纯水的通量定义为 J_0。对于每次测试, 向过滤杯中加入 180 mL HA 溶液(HA 浓度 5 mg/L, 含不同阳离子浓度)。每次测试包含三个过程:① 过滤 150 mL 溶液, 剩余 30 mL 浓缩液, ② 将膜翻转用 15 mL Millipore 超纯水反冲洗, ③ 反冲洗后过滤约 30 mL Millipore 超纯水, 记录平均通量为 J_n(n 为循环次数)。第三次循环后的最终通量定义为 J_{final}, 以代表不可逆污染程度[50]。每个阳离子浓度条件下进行两次实验, 实验误差在 5% 之内。具体实验步骤如图 5.15 所示。

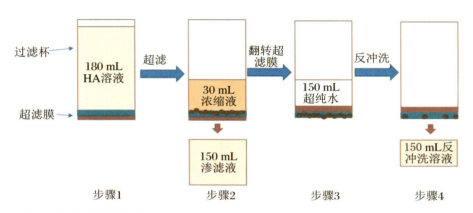

图 5.15 过滤步骤示意图

步骤 1:向过滤杯中加入 180 mL HA 溶液;步骤 2:过滤 150 mL 溶液, 在滤杯中剩余 30 mL 浓缩液;步骤 3:将膜转置;步骤 4:用 150 mL Millipore 超纯水反冲洗膜并收集

滤出液、浓缩液和反冲洗液中的 DOC 浓度用有机碳分析仪(multi N/C 2100S, Analytic Jena Co., 德国)测定。根据质量平衡, 反冲洗后依然沉积在膜上的 HA 量可通过式(5.5)计算获得:

$$m_{膜沉积} = m_{总} - m_{滤液中} - m_{浓缩液中} - m_{反冲洗液中} \tag{5.5}$$

其中, $m_{总}$ 是 HA 的总质量, $m_{滤液中}$ 是滤液中的 HA 量, $m_{浓缩液中}$ 是浓缩液中的 HA 量, $m_{反冲洗液中}$ 是反冲洗液中的 HA 量。在每个阳离子浓度条件下测量 3 次, 对最后的结果进行平均计算。

采用 QCM-D(Q-Sense E4, Västra Frölunda, 瑞典)记录石英晶体传感器的共振频率(Δf)和耗散(ΔD)的变化, 计算出吸附到金电极和聚合物包覆的电极表面的 HA 含量。使用直径为 14 mm 的压电石英晶体晶片电极, 采用 Hashino 报道的方法对晶片进行聚合物包覆[55]。首先在 80 ℃ 条件下用二甲基甲酰胺溶解 PES 颗粒和 CA, 得到 0.5% 的聚合物溶液。之后将 30 μL 聚合物溶液旋转涂匀在晶片电极表面，以 2000 r/min 旋涂 60 s。所用旋涂仪型号为 KW-4A5，购买自中国科学院微电子所。旋涂后的电极在 60 ℃下烘干 30 min。

QCM-D 测试在固定有金电极或聚合物覆盖的电极的流动池里进行。首先将 Millipore 超纯水以 100 μL/min 的速度通过流动池使仪器平衡。使背景电解质溶液流动 30 min 以获得平稳的基线。预平衡后将一定电解质浓度下的 50 mg/L HA 注入流动池。溶液 pH 控制在(6.8±0.2)。当 HA 吸附到电极表面，电极的共振频率会降低。QCM 电极单位面积吸附的 HA 量与 Δf 相关，可用 Sauerbrey 公式进行计算：

$$\Delta m_3 = - C\Delta f_3/n \tag{5.6}$$

其中，C 是质量敏感度常数，在 f = 4.95 MHz 第三倍音条件下为 -17.7 ng/cm^2/Hz）。

在水平 ZnSe 晶体（50 mm×10 mm×3 mm）表面进行 ATR 谱图测试。入射光角度为 45°。将晶体固定在 ATR 组件上，并暴露于 Vertex 70 红外光谱仪（Bruker Co.，德国）的光路中。检测器为外置的可用液氮冷却的 MCT 检测器，测量范围为 2000~800 cm^{-1}，分辨率为 2 cm^{-1}。测定将干净 ZnSe 晶体的 FT-IR 谱图作为背景。将 1 mL 聚合物溶液（PES 或 CA 溶解于二甲基甲酰胺，0.1 wt%）滴加到 ZnSe 晶体表面，在 40 ℃条件下烘干 10 h，测得聚合物包覆的 ZnSe 晶体谱图。之后将 1 mL 超纯水滴加至聚合物包覆的 ZnSe 晶体表面，在 4 h 内记录谱图，直至谱图无明显变化。随后将含有或不含 10 mmol/L Mg^{2+}/Ca^{2+} 的 1 g/L HA 滴加到聚合物包覆的晶体表面，4 h 内测量谱图变化。

采用 ITC-200 等温微量热仪（MicroCal Co.，美国）研究 HA 和 Mg^{2+}/Ca^{2+} 的结合作用。实验所用 HA 和阳离子浓度分别为 1 g/L 和 10 mmol/L，在 pH 为 7.1 的 Tris-HCl 溶液中配置。实验温度和仪器转速分别为 25 ℃和 300 r/min。样品池工作体积为 280 μL。热平衡时间设定为 60 s，注入液滴数设为 19 滴。每滴注入的阳离子体积为 2 μL。在 Origin 8.5 中进行数据的非线性拟合，参数包括阳离子与 HA 结合的摩尔放热量（ΔH）、HA 最大结合容量（N）和与结合位点亲和力相关的结合常数（K）[54]。

表 5.2 显示 5 mg/L HA 的 DOC 浓度为 3.35 mg/L，占 HA 总质量的 67%。HA 羧基酸度为 5.7 meq/g，平均分子量为 158 kDa。由于实验在中性条件下进行，酚羟基均未解离，因此没有测定酚羟基酸度。图 5.16 给出了 Mg^{2+} 和 Ca^{2+} 存在下 HA 溶液的 Zeta 电位和电导率值。电导率随阳离子浓度的增加呈线性增长，Ca^{2+} 比 Mg^{2+} 更易引起电导率的上升。在 10 mmol/L Mg^{2+} 加入后，HA 溶液负电从 -39.3 mV 降低至 -5.0 mV。Ca^{2+} 比 Mg^{2+} 更易中和负电，在

10 mmol/L Ca^{2+} 加入后 HA 溶液负电降低至 -0.3 mV。

表 5.2　5 mg/L HA 溶液的部分理化性质参数

pH	6.83
DOC（mg/L）	3.35 ± 0.45
Zeta 电位（mV）	-21.2 ± 3.2
电导率（μs/cm）	32.6 ± 0.5
羧基酸度（meq/g）	5.7
平均分子量（kDa）	158

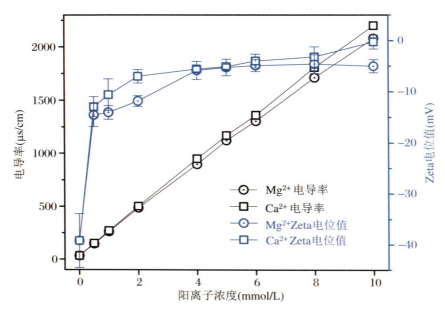

图 5.16　5 mg/L HA 溶液在不同阳离子浓度下的 Zeta 电位和电导率值

图 5.17(a)和(b)表示随滤液体积增加通量的下降情况。归一化的总通量 (J_1/J_0) 在过滤 HA 溶液的第一周期后略有下降,降至 0.86。在第三个周期结束后,J_3/J_0 和 J_{final} 分别降低至 0.75 和 0.92。加入 Mg^{2+} 后通量发生了显著降低,当溶液中含有 10 mmol/L Mg^{2+} 时,J_3/J_0 和 J_{final} 分别降低至 0.63 和 0.83。在一些情况,例如图 5.17(a)中的第一周期,较低的阳离子浓度(5 mmol/L)较之高一些的阳离子浓度(10 mmol/L)造成了更快的通量下降。可能的原因是较高阳离子浓度下足够的电屏蔽和静电相互作用压缩[56]。在后期过滤过程中,10 mmol/L 的阳离子造成的通量下降与 5 mmol/L 条件下变得相似。可能的原因是多价阳离子能有效地与有机物分子发生反应并形成复合物,导致更紧实污染层的形成和通量的不断下降[49,57]。相比而言,Ca^{2+} 更易于降低过膜通量,

10 mmol/L Ca^{2+} 使 J_3/J_0 和 J_{final} 分别降低为 0.61 和 0.79。

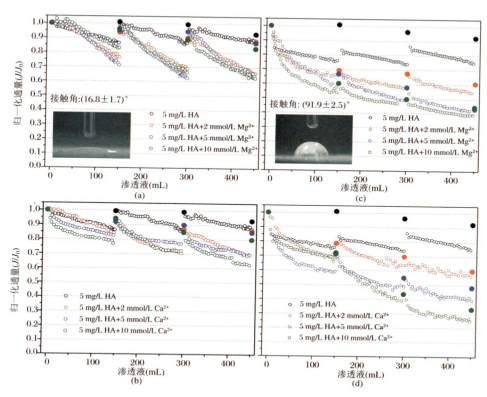

图 5.17　0～10 mmol/L 阳离子存在下归一化的通量下降：(a) 纤维素膜,0～10 mmol/L Mg^{2+}；(b) 纤维素膜,0～10 mmol/L Ca^{2+}；(c) PES 膜,0～10 mmol/L Mg^{2+}；(d) PES 膜,0～10 mmol/L Ca^{2+}

• 表示每次反冲洗后的通量。

相比于醋酸纤维素膜,PES 膜在 Mg^{2+} 和 Ca^{2+} 存在下的通量下降程度更大。图 5.17(c)显示当用 PES 膜过滤含有 10 mmol/L Mg^{2+} 的 HA 溶液时,J_3/J_0 和 J_{final} 分别为 0.39 和 0.44,远小于使用醋酸纤维素膜时的 0.63 和 0.83。由于两种膜的截留分子量均为 100 kDa,膜表面相对疏水性对 HA 与膜的相互作用和污染行为起到最关键作用。HS 的疏水性使得其与疏水性 PES 膜相互作用更显著,因此 HA 在 PES 膜上的吸附量更多。较高的 HA 沉积量造成更显著的膜孔堵塞,导致通量的不断下降。疏水性膜对 NOM 沉积增强的效果在类似工作中也有报道。例如,Howe 和 Clark 发现,NOM 不容易附着在亲水性纤维素膜表面,而孔径为 0.2 μm 和 20 kDa 的 PES 膜可以在表面累积较多的污染物,造成更快的通量下降[48]。

图 5.18 显示反冲液、浓缩液、滤出液和不可逆沉积在膜表面的有机物质的量。对于纤维素膜,过滤 5 mg/L HA 溶液时,滤液中的 HA 和不可逆沉积在膜

表面的 HA 量(底部深灰色柱形)分别占到总 HA 量的 19.9% 和 23.2%。在 10 mmol/L Mg^{2+} 存在下不可逆沉积的 HA 量增长至 38.5%。Ca^{2+} 比 Mg^{2+} 更易使膜表面累积 HA，10 mmol/L Ca^{2+} 存在下不可逆沉积组分达到 57.9%。由于 HA 的表观平均分子量(158 kDa)略大于膜孔径(100 kDa)，污染泥饼层的形成可能是污染的主要成因[58]。HA 渗透量的减少和膜表面累积量的增加表明二价离子的存在使污染层变得更加致密，通透性变差。这与相关报道的结论一致，认为二价离子(尤其是 Ca^{2+})会通过静电屏蔽、络合和桥连作用使更多 NOM 累积在膜表面[58-60]。

对于 PES 膜，在其表面不可逆沉积的 HA 量高于纤维素膜。在 10 mmol/L Mg^{2+} 和 Ca^{2+} 存在下，不可逆沉积的 HA 量分别增加到 47.8% 和 69.1%。这些结果表明 PES 膜更易受到 HA 的污染。其主要原因是疏水性腐殖质类物质更易吸附在疏水性的膜材料表面[61]。更低的 HA 渗透量和更高的膜表面累积量表明二价离子的存在会进一步促进 HA 在 PES 膜表面的聚集和积累。

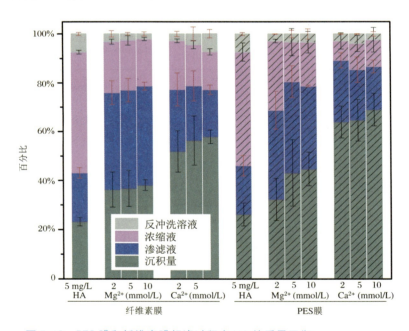

图 5.18　PES 膜和纤维素膜超滤过程中 HA 的质量平衡

由于纤维素在普通溶剂中较难溶解，选用其醋酸酯衍生物醋酸纤维素作为代表性聚合物。在 ATR-FTIR 和 QCM 实验中选取商用 PES 和醋酸纤维素作为膜材料替代物，以研究 HA 和膜表面的相互作用[55]。FTIR 谱图表明在聚合物包覆的表面逐渐形成污染物层的过程。1000~2000 cm^{-1} 范围内 PES、醋酸纤维素膜和 HA 对应特征峰的归属总结如表 5.3 所示。

表 5.3 PES 膜、醋酸纤维素膜和沉积的 HA 的红外特征峰及归属

	波数(cm^{-1})	震动归属
HA	1710	COOH 和酮类(痕量)的 C=O 伸缩
	1620	芳香族 C=C 的伸缩
	1250	酚类 C—O 伸缩和 COOH 中 OH 变形
	1020	多糖和多糖类物质中 C—O 伸缩
PES 膜	1080,1108	芳香族环震动
	1151	砜基团中 O=S=O 对称伸缩
	1240	芳基酯类基团的 O—C—O 不对称伸缩
	1297,1321	砜基团中 O=S=O 不对称伸缩引起的双峰
	1409,1487,1579	芳香族 C=C 伸缩
醋酸纤维素膜	1047	吡喃糖环中的 C—O—C 弯曲
	1103	O—H 弯曲
	1235	羧酸类中的 C—O 震动
	1375	C—H 弯曲
	1640～1660	吸附水中的 O—H 弯曲
	1751	C=O 震动

为区分水分子引起的谱峰变化和 HA 分子引起的变化，首先在聚合物包覆的 ZnSe 表面滴加 Millipore 纯水，之后滴加 HA 溶液。在醋酸纤维素包覆的 ZnSe 表面滴加 Millipore 纯水 4 h 后，1103 cm^{-1}、1375 cm^{-1} 和 1751 cm^{-1} 处的峰强略有减小，表明聚合物在水中的溶胀作用可能引起 O—H、C—H 和 C=O 官能团峰强的降低。当 PES 包覆的基底滴加 Millipore 纯水后，观测到 1108 cm^{-1}、1409 cm^{-1} 和 1487 cm^{-1} 处峰高的降低，这表明芳香族环和芳香族 C=C 基团与 ZnSe 晶体的连接作用减弱[62-63]。值得指出的是，当 HA 滴加至 PES 包覆的基底后，1250 cm^{-1}、1620 cm^{-1} 和 1710 cm^{-1} 处的峰强明显增强，这进一步证实了 HA 分子在 PES 膜上的结合。1250 cm^{-1} 和 1620 cm^{-1} 处峰强的增加主要与多糖的 C—O 和芳香族 C=C 有关，可能是 HA 与膜表面由于空间位阻作用导致的结果[53]。在中性条件下，羧基大部分呈去质子化状态，易于与 Ca^{2+} 形成稳定的复合物。正如预期的一样，C=O 伸缩振动显示出很强的增强，表明羧基与 PES 膜之间的结合作用。分析表明，在 HA 溶液滴加到 PES 包覆的 ZnSe 表面后 1020 cm^{-1} 和 1710 cm^{-1} 处的峰强得到增强。图 5.19(a)和(b)间的差异证实在分子作用层面，PES 膜更易于 HA 中的羧基组分和多糖类

C—O 基团发生作用。另外,在加入 Mg^{2+} 和 Ca^{2+} 后,图 5.19(a)和(b)中的谱峰与滴加纯 HA 溶液后的谱峰没有明显差异,表明 HA 的吸附在 Mg^{2+} 和 Ca^{2+} 加入后并没有得到明显增强。

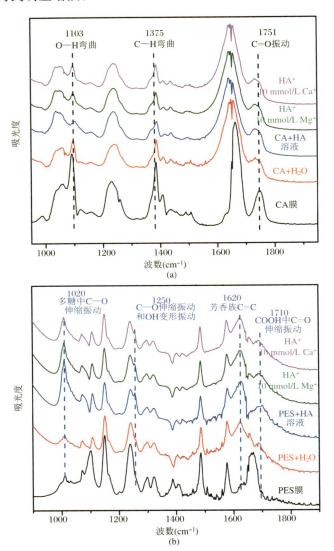

图 5.19　(a)醋酸纤维素包覆的和(b)PES 包覆的 ZnSe 基底上滴加 Millipore 水和 HA 溶液后的 ATR-FTIR 谱图

黑色、红色、蓝色、绿色和紫红色线条分别代表在 ZnSe 表面包覆聚合物后,滴加 Millipore 水、1 g/L HA、含 10 mmol/L Mg^{2+} 的 1 g/L HA 和含 10 mmol/L Ca^{2+} 的 1 g/L HA 4h 后的 ATR-FTIR 谱图

图 5.20(a)显示 HA 在金电极上随阳离子浓度变化的吸附量。无阳离子存在时,沉积的 HA 量为 13.2 ng/cm²。随着阳离子的加入,沉积的 HA 量不断增加。当 Mg^{2+} 和 Ca^{2+} 浓度增大到 10 mmol/L 时,吸附的 HA 量分别增加到

440.2 ng/cm² 和 455.2 ng/cm²。增加的沉积量与 Mg^{2+}/Ca^{2+} 的桥连作用有关，促进 HA 在表面的积累和沉积[56,64-65]。在已报道的相关工作中，Ca^{2+} 的添加会显著增强海藻酸钠在修饰过的 QCM 电极上的吸附[66]。这很可能是由于电极表面形成了由于阳离子存在造成的稳定凝胶层。在阳离子浓度为 0.5 mmol/L 时，Ca^{2+} 比 Mg^{2+} 能更有效地促进 HA 在金电极表面的吸附。而当阳离子浓度高于 2 mmol/L 后，吸附量之间没有明显差异。这表明在较低阳离子浓度下，由于其加入而引起的 HA 吸附量的增加更加显著。但当阳离子浓度较高时，该增强效果变得不再明显。Zhu 等人也报道过类似的现象，在研究二价阳离子对微生物胞外聚合物沉积的影响时，其发现沉积效率在高阳离子剂量下变化不大[56]。这是由于在较高阳离子浓度下，电屏蔽作用和静电相互作用压缩的程度已经完全足够中和 HA 分子的所有负电荷。

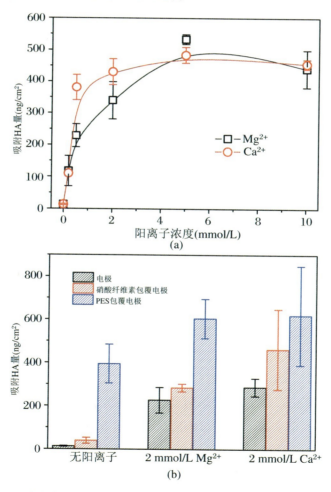

图 5.20　HA 在金电极和聚合物包覆的金电极表面的吸附：(a) 阳离子浓度范围为 0~10 mmol/L；(b) 阳离子浓度为 2 mmol/L

为探索 HA 在膜聚合物表面的沉积，还将 HA 溶液通过聚合物修饰的金电极表面进行 QCM 分析。对于醋酸纤维素修饰的金电极，2 mmol/L 阳离子的加入对 HA 溶液在其表面的沉积量影响不大。相比裸露的金电极上的沉积量，含 2 mmol/L Mg^{2+} 的 HA 和 2 mmol/L Ca^{2+} 的 HA 溶液在醋酸纤维素修饰的电极上的吸附量分别从 13.2 ng/cm²、226.6 ng/cm² 和 287 ng/cm² 增加到 39.4 ng/cm²、283.6 ng/cm² 和 462.2 ng/cm²。而在 PES 修饰的电极表面观察到显著的吸附增加。吸附的 HA 在这三个溶液条件下分别增加至 394.7 ng/cm²、604.1 ng/cm² 和 619.4 ng/cm²。HA 的吸附结果与已报道的工作一致，研究表明牛血清白蛋白在较疏水的聚偏二氟乙烯膜上吸附量更大[55]。

ITC 实验可以反映 HA 和 Mg^{2+}/Ca^{2+} 结合的主要驱动力。过程中热量的释放主要来源于 HA 和阳离子间的结合作用。图 5.21 显示向 HA 溶液中注入每滴阳离子溶液后的热量释放情况，每滴加入后可以观察到一个明显的放热峰。将所释放热量和阳离子滴加量通过非线性回归拟合，可以得到 HA 与 Mg^{2+}/Ca^{2+} 作用的结合焓变 ΔH、结合容量 N 和结合常数 K，如表 5.4 所示。

表 5.4　HA 和 Mg^{2+}/Ca^{2+} 结合过程中的热力学参数

	ΔH (kJ/mol)	N (mmol/g)	K (10^3 L/mol)	ΔG (kJ/mol)	$T\Delta S$ (kJ/mol)	ΔS (kJ/mol)
Mg^{2+}	−1.92	0.10	7.58	−22.1	67.8	20.2
Ca^{2+}	−2.80	0.38	1.06	−17.2	48.5	14.4

若 ΔH 为负值，则表明该过程是一个放热结合过程。吉布斯自由能可以通过 $\Delta G = -RT\ln K$ 计算获得。若所得值为负数，则表明结合反应在热力学上利于发生的，且反应可以生成稳定的 HA-阳离子复合物。通过 $\Delta G = T - \Delta S$ 可计算得到反应的熵变。若熵变为正值，则表明阳离子的结合会增加 HA 的无序程度。ΔS 为正值通常是配体与大分子之间疏水相互作用的有力证据。由于 $|\Delta H| < |T\Delta S|$，HA 与二价阳离子间的结合主要是由于疏水作用引起的熵驱动过程[67]。

相比而言，Mg^{2+} 与 HA 结合的结合常数和 ΔG 值均大于 Ca^{2+}，这表明 Mg^{2+} 可以最大限度地使 HA 无序度增加。有报道指出，Mg^{2+} 会使 HA 胶体内部形成分子间疏水的微环境，造成 HA 聚合物链更紧实的结构[68]。这可能是 Mg^{2+} 较之 Ca^{2+} 具有更大结合常数的原因。Ca^{2+} 与 HA 结合的焓变 ΔH (−2.80 kJ/mol) 要大于 Mg^{2+} (−1.92 kJ/mol)，这表明 HA 与 Ca^{2+} 反应时释放出更多的热量。Ca^{2+} 在 HA 上同时具有更高的结合容量，意味着更多的 Ca^{2+}

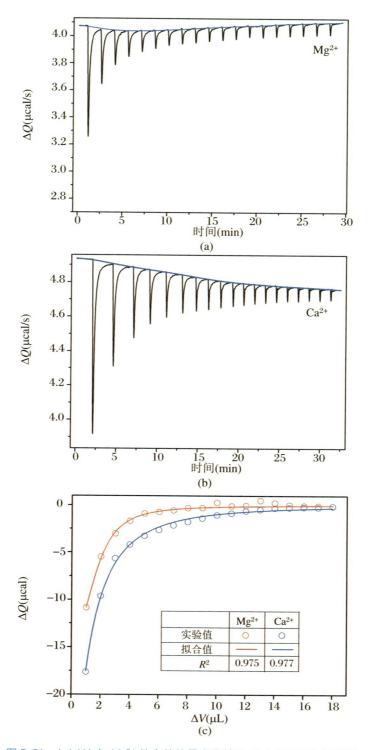

图 5.21 (a) HA 与 Mg^{2+} 结合的热量变化情况;(b) HA 和 Ca^{2+} 结合的热量变化情况;(c) 放热量与阳离子添加量之间的非线性回归拟合

离子能与 HA 发生结合作用。Ca^{2+} 与 HA 之间更大的热量释放以及更高的结合容量证实更多的 Ca^{2+} 离子会与 HA 通过配位相互作用发生结合并形成更多 HA-Ca^{2+} 复合物,促进其在超滤膜上的积累。

虽然 Mg^{2+} 和 Ca^{2+} 带有相同的正电荷,但是它们在改变 HA 吸附和影响膜污染方面存在差异。可能的解释如下:首先,Ca^{2+} 能更有效地降低 HA 分子所带负电。降低的静电排斥和形成的桥连作用会促进 HA 胶体变得更加紧实和团聚,加速 HA 等污染物在膜上的沉积。此外,ITC 结果也证实 Ca^{2+} 与 HA 分子的结合作用在热力学上更加可行。QCM 实验也证实,Ca^{2+} 更易与 HA 分子发生相互作用并促进 HA 在超滤膜上的累积,从而引起更大的通量下降。Mg^{2+} 和 Ca^{2+} 是自然水体中丰度最大的两种多价金属离子,与 NOM 引起的膜污染行为密切相关。结合 ATR-FTIR、QCM 和 ITC 分析手段,我们系统研究了 HA 与 Mg^{2+}/Ca^{2+} 的相互作用。在二价离子存在,尤其是在低浓度的 Ca^{2+} 离子存在条件下,HA 更易沉积在聚合物修饰的电极表面。HA 和二价离子间的疏水相互作用为结合过程的主导作用力。由于具有更强的电中和能力和更强的与 HA 的结合能力,Ca^{2+} 会促进更多污染物在膜表面进行累积,诱导 HA 发生更显著的膜污染行为。

5.2.2
NOM 对超滤膜污染的影响

由于具有能耗低和出水效果好等优势,低压膜过滤过程生产高质量饮用水正得到世界范围内的广泛应用。然而该过程较难去除水体中的 NOM 和消毒副产物(Disinfection By-products,DBPs)前驱体,而且其应用易受到膜污染的限制[46,69],包括絮凝、吸附、预氧化和预过滤等预处理技术已被广泛用于缓解 NOM 引起的膜污染行为。这些方法可以从原水中去除部分 NOM 并降低污染速率,但为保持膜滤系统长期、稳定运行,还需频繁进行反冲洗或化学清洗。在研究缓解膜污染工艺技术的同时,研究者还进行了一系列工作,解析对污染起到主要贡献的 NOM 组分。在相关研究中,NOM 通常被分离成不同的组分以考察其对污染的贡献[70-71]。

NOM 组分的分离方式种类较多,根据 NOM 在树脂上吸附和洗脱性能的不同,可以将 NOM 分为亲疏水性不同的组分;将 NOM 通过不同尺寸的分离柱可以对不同粒径的 NOM 进行分离。通过吸附和液相提取等方法可将 NOM 分为腐殖质组分和非腐殖质组分，而非离子和离子型微孔树脂通常用于分离不同亲疏水性 NOM，包括 SEC、UV-vis、EEM、FTIR 在内的多种分析手段可用于不同 NOM 的成分解析。NOM 分子组分和结构复杂，对于 NOM 组分中真正起到膜污染效应的物质长期存在争议。研究认为，污染的主要贡献来源于胶体[72]、高分子量组分[73]、疏水性组分[73]或者亲水性组分[58,70]。更多的早期研究表明，疏水性 NOM（主要包括腐殖酸和富里酸组分）是关键性污染物[52,74]。然而，近期的研究表明亲水性有机物如蛋白和多糖会造成更严重的膜污染[58,75-76]。除了对单一污染物的认证，污染物间的相互作用可能也对污染产生重要影响。例如，Jermann 等发现，HA 和海藻酸钠引起的膜污染在高岭土存在下会增强[76]。Zheng 等报道，当滤膜首先覆盖一层出水中的生物聚合物分子再进行膜滤操作时，膜污染程度会进一步恶化[71]。

已有工作报道，地表水通过热化铝氧化物颗粒（Heated Aluminum Oxide Particles, HAOPs）薄层后（即微颗粒吸附过滤, Microgranular Adsorptive Filtration（μGAF）过程）再进行膜滤操作可以有效去除 NOM 并显著缓解膜污染[77-79]。在较低吸附剂剂量下，HAOPs 在 NOM 吸附和缓解膜污染能力均优于离子交换树脂和药用炭颗粒。然而，基于 HAOPs 的微颗粒吸附过滤系统中仍存在一些没有解决的科学问题，例如，HAOPs 选择性去除的 NOM 组分性质如何，这些去除的组分与其他传统预处理方法去除组分之间的差异等都有待进一步研究。

我们首先将 NOM 分为亲疏水性不同的各组分，并研究 HAOPs 预处理对不同组分的去除和滤出液对低压膜滤实验的影响。实验所用膜为疏水性 PES 膜，采用荧光和离子排阻色谱（SEC）验证 HAOPs 选择性去除的物质。实验用水取自美国华盛顿州西雅图市的 Pleasant 湖（47°46′44.59″N，122°13′3.51″W），在使用前用 5 μm 滤膜过滤待用。水中溶解性有机碳含量为 (19.8 ± 3.5) mg/L。过滤后水的 pH 和浊度分别为 7.2～7.6 和 3.2 NTU。水体中主要无机离子总结如表 5.5 所示。HAOPs 通过水热法合成，加热沉淀的 $Al(OH)_3$ 24 h 后得到 HAOPs 悬浮液，所含 Al 质量比约为 25%[77]。实验用膜为截留孔径为 0.05 μm、直径 47 mm 的 PES 超滤膜（Mirodyn-Nadir MP005）。使用前每张膜浸置于 Millipore 纯水中并进行润洗。

表 5.5　原始湖水中一些主要无机离子的浓度

	Ca^{2+}	Mg^{2+}	Na^+	K^+	Cl^-	SO_4^{2-}	NO_3^-
浓度(mg/L)	19.84	8.22	7.02	2.66	5.08	3.03	0.92

用 Amberlite DAX-8 和 Amberlite XAD-4 树脂将原水中 DOM 分离为疏水性(HPO)、超亲水性(TPI)和亲水性(HPI)组分[70-80]。具体操作步骤如下：

① DAX-8 和 XAD-4 树脂用 0.1 mol/L NaOH 清洗，并用纯水润洗。

② 树脂在甲醇中超声 2 h 并储存在甲醇中直至使用。XAD-8 树脂柱用 0.1 mol/L NaOH、0.1 mol/L HCl 和纯水反复润洗。干净的 XAD-8 储存在甲醇中待用。

③ 将 40 g DAX-8 和 XAD-4 树脂分别放置于玻璃柱中。

④ 树脂柱用 3 L DI 水冲洗，间隔用 2 L 0.1 mol/L NaOH 和 2 L 0.1 mol/L HCl 冲洗。

⑤ 用 0.45 μm 滤膜过滤 10 L 原始湖水，酸化至 pH=2，以 5 mL/min 的速度将湖水用蠕动泵注入 DAX-8 和 XAD-4 树脂柱，流过两种树脂柱的组分为 HPI。

⑥ 截留在 DAX-8 树脂上的组分为 HPO，截留在 XAD-4 树脂上的组分为 TPI。每个树脂柱分别用 0.1 mol/L NaOH 冲洗。由于 HPO 组分的总含量约为 TPI 组分的 2 倍，因此使用 2 L 和 1.2 L 的 NaOH 分别用于冲洗 DAX-8 和 XAD-4 树脂。冲洗下的溶液立即用 HCl 酸化至 pH=4，以减小样品在高 pH 下的性质变化。

⑦ 样品储存于 4 ℃ 冰箱中，冷冻干燥一定体积的每种样品，用于 FTIR 测试。

HAOPs 预处理和膜滤步骤：

① 将一张孔径 5 μm 的尼龙网(Product 03-5/1, Sefar, Inc., 布法罗，纽约，美国)固定于聚碳酸酯过滤器(Pall, 1119, 47 mm)。

② 将一定量的 HAOPs 悬浮液注射至尼龙网上，得到负载量为 10 g Al/m^2 的 HAOPs 吸附剂层。

③ 将不同料液以 100 L/(m^2·h)(LMH) 的速率通过该 HAOPs 层，在不同时间对滤出液进行取样。

④ 在另一份测试中，使 1.5 L 料液通过 HAOPs 层(总 HAOPs 量为 10 mg Al，即有效剂量为 6.67 mg Al/L)，收集预处理后的料液用于后续膜滤实验。

用流速为 100 L/(m^2·h) 的死端过滤模式进行超滤膜污染测试。每次测试前，一张新的 PES 膜用 DI 水清洗 30 min，之后将不同料液泵入超滤膜。不同料液的详细信息如表 5.6 所示。用压力传感器和数据采集系统(34970A, Agilent Technologies, 美国)记录过膜压力(TMP)。

表 5.6 膜滤实验中的不同料液

料液混合情况		不同组分所占百分比			DOC (mg/L)
		HPO	TPI	HPI	
1 组分	HPO	100%	—	—	4
	TPI	—	100%	—	4
	HPI	—	—	100%	4
2 组分	HPO + TPI	50%	50%	—	4
	HPO + HPI	50%	—	50%	4
	TPI + HPI	—	50%	50%	4
3 组分	RRW	63%	16%	20%	4

采用以下方法提取积累在超滤膜上的 NOM：

① 5 mg/L 的 6 L 原始湖水滤过附载量为 10 g Al/m^2 的 HAOPs 层,收集滤出液（滤出液的 DOC 为 3.7 mg/L）。

② 将 2 L 原始湖水和 2.6 L HAOPs 预处理后的原始湖水分别以 100 L/(m^2·h) 的流速通过一张新的 PES 膜。

③ 将两张新的超滤膜在 pH＝12 的 NaOH 溶液中浸置 2 h,用 DI 水润洗。

④ 将 DI 水以 100 L/(m^2·h) 流速通过污染的超滤膜,记录 TMP 值。

⑤ 从过滤器中取出污染的膜,在 pH＝12 的 NaOH 溶液中浸置 2 h。

⑥ 提取出的 NOM 用稀 HCl 调节至 pH＝6.8,记录溶液配置过程中使用的所有溶剂（DI、NaOH 和 HCl）的体积。

⑦ 测定提取出 NOM 的 DOC。

⑧ 测试进行 2 次平行,平均后的结果总结在表 5.7 中。

表 5.7 料液、滤出液和膜表面提取出 NOM 中有机组分的浓度和含量

	浓度 (mg-C/L)	体积 (L)	每个组分中有机成分含量 (mg-C)
原始湖水	4.96	2	9.92
超滤膜滤出液	4.54	2	9.08
污染膜表面提取出组分	33.91	0.019	0.66
HAOPs 预处理后的原始湖水	3.79	2.6	9.85
超滤膜滤出液	3.39	2.6	8.81
污染膜表面提取出组分	27.59	0.016	0.44

HAOPs 处理及膜处理滤出液的化学分析：UV_{254} 和 DOC 分别用双光束分光光度计(Perkin-Elmer Lambda-18)和 TOC 分析仪(Shimadzu TOC-VCSH)测定。DOC 浓度为 4 mg-C/L 的 NOM 的分子量分布用 DIONEX Ultimate 3000 HPLC 测定，检测器为 Sievers 有机碳分析仪(博尔德市，科罗拉多州，美国)。流动相为 0.01 mol/L NH_4HCO_3，流速为 0.5 mL/min。表观分子量(AMW)用 Agilent EasiVial 公司的聚乙二醇标准品进行标定。

激发-发射三维荧光光谱(EEM)用 LS-55 荧光仪(Perkin-Elmer Co.，美国)测量。激发波长和发射波长范围分别为 200~450 nm 和 300~600 nm。DI 纯水的光谱图从样品谱图中扣除，通过将 Rayleigh 散射线附近的信号设置为 0 消除 Rayleigh 散射的干扰。在 MATLAB 6.5 软件上使用平行因子算法(PARAFAC)分离荧光谱图的各主要组分，分析采用 Chemometrics and Spectroscopy 官网上提供的 N-way 工具盒。NOM 的 FTIR 谱图通过 Vector 33 红外光谱仪(Bruker Co.，德国)测得。将少量 NOM 与约 100 mg KBr 粉末混合压片。测量范围为 4000~800 cm^{-1}，分辨率为 2 cm^{-1}。样品中多糖组分用蒽酮法测得，以葡萄糖作为标准物质。

不同组分 NOM 的化学性质总结在表 5.8 中。HPO、HPI 和 TPI 组分分别占到 NOM 总量的 62.9%、20.9% 和 16.5%。HPO 组分具有最高的 $SUVA_{254}$ 值，HPI 的 $SUVA_{254}$ 值最低。较高的 $SUVA_{254}$ 值通常表示样品具有较高的疏水性。这些结果表明，HPO 含有最高的芳香族组分，较之其他组分含有更高的酚基组分。HPI 组分较之 HPO 和 TPI 含有更高的多糖组分，这与其具有较低的 $SUVA_{254}$ 值的结果是一致的。

表 5.8 原始湖水和各 NOM 组分的化学特性

	单位	亲水组分 (HPI)	超亲水组分 (TPI)	疏水性组分 (HPO)	原始湖水	混合湖水 (RRW)
原水中所占比例	—	19.9%±1.4%	16.0%±0.7%	64.3%±1.9%	—	—
TOC*	mg/L	3.8±0.4	3.9±0.2	4.0±0.5	4.2±0.4	4.0±0.5
UV_{254}	cm^{-1}	0.111±0.001	0.137±0.001	0.214±0.030	0.192±0.008	0.166±0.016
$SUVA_{254}$	m^{-1}/(mg/L)	2.92	3.51	5.35	4.57	4.15
多糖含量	mg-Glu/mg-C	0.55±0.09	0.38±0.03	0.20±0.04	0.41±0.02	0.37±0.02

* 表示在提取、洗脱和稀释后的值。

图 5.22(a、c～e)表示原始湖水、TPI、HPO 和混合湖水具有相似的荧光性质。2 个主要特征峰位于激发/发射波长(Ex/Em)220 nm/415 nm 和 335 nm/420 nm 处,分别代表富里酸类和腐殖酸类物质[39]。HPI 组分较之这些区域的荧光强度较低,但在 Ex=200～250 nm 和 Em=300～380 nm 处具有较强荧光(见图 5.22(b)),这主要来源于诸如色氨酸和酪氨酸在内的芳香族蛋白类物质[81]。荧光与 $SUVA_{254}$ 值表明 HPI 组分中的芳香族物质主要为芳香族蛋白质类,而不是腐殖质类物质。

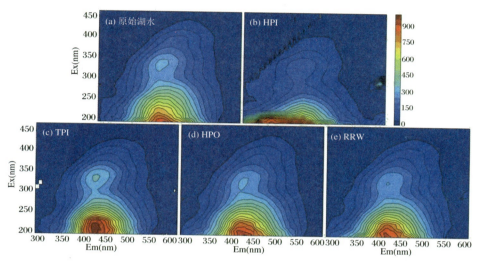

图 5.22　原始湖水、HPO、HPI、TPI 组分和混合湖水的三维荧光图(样品浓度均为 4 mg/L DOC,pH=7)

如图 5.23(a)所示的不同组分的 FTIR 谱图,TPI 和 HPO 在 1643 cm^{-1} 处、1636 cm^{-1} 处、2200 cm^{-1} 处和 3300～3600 cm^{-1} 范围内有较强红外信号,分别对应腐殖质类物质中的 C=C—C=C、COOH 和 O—H 基团。HPI 组分在 1000～1100 cm^{-1} 范围内具有较强信号,表明有更多多糖类物质的存在。在 1500～1700 cm^{-1} 范围内的信号主要与蛋白和氨基酸糖类中的酰胺类和胺类物质相关。HPI 组分在 1380 cm^{-1} 处、1555 cm^{-1} 处和 1650 cm^{-1} 处具有较高响应,分别对应氨基酸糖类、酰胺Ⅱ组分中的 N=C—O 和酰胺Ⅰ组分中的 C=O 官能团。2850 cm^{-1} 处和 2960 cm^{-1} 处的峰对应于酯类和碳氢类化合物中的 CH_2 和 CH_3 基团。这些结果都表明湖水中的 HPI 组分含有更多的芳香族蛋白和多糖类物质。图 5.23(b)给出不同组分在表观分子量(AMWs)在 200～20000 Da 范围内的 SEC 谱图。原始湖水的两个主要的峰出现在 20000 Da 和 1500 Da,其中较大分子量组分可能对应于生物聚合物分子和腐殖质类分子的混合物,而～1500 Da 处出峰可能对应于低分子量中性有机酸等物质[74]。不同 NOM 组分的 AMWs 分布存在差异，但将各组分按比例重新组合成混合湖水后，AMWs 分布与原水非常相似。

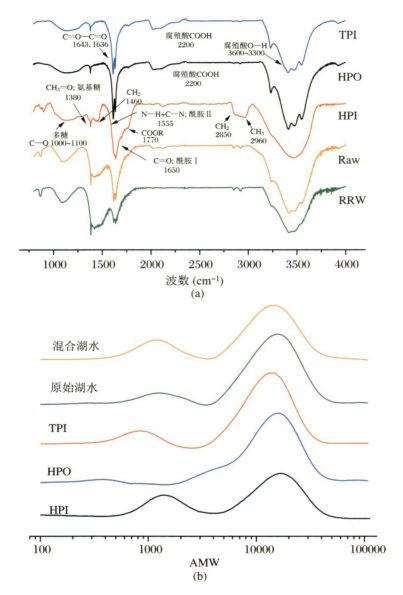

图 5.23 (a) 原水湖水、HPO、HPI、TPI 和混合湖水的 FTIR 谱图；
(b) AMWs 分布

AMW 测试中样品 DOC 浓度均为 4 mg/L，pH=7

为探究具有不同亲疏水性的单一 NOM 组分对膜污染的影响，将表 5.8 中的各 NOM 组分分别以 4 mg/L DOC 的浓度通过一张新的 PES 膜。实验所用的 PES 膜相对疏水性较强，NOM 在这类膜上的吸附于料液中疏水性 NOM 的浓度相关[82]。测试中 NOM 的去除和 TMP 的上升情况随过滤体积（V_{sp}，单位膜面积内累积过滤的料液体积)的变化如图 5.24 所示。超滤膜对料液的 UV_{254} 和 DOC 去除率有限,为 5%～20%(见图 5.24(a))。UV_{254} 去除率在整个过膜过程中变化不大,而 DOC 去除率随着过滤体积增大逐渐增加。HPI 组分的 UV_{254} 和 DOC 去除率略高于其他组分(去除率分别为 40%～55% 和 15%～40%)。图 5.25 显示过滤实验结束后滤膜的形貌。结果表明,HPI 虽然具有最低的 UV_{254} 值,但其污染层颜色最深,说明其截留的组分与其他实验组存在差异。

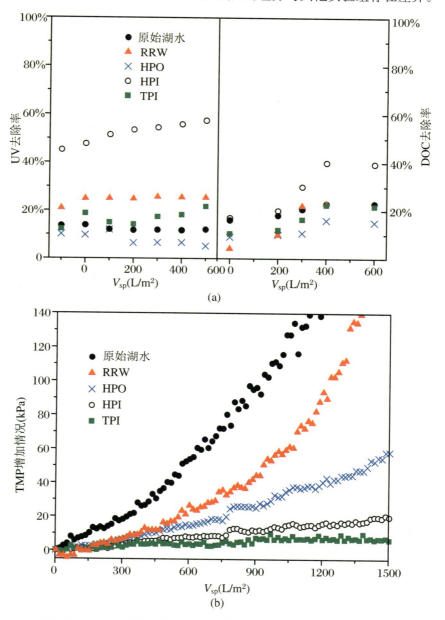

图 5.24　超滤膜过滤 4 mg/LDOC 不同组分料液的 (a) UV_{254} 和 DOC 去除率以及 (b) TMP 增加情况(几个条件下过滤初期的 TMP 值均为 12～18 kPa,流速为 100 L/(m²·h))

由于所有的料液具有相同的 DOC 浓度（(4.0±0.2) mg-C/L），所以 DOC 的去除率是反映超滤膜上残留量的一个直接指标。然而分析结果表明：残留量与污染程度不具备相关性。例如，HPO 在膜上的残留量小于 HPI 和 TPI 组分，但却引起最大程度的污染（见图 5.24(b)）；类似地，TPI 被膜截留的程度较大，但几乎没有造成显著的污染（见图 5.24(b)）。相反地，超滤膜对 HPI 的截留比例最大，但 HPI 对膜污染的影响很小。膜表面残留的 HPI 层比较松散，且连续性较差，较之其他组分形成的污染层更易破碎（见图 5.25）。

有趣的是，我们从图 5.24 中发现具有相同 DOC 浓度的原始湖水和混合湖水均比单一组分造成更大程度的膜污染，而且原始湖水的污染能力高于混合湖水的。对于 HPO 组分而言，当其与两种几乎不造成污染的组分（HPI 和 TPI）混合后，理论上其自身的污染能力应该会被"稀释"，但实验结果却表明相同 DOC 浓度下混合湖水的污染能力要高于任一单一组分。此外，这三种组分的原始混合物，即未处理的原水具有更高的污染能力。这些结果有力地说明不同组分分子间的相互作用在膜污染过程中起到重要作用。

原始湖水　　RRW　　HPO　　TPI　　HPI

图 5.25　PES 超滤膜在过滤 2 L 不同料液后的污染情况

为进一步探索组分间相互作用，我们将各 NOM 组分以更多形式的配比进行组合并进行膜滤实验（见表 5.6），每种料液均含 4 mg/L DOC。双组分混合液，即 HPO + HPI、HPO + TPI 或 TPI + HPI 较之单一组分造成更大的 TMP 增加，但比三组分混合液的污染能力低（见图 5.26）。在双组分混合液中，HPO + TPI 的组合较之另外两种造成更大的 TMP 上升。这些结果表明，每种组分都对膜污染产生影响，而且这种影响的程度不是简单叠加关系。不同 NOM 组分间的相互作用会增强 NOM 对膜污染的能力。分离过程对 NOM 组分间相互作用的改变也在原始湖水（见图 5.27(a)）和混合湖水（见图 5.27(b)）通过 HAOPs 层预处理后的 SEC 谱图中得以证实。原始湖水的 SEC 谱图中主要存在 3 个出峰，其中峰 1 和峰 2（分别在 15000 Da 和 8000 Da 左右）存在一定程度的重叠。混合湖水的峰形趋势与原始湖水大致相似，但样品中的峰 2 事实上已观察不到。峰 2 的消失表明，NOM 分离过程造成了部分 NOM 组分的损失或者破坏了组分间的部分相互作用，而且重新混合湖水无法恢复这类相互作用。

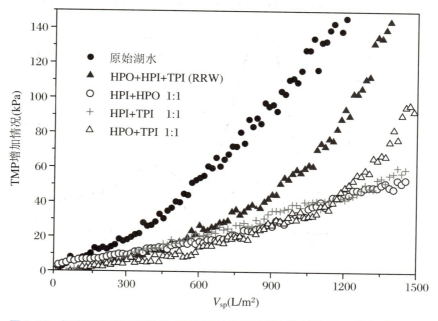

图 5.26　超滤膜过滤原始湖水、双组分和三组分混合液时的 TMP 增加情况（所有料液的 DOC 浓度为 4 mg/L，pH＝7）

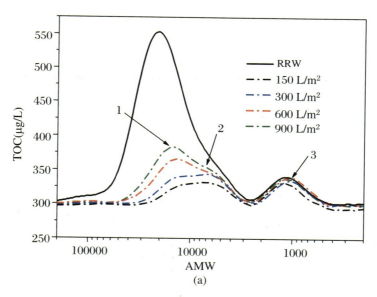

图 5.27　HAOPs 层预处理后不同 V_{sp} 下滤液的 SEC 谱峰：(a) 料液为原始湖水；(b) 料液为混合湖水

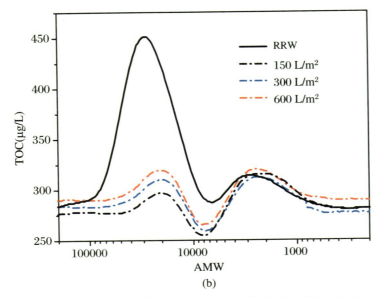

续图 5.27　HAOPs 层预处理后不同 V_{sp} 下滤液的 SEC 谱峰：(a) 料液为原始湖水；(b) 料液为混合湖水

HAOPs 预处理对膜污染的影响：不同料液通过 HAOPs 层预处理后的 NOM 去除效果如图 5.28(a) 所示。HAOPs 预处理能有效地去除 UV_{254}，对于各料液的去除率均能达到 85%。对 DOC 的去除均低于 UV_{254} 的去除率。吸附过各组分 NOM 后的 HAOPs 颜色与料液的 UV_{254} 值具有很高的一致性（见图 5.29）。

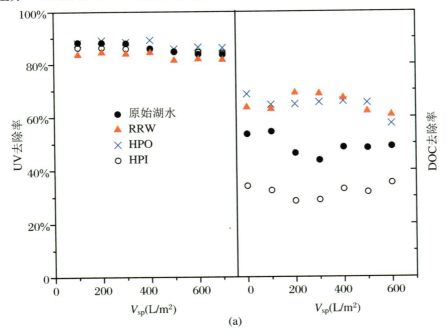

图 5.28　(a) HAOPs 预处理对 UV_{254} 和 DOC 去除率的影响；(b) 预处理后各组分滤液以 100 L/(m²·h) 速率通过超滤膜过程中 TMP 的上升情况

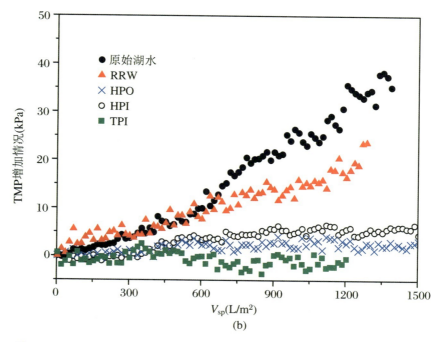

续图 5.28 （a）HAOPs 预处理对 UV_{254} 和 DOC 去除率的影响；（b）预处理后各组分滤液以 100 L/(m^2·h) 速率通过超滤膜过程中 TMP 的上升情况

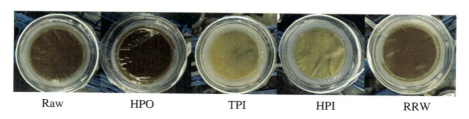

图 5.29 处理 2 L 不同料液后 HAOPs 层（10 g Al/m^2）的变化情况

与未经 HAOPs 预处理的料液一样，处理后的不同组分对膜污染的影响程度也存在显著差异。但与未处理料液相比，处理后的不同组分的污染程度均明显减轻（图 5.28(b)）。处理后的原始湖水和混合湖水还是比单一组分造成更高的 TMP 增量，且处理后的原始湖水污染能力强于处理后的混合湖水。TPI 和 HPI 组分在未预处理前就几乎不造成膜污染，因此很难判断预处理是否对其污染程度产生影响。可以看出 HAOPs 预处理对 HPO 组分膜污染的减轻程度远小于 DOC 去除效率。虽然对于 HPO 组分 HAOPs 预处理只去除约 50% 的 DOC，但当 V_{sp} 从 150 L/m 增加到 1500 L/m 时，TMP 仅仅上升 5 kPa。

HAOPs 对不同荧光基团和不同分子量组分的去除：荧光光谱和 SEC 分析可以给出更多在 HAOPs 预处理过程中去除的和未去除组分的信息。使用

PARAFAC 将原始湖水中的荧光响应(见图 5.30)分为三个主要组分。其中,峰 A 位于 Ex/Em 为 220～240 nm/330～350 nm,对应于芳香族蛋白类物质;峰 B 位于 Ex/Em 为 330～340 nm/425～430 nm,对应于富里酸类物质;峰 C 位于 Ex/Em 为 380～390 nm/450～470 nm,代表可见的腐殖酸类物质。HPO、TPI 和混合湖水具有相似的成分组成,而对于 HPI 组分而言,仅仅包含芳香族蛋白和富里酸类物质两个主要组分(见图 5.31)[39,83-84]。

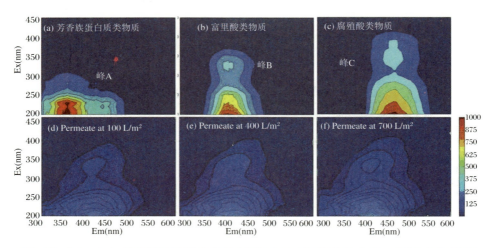

图 5.30 (a)～(c) PARAFAC 法分离到的原始湖水 3 个主要组分;(d)～(f) 不同体积原始湖水在 HAOPs 预处理后的 EEM 谱图

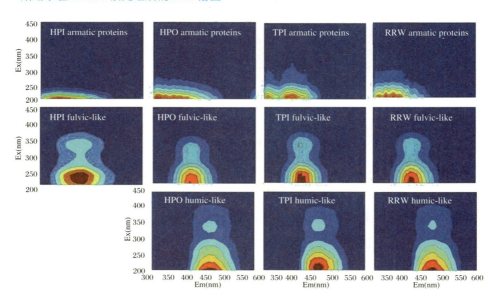

图 5.31 PARAFAC 分离得到的 HPI、HPO、TPI 和混合湖水的主要荧光基团

在 HAOPs 预处理原始湖水的不同时间点取样,滤出液的 EEM 图如图 5.30 (d～f)所示。在取样的 V_{sp} 增加到 700 L/m 范围内,处理后湖水的荧光强度明

显小于料液。图 5.31 表示 PARAFAC 分离得到的 HPI、HPO、TPI 和混合湖水的主要荧光基团。为定量该变化过程,对过滤周期内的几个 V_{sp} 值下的不同组分对应的荧光强度得分进行分析(见图 5.32)。原始湖水中腐殖酸类和富里酸类物质的得分远大于处理后的样品,而芳香族蛋白类的荧光值变化不大。对 HPO、TPI 和混合湖水的分析也得到相似的结果。然而,HPI 中的芳香族蛋白的得分远高于其他组分中蛋白类物质。该结果与 FTIR 和 UV_{254} 去除规律一致,证实 HPI 中大部分发色基团来源于芳香族蛋白的贡献。另外,HPI 组分中蛋白类物质不断增加的去除效率也表明这类蛋白物质与其他料液中的蛋白类组分的性质存在差异。虽然 HPO 组分、原始湖水和混合湖水在 HAOPs 预处理过程中的荧光基团去除规律非常接近,但是这些溶液对膜污染的影响具有明显差异。结果至少表明,主要的污染物的一部分属于非荧光的物质,这与之前相关报道指出的主要污染物质在 UV_{254} 下吸收很低的结论是一致的。

图 5.27 比较了原始湖水和混合湖水在 HAOPs 预处理过程中的 SEC 谱图。HAOPs 能更有效地去除较大分子量(15000 Da 处峰 1 和 8000 Da 处峰 2)组分,但对于 AMW～2000 Da 的峰 3 去除效率有限。随着处理过程的进行,峰 1 和峰 2 对应的组分冲破 HAOPs 层,强度逐渐增大。对于混合湖水而言,峰 1 的变化情况与原始湖水类似,但即使在未经 HAOPs 预处理前,混合湖水 SEC 图中也观测不到峰 2。

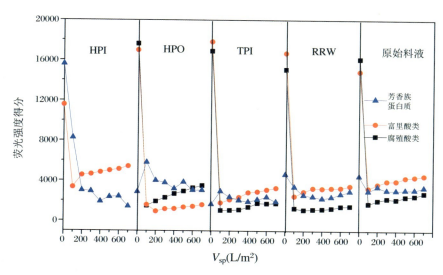

图 5.32 PARAFAC 分析得到的 HAOPs 预处理过程中腐殖酸类、富里酸类和芳香族蛋白质的荧光强度得分

原始料液、滤出液和膜上残留 NOM 的差异分析:图 5.33 给出了将 DI 水分别通过干净超滤膜、污染的超滤膜和在碱液中浸泡 2 h 后的污染超滤膜的平均

TMP 值。使用两种料液对膜进行污染，分别是原始湖水和 HAOPs 预处理后的原始湖水。虽然过膜的料液体积不同，但通过膜的总 DOC 在不同实验中是一致的，均为约 9.9 mg-C/L。

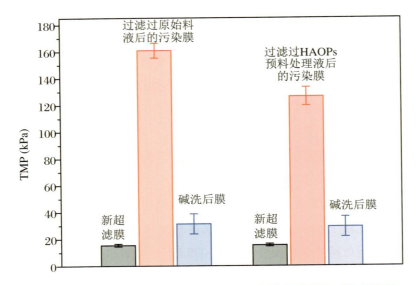

图 5.33 DI 水以 100 L/(m²·h) 速率通过干净膜、污染膜和碱洗后膜的平均 TMP 值（左边和右边三个柱形图对应的料液分别是原始湖水和 HAOPs 预处理后的湖水）

结果表明，两组实验中的膜污染均很显著，未处理湖水的污染程度高于处理后的湖水，且两种条件下碱洗均能很好恢复膜通量。对实验中各组分所含 DOC 进行质量平衡分析，我们发现，当料液是原始湖水时，超滤膜截留了 8.5% 的有机碳组分，而碱洗提取出了污染膜上 78% 的有机碳组分。对于 HAOPs 预处理后的实验组，对应的两个值分别为 10.6% 和 42%（见表 5.9）。

表 5.9 料液、滤出液和碱洗脱下 NOM 组分的有机物浓度及总量

	浓度 (mg-C/L)	体积 (L)	每个组分 总有机碳含量 (mg-C)
原始湖水	4.96±0.13	2	9.92±0.26
滤出液	4.54±0.07	2	9.08±0.14
从污染膜提取出组分	33.91±1.12	0.019±0.004	0.64
HAOPs 预处理后的湖水	3.79±0.10	2.6	9.85±0.26
滤出液	3.39±0.20	2.6	8.81±0.15
从污染膜提取出组分	27.59±5.80	0.016±0.001	0.44

通过超滤膜后的滤液与料液相比,荧光强度略有下降(见图 5.34(a)和(b)),但与膜上残留组分荧光性质差异明显(图 5.34(c))。膜提取组分在 Ex/Em 为 220 nm/415 nm 和 335 nm/420 nm 处的荧光强度明显下降,表明几乎不含富里酸和腐殖酸类物质。残留物在 Ex/Em 为 200~250/300~380 nm 处具有较强的荧光信号,主要对应于芳香族蛋白类物质。另外,在相近 DOC 浓度条件下,残留物的总荧光信号低于料液和滤出液的,这表明残留在膜上的 NOM(或者至少表示可提取组分中的部分物质)含有较大组分的非荧光物质(如多糖类物质)。

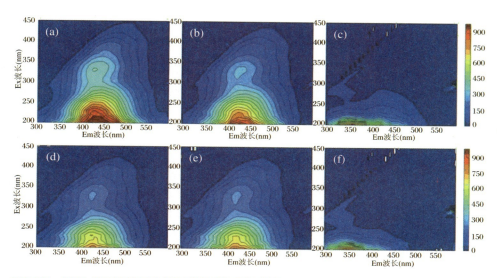

图 5.34 料液、滤出液和碱洗脱下 NOM 的 EEM 谱图

(a)~(c)的料液是原始湖水,(d)~(f)的料液是 HAOPs 预处理后的湖水。(a)~(f)中溶液的 DOC 分别为 5.0 mg-C/L、4.5 mg-C/L、5.0 mg-C/L、3.7 mg-C/L、3.3 mg-C/L 和 3.7 mg-C/L

HAOPs 预处理后的原始湖水在 Ex/Em 为 220 nm/415 nm 和 335 nm/420 nm 处的荧光强度均有所降低(图 5.34(d)),表明 HAOPs 预处理可去除部分富里酸和腐殖酸类物质。预处理后原水再通过超滤膜后荧光信号没有明显差异(见图 5.34(e))。残留在膜上的可提取物质的荧光性质同样含有较高的芳香族蛋白类物质响应(见图 5.34(f))。这些结果都表明超滤膜可以截留部分芳香族蛋白类和非荧光 NOM 组分,而 HAOPs 层预处理可以去除相当数量的腐殖酸类和富里酸类物质。

根据所得实验结果,我们对微颗粒吸附过滤系统中的污染机制进行如下分析:首先,单一组分的污染实验结果(见图 5.24)表明残留在膜表面的少量 HPO 组分中含有部分具有较强污染能力的组分,而残留在膜上的 TPI 和 HPI 组分则不含有这类关键污染物。实验结果也表明,NOM 在膜上的残留效率和污染程度与组分的分子量分布均没有显著关系。这些结论都进一步证实膜污染物只占总NOM含量,甚至是具有较强污染能力NOM中的很小一部分。相关文献表明,未经过分离处理的NOM以及单一组分的NOM都是由大量复杂的、连续的非均质有机质碎片组成,这些性质给鉴定和表征关键性膜污染组分带来了较大的困难。其次,不同组分混合溶液的膜污染实验结果(见图5.26)证实NOM组分间相互作用是影响膜污染的更重要因素之一。每种组分都对膜污染产生影响,而且这种影响的程度不是简单的叠加关系,而不同NOM组分间的相互作用会增强NOM对膜污染的能力。

经过HAOPs层预处理后,各组分对膜污染的影响均得到明显改善,表明HAOPs层去除了部分关键性污染物。通过对HAOPs处理后滤液的荧光和分子量分析,可以推断主要污染物的一部分属于非荧光物质,且可能是分子量较小的一类组分,这为探究微颗粒吸附过滤系统中主要膜污染物质提供了依据。残留在膜上的NOM(或者至少表示可提取组分中的部分物质)含有较高浓度的非荧光物质(如多糖类物质)。这表明超滤膜可以截留部分芳香族蛋白类和非荧光NOM组分,而前端的HAOPs预处理层能有效去除大量腐殖酸类和富里酸类物质。实验结果还表明,膜污染不仅与单一NOM组分有关,还受到不同组分间相互作用的影响。当料液中含有不同组分的混合溶液时,在相同DOC条件下较之单一组分具有更强的污染潜能,且未处理的原水比配置的混合湖水污染潜能更高。这些结果都表明,不同组分造成的污染能力并非简单的叠加,而各组分间的相互作用会加速污染的恶化。原水污染的PES膜和经过HAOPs预处理的原水污染PES膜的污染程度在碱洗后均显著恢复。对膜上残留组分的荧光分析表明,膜上残留组分较之原水含有更多芳香族蛋白类组分,却含有更少的腐殖酸类和富里酸类组分,且在相同DOC浓度下整体荧光强度小于原水的荧光强度,这表明膜上残留有非荧光类物质。这些结果表明主要的膜污染物可能是部分非荧光组分。

小结

活性污泥EPS对磺胺类抗生素有明显的吸附和富集能力;磺胺的降解可以分为两个阶段:生物吸附和生物降解。EPS通过生物吸附将SMZ从水相富集,便于后续的生物降解,对SMZ的去除起着重要作用;当生物处理反应器中微生物受到SMZ冲击时,会产生更多的EPS,抵御不利环境,进而将SMZ吸附去除。随着微生物对SMZ耐受能力的提升,EPS对SMZ的吸附效果也会强化。

在填充移动床膜生物反应器中,生物膜 EPS 吸附是体系去除磺胺甲噻唑、四环素和诺氟沙星抗生素的重要途径,EPS 的储存作用促进了生物膜悬浊液对抗生素的降解。在添加抗生素后,EPS 中蛋白类物质荧光的强烈淬灭表明蛋白类物质主导了 EPS 与抗生素间的相互作用。

Ca^{2+} 离子较 Mg^{2+} 离子更易加剧 HA 诱导的超滤膜污染;疏水性聚醚砜膜相比于亲水性的醋酸纤维素膜更易与 HA 发生结合作用,作用位点为多糖 C—O 键、芳香族 C=C 键和羧基 C=O 键;Ca^{2+} 对 HA 具有更高的结合容量,更易与 HA 通过配位相互作用发生结合,以 HA-Ca^{2+} 复合物的形式加剧 HA 积累到膜表面。

天然湖水超滤过程中疏水性 NOM 是引起膜污染的关键组分;相同 DOC 浓度下的各单一组分的混合溶液会引起较高程度的膜污染,表明组分间相互作用是引起膜污染的重要原因之一;以 HAOPs 作为主要吸附剂的微颗粒吸附过滤预处理能有效地去除包括 HA 和 FA 类物质在内的大分子量组分,但对芳香族蛋白的去除效果较差;膜污染在碱洗后得到显著恢复,膜上残留组分中芳香族蛋白类较多,HA 和 FA 较少,表明引起膜污染的组分主要为部分疏水性组分和一些非荧光类物质。

预吸附和预沉积方法均能去除绝大部分 NOM,并选择性去除高 UV_{254} 吸收组分、腐殖质和高分子量组分;尺寸排阻色谱结果表明,芳香族物质比脂肪族羧基物质更容易被 HAOPs 沉积层选择性去除;对不同预处理出水的三卤甲烷总生成量的分析表明,预沉积模式较之预吸附模式不仅能有效缓解膜污染,还可以去除消毒副产物前驱体。研究结果揭示了在不同 NOM-吸附剂接触模式中 HAOPs 与 NOM 相互作用的机理,阐明了不同预处理方法对缓解膜污染的效果差异。

参考文献

[1] KHUNJAR W O, LOVE N G. Sorption of carbamazepine, 17 alpha-ethinylestradiol, iopromide and trimethoprim to biomass involves interactions with exocellular polymeric substances[J]. Chemosphere, 2011, 82: 917-922.

[2] XIA K, BHANDARI A, DAS K, et al. Occurrence and fate of pharmaceuticals and personal care products (PPCPs) in biosolids[J]. J. Environ. Qual., 2005, 34:91-104.

[3] PHOON B L, ONG C C, MOHAMED SAHEED M S, et al. Conventional

and emerging technologies for removal of antibiotics from wastewater[J]. J. Hazard. Mater., 2020, 400:122961.

[4] BATT A L, KIM S, AGA D S. Comparison of the occurrence of antibiotics in four full-scale wastewater treatment plants with varying designs and operations[J]. Chemosphere, 2007, 68:428-435.

[5] BROWN K D, KULIS J, THOMSON B, et al. Occurrence of antibiotics in hospital, residential, and dairy, effluent, municipal wastewater, and the Rio Grande in New Mexico[J]. Sci. Total Environ., 2006, 366:772-783.

[6] CARBALLA M, OMIL F, LEMA J M. Calculation methods to perform mass balances of micropollutants in sewage treatment plants. Application to pharmaceutical and personal care products (PPCPs)[J]. Environ. Sci. Technol., 2007, 41:884-890.

[7] XU W H, ZHANG G, LI X D, et al. Occurrence and elimination of antibiotics at four sewage treatment plants in the Pearl River Delta (PRD), South China[J]. Water Res., 2007, 41:4526-4534.

[8] NIETO A, BORRULL F, POCURULL E, et al. Occurrence of pharmaceuticals and hormones in sewage ludge[J]. Environ. Toxicol. Chem. 2010, 29:1484-1489.

[9] LIU A, AHN I S, MANSFIELD C, et al. Phenanthrene desorption from soil in the presence of bacterial extracellular polymer: observations and model predictions of dynamic behavior[J]. Water Res., 2001, 35:835-843.

[10] SHENG G P, ZHANG M L, YU H Q. Characterization of adsorption properties of extracellular polymeric substances (EPS) extracted from sludge [J]. Colloids Surf. B, 2008, 62:83-90.

[11] XU Q, HAN B, WANG H, et al. Effect of extracellular polymer substances on the tetracycline removal during coagulation process[J]. Bioresour. Technol., 2020, 309:123316.

[12] TO V H P, NGUYEN T V, BUSTAMANTE H, et al. Effects of extracellular polymeric substance fractions on polyacrylamide demand and dewatering performance of digested sludges[J]. Sep. Purif. Technol., 2020, 239:116557.

[13] AQUINO S F, STUCKEY D C. Soluble microbial products formation in anaerobic chemostats in the presense of toxic compounds[J]. Water Res., 2004, 38:255-266.

[14] YIN K, WANG Q, LV M, et al. Microorganism remediation strategies towards heavy metals[J]. Chem. Eng. J., 2019, 360:1553-1563.

[15] LI B, ZHANG T. Biodegradation and adsorption of antibiotics in the activated sludge process[J]. Environ. Sci. Technol., 2010, 44:3468-3473.

[16] YANG S F, LIN C F, WU C J, et al. Fate of sulfonamide antibiotics in contact with activated sludge: sorption and biodegradation[J]. Water Res., 2012, 46:1301-1308.

[17] LI X Y, YANG S F. Influence of loosely bound extracellular polymeric substances (EPS) on the flocculation, sedimentation and dewaterability of activated sludge[J]. Water Res., 2007, 41:1022-1030.

[18] YANG S F, LIN C F, LIN A Y C, et al. Sorption and biodegradation of sulfonamide antibiotics by activated sludge: experimental assessment using batch data obtained under aerobic conditions[J]. Water Res., 2011, 45:3389-3397.

[19] NG K K, LIN C F, PANCHANGAM S C, et al. Reduced membrane fouling in a novel bio-entrapped membrane reactor for treatment of food and beverage processing wastewater[J]. Water Res., 2011, 45:4269-4278.

[20] CAI P, LIN D, PEACOCK C L, et al. EPS adsorption to goethite: molecular level adsorption mechanisms using 2D correlation spectroscopy[J]. Chem. Geol., 2018, 494:127-135.

[21] WEI L, DING J, XUE M, et al. Adsorption mechanism of ZnO and CuO nanoparticles on two typical sludge EPS: effect of nanoparticle diameter and fractional EPS polarity on binding[J]. Chemosphere, 2019, 214:210-219.

[22] LEE N, SHIN S, CHUNG H J, et al. Improved quantification of protein in vaccines containing aluminum hydroxide by simple modification of the Lowry method[J]. Vaccine, 2015, 33:5031-5034.

[23] GOBEL A, MCARDELL C S, JOSS A, et al. Fate of sulfonamides, macrolides, and trimethoprim in different wastewater treatment technologies[J]. Sci. Total Environ., 2007, 372:361-371.

[24] MAZIOTI A A, STASINAKIS A S, PANTAZI Y, et al. Biodegradation of benzotriazoles and hydroxy-benzothiazole in wastewater by activated sludge and moving bed biofilm reactor systems[J]. Bioresour. Technol., 2015, 192:627-635.

[25] TORRESI E, CASAS M E, POLESEL F, et al. Impact of external carbon

dose on the removal of micropollutants using methanol and ethanol in post-denitrifying moving bed biofilm reactors[J]. Water Res., 2017, 108: 95-105.

[26] OOI G T H, CASAS M E, ANDERSEN H R, et al. Transformation products of clindamycin in moving bed biofilm reactor (MBBR)[J]. Water Res., 2017, 113:139-148.

[27] FLEMMING H C, WINGENDER J. The biofilm matrix[J]. Nat. Rev. Microbiol., 2010, 8:623-633.

[28] FLEMMING H C, WINGENDER J, SZEWZYK U, et al. Biofilms: an emergent form of bacterial life[J]. Nat. Rev. Microbiol., 2016, 14: 563-575.

[29] FLEMMING H C. Sorption sites in biofilms[J]. Water Sci. Technol., 1995, 32:27-33.

[30] XUE Z, SENDAMANGALAM V R, GRUDEN C L, et al. Multiple roles of extracellular polymeric substances on resistance of biofilm and detached clusters[J]. Environ. Sci. Technol., 2012, 46:13212-13219.

[31] ZHANG T, LI B. Occurrence, Transformation, and fate of antibiotics in municipal wastewater treatment plants[J]. Crit. Rev. Environ. Sci. Technol., 2011, 41:951-998.

[32] ZHANG H L, FANG W, WAN Y P, et al. Phosphorus removal in an enhanced biological phosphorus removal process: roles of extracellular polymeric substances[J]. Environ. Sci. Technol., 2013, 47:11482-11489.

[33] XU J, SHENG G-P, MA Y, et al. Roles of extracellular polymeric substances (EPS) in the migration and removal of sulfamethazine in activated sludge system[J]. Water Res., 2013, 47:5298-5306.

[34] LI S, ZHANG S H, YE C S, et al. Biofilm processes in treating mariculture wastewater may be a reservoir of antibiotic resistance genes[J]. Mar. Pollut. Bull., 2017, 118:289-296.

[35] BAKER J R, MIHELCIC J R, LUEHRS D C, et al. Evaluation of estimation methods for organic carbon normalized sorption coefficients[J]. Water Environ. Res., 1997, 69:136-145.

[36] WUNDER D B, BOSSCHER V A, COK R C, et al. Sorption of antibiotics to biofilm[J]. Water Res., 2011, 45:2270-2280.

[37] GAO J F, ZHANG Q A, WANG J H, et al. Contributions of functional

groups and extracellular polymeric substances on the biosorption of dyes by aerobic granules[J]. Bioresour. Technol.，2011，102：805-813.

[38] OMOIKE A，CHOROVER J. Spectroscopic study of extracellular polymeric substances from Bacillus subtilis：aqueous chemistry and adsorption effects [J]. Biomacromolecules，2004，5：1219-1230.

[39] CHEN W，WESTERHOFF P，LEENHEER J A，et al. Fluorescence excitation-emission matrix regional integration to quantify spectra for dissolved organic matter[J]. Environ. Sci. Technol.，2003，37：5701-5710.

[40] HU Y J，LIU Y，XIAO X H. Investigation of the interaction between berberine and human serum albumin[J]. Biomacromolecules，2009，10：517-521.

[41] BAI L，ZHAO Z，WANG C，et al. Multi-spectroscopic investigation on the complexation of tetracycline with dissolved organic matter derived from algae and macrophyte[J]. Chemosphere，2017，187：421-429.

[42] SONG C，SUN X-F，XING S-F，et al. Characterization of the interactions between tetracycline antibiotics and microbial extracellular polymeric substances with spectroscopic approaches[J]. Environ. Sci. Pollut. Res.，2014，21：1786-1795.

[43] CHEN W，HABIBUL N，LIU X Y，et al. FTIR and synchronous fluorescence heterospectral two-dimensional correlation analyses on the binding characteristics of copper onto dissolved organic matter[J]. Environ. Sci. Technol.，2015，49：2052-2058.

[44] SHANNON M A，BOHN P W，ELIMELECH M，et al. Science and technology for water purification in the coming decades[J]. Nature，2008，452：301-310.

[45] JERMANN D，PRONK W，KAGI R，et al. Influence of interactions between NOM and particles on UF fouling mechanisms[J]. Water Res.，2008，42：3870-3878.

[46] YUAN W，ZYDNEY A L. Humic acid fouling during ultrafiltration[J]. Environ. Sci. Technol.，2000，34：5043-5050.

[47] SUTZKOVER-GUTMAN I，HASSON D，SEMIAT R. Humic substances fouling in ultrafiltration processes[J]. Desalination，2010，261：218-231.

[48] HOWE K J，CLARK M M. Fouling of microfiltration and ultrafiltration membranes by natural waters[J]. Environ. Sci. Technol.，2002，36：

3571-3576.

[49] COSTA A R, DE PINHO M N, ELIMELECH M. Mechanisms of colloidal natural organic matter fouling in ultrafiltration[J]. J. Membr. Sci., 2006, 281:716-725.

[50] STUMM W, Morgan J J. Aquatic chemistry: chemical equilibria and rates in natural waters[M]. 3rd ed. New York:John Wiley & Sons, 1996.

[51] TANG C Y, KWON Y N, LECKIE J O. Fouling of reverse osmosis and nanofiltration membranes by humic acid- effects of solution composition and hydrodynamic conditions[J]. J. Membr. Sci., 2007, 290:86-94.

[52] CONTRERAS A E, STEINER Z, MIAO J, et al. Studying the role of common membrane surface functionalities on adsorption and cleaning of organic foulants using QCM-D[J]. Environ. Sci. Technol., 2012, 46:5261-5261.

[53] GAMAGE N P, CHELLAM S. Mechanisms of physically irreversible fouling during surface water microfiltration and mitigation by aluminum electroflotation pretreatment [J]. Environ. Sci. Technol., 2014, 48: 1148-1157.

[54] SHENG G P, XU J, LUO H W, et al. Thermodynamic analysis on the binding of heavy metals onto extracellular polymeric substances (EPS) of activated sludge[J]. Water Res., 2013, 47:607-614.

[55] HASHINO M, HIRAMI K, ISHIGAMI T, et al. Effect of kinds of membrane materials on membrane fouling with BSA[J]. J. Membr. Sci., 2011, 384:157-165.

[56] ZHU P, LONG G, NI J, et al. Deposition kinetics of extracellular polymeric substances (EPS) on silica in monovalent and divalent salts[J]. Environ. Sci. Technol., 2009, 43:5699-5704.

[57] LI Q L, ELIMELECH M. Organic fouling and chemical cleaning of nanofiltration membranes: measurements and mechanisms [J]. Environ. Sci. Technol., 2004, 38:4683-4693.

[58] JERMANN D, PRONK W, MEYLAN S, et al. Interplay of different NOM fouling mechanisms during ultrafiltration for drinking water production[J]. Water Res., 2007, 41:1713-1722.

[59] JONES K L, O'MELIA C R. Protein and humic acid adsorption onto hydrophilic membrane surfaces: effects of pH and ionic strength[J]. J. Membr.

Sci., 2000, 165:31-46.

[60] SEIDEL A, ELIMELECH M. Coupling between chemical and physical interactions in natural organic matter (NOM) fouling of nanofiltration membranes: implications for fouling control[J]. J. Membr. Sci., 2002, 203:245-255.

[61] SUSANTO H, ULBRICHT M. Influence of ultrafiltration membrane characteristics on adsorptive fouling with dextrans[J]. J. Membr. Sci., 2005, 266:132-142.

[62] AHN W Y, KALINICHEV A G, CLARK M M. Effects of background cations on the fouling of polyethersulfone membranes by natural organic matter: experimental and molecular modeling study[J]. J. Membr. Sci., 2008, 309:128-140.

[63] PEREIRA M R, YARWOOD J. ATR-FTIR spectroscopic studies of the structure and permeability of sulfonated poly(ether sulfone) membranes. Part 2: Water diffusion processes[J]. J. Chem. Soc. Faraday T., 1996, 92:2737-2743.

[64] JIN X, HUANG X, HOEK E M V. Role of specific ion interactions in seawater RO membrane fouling by alginic acid[J]. Environ. Sci. Technol., 2009, 43:3580-3587.

[65] WU J, CONTRERAS A E, LI Q. Studying the impact of RO membrane surface functional groups on alginate fouling in seawater desalination[J]. J. Membr. Sci., 2014, 458:120-127.

[66] HASHINO M, HIRAMI K, KATAGIRI T, et al. Effects of three natural organic matter types on cellulose acetate butyrate microfiltration membrane fouling[J]. J. Membr. Sci., 2011, 379:233-238.

[67] ROSS P D, SUBRAMANIAN S. Thermodynamics of protein association reactions: forces contributing to stability[J]. Biochemistry, 1981, 20:3096-3102.

[68] ENGEBRETSON R R, WANDRUSZKA R V. Micro-organization in dissolved humic acids[J]. Environ. Sci. Technol., 1994, 28:1934-41.

[69] ZHENG X, ERNST M, JEKEL M. Identification and quantification of major organic foulants in treated domestic wastewater affecting filterability in dead-end ultrafiltration[J]. Water Res., 2009, 43:238-244.

[70] YAMAMURA H, OKIMOTO K, KIMURA K, et al. Hydrophilic fraction

of natural organic matter causing irreversible fouling of microfiltration and ultrafiltration membranes[J]. Water Res., 2014, 54:123-136.

[71] ZHENG X, KHAN M T, CROUE J P. Contribution of effluent organic matter (EfOM) to ultrafiltration (UF) membrane fouling: isolation, characterization, and fouling effect of EfOM fractions[J]. Water Res., 2014, 65:414-424.

[72] HUANG H, SCHWAB K, JACANGELO J G. Pretreatment for low pressure membranes in water treatment: a review[J]. Environ. Sci. Technol., 2009, 43:3011-3019.

[73] SHON H K, VIGNESWARAN S, KIM I S, et al. Fouling of ultrafiltration membrane by effluent organic matter: a detailed characterization using different organic fractions in wastewater[J]. J. Membr. Sci., 2006, 278: 232-238.

[74] HUBER S A, BALZ A, ABERT M, et al. Characterisation of aquatic humic and non-humic matter with size-exclusion chromatography-organic carbon detection- organic nitrogen detection (LC-OCD-OND)[J]. Water Res., 2011, 45:879-885.

[75] LI Q L, ELIMELECH M. Synergistic effects in combined fouling of a loose nanofiltration membrane by colloidal materials and natural organic matter [J]. J. Membr. Sci., 2006, 278:72-82.

[76] JERMANN D, PRONK W, BOLLER M. Mutual influences between natural organic matter and inorganic particles and their combined effect on ultrafiltration membrane fouling [J]. Environ. Sci. Technol., 2008, 42: 9129-9136.

[77] CAI Z X, KIM J S, BENJAMIN M M. NOM removal by adsorption and membrane filtration using heated aluminum oxide particles[J]. Environ. Sci. Technol., 2008, 42:619-623.

[78] KIM J, CAI Z X, BENJAMIN M M. NOM fouling mechanisms in a hybrid adsorption/membrane system[J]. J. Membr. Sci., 2010, 349:35-43.

[79] CAI Z X, BENJAMIN M M. NOM Fractionation and fouling of low-pressure membranes in microgranular adsorptive filtration[J]. Environ. Sci. Technol., 2011, 45:8935-8940.

[80] AIKEN G R, MCKNIGHT D M, THORN K A, et al. Isolation of hydrophilic organic acids from water using nonionic macroporous resins[J]. Org.

Geochem., 1992, 18:567-573.

[81] HENDERSON R K, BAKER A, MURPHY K R, et al. Fluorescence as a potential monitoring tool for recycled water systems: a review[J]. Water Res., 2009, 43:863-881.

[82] JONES K L, O'MELIA C R. Ultrafiltration of protein and humic substances: effect of solution chemistry on fouling and flux decline[J]. J. Membr. Sci., 2001, 193:163-173.

[83] SHENG G P, YU H Q. Characterization of extracellular polymeric substances of aerobic and anaerobic sludge using three-dimensional excitation and emission matrix fluorescence spectroscopy[J]. Water Res., 2006, 40: 1233-1239.

[84] MENG F G, ZHOU Z B, NI B J, et al. Characterization of the size-fractionated biomacromolecules: tracking their role and fate in a membrane bioreactor[J]. Water Res., 2011, 45:4661-4671.